DISLOCATION THEORY

재료공학도들을 위한 입문서

전위론 기초

재료공학도들을 위한 입문서

전위론 기초

인 쇄: 2024년 4월 11일 초판 1쇄
발 행: 2024년 4월 19일 초판 1쇄

역 자: 고종빈 · 박명험
발행인: 송 준
발행처: 도서출판 홍릉
주 소: 01093 서울시 강북구 인수봉로 50길 10
등 록: 1976년 10월 21일 제5-66호

전 화: 02-999-2274~5
팩 스: 02-905-6729
e-mail: hongpub@hongpub.co.kr
http://www.hongpub.co.kr
ISBN: 979-11-5600-183-6(93560)

정 가: 25,000원

낙장 및 파본은 구입처나 본사에서 교환하여 드립니다.

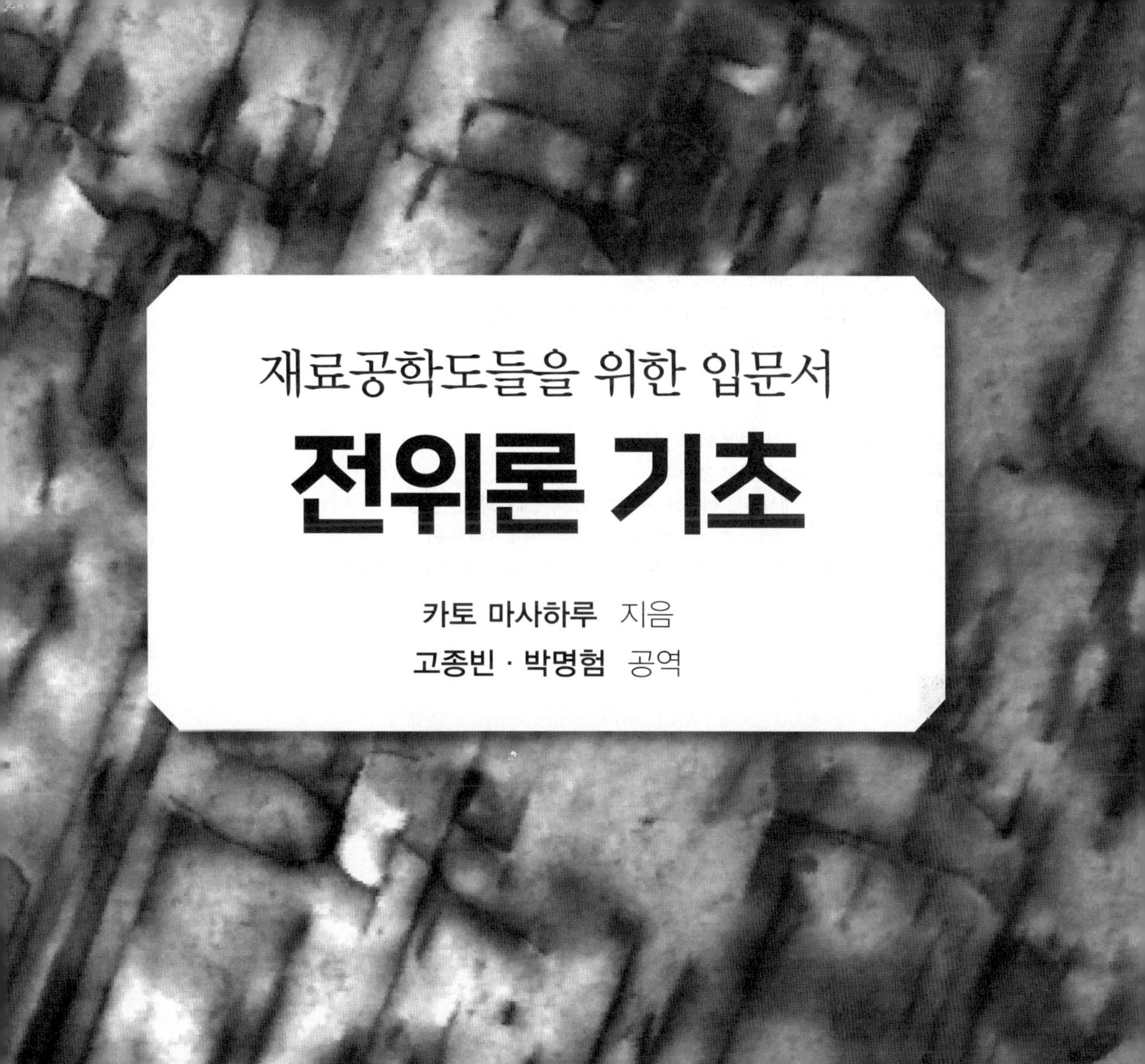

재료공학도들을 위한 입문서

전위론 기초

카토 마사하루 지음

고종빈 · 박명험 공역

DISLOCATION THEORY

도서출판 홍릉

저자소개

카토 마사하루 공학박사

학력
1973년 3월 도쿄공업대학 이학부 물리학과 졸업
1975년 3월 도쿄공업대학 이공학 연구과 금속공학전공 석사 졸업
1978년 3월 도쿄공업대학 이공학 연구과 금속공학전공 박사 졸업

경력
1978년 4월 노스웨스턴 대학 공학부 박사 연구원
1979년 9월 미시간 주립대학 공학부 조교수
1983년 1월 도쿄공업대학 대학종합 이공학 연구과 조교수 (재료과학전공)
1995년 12월 도쿄공업대학 대학종합 이공학 연구과 교수 (재료과학전공)
2016년 3월 도쿄공업대학 대학종합 이공학 연구과 교수 정년퇴직 (재료물리과학전공)

역자소개

고종빈

막스플랑크 철 연구소 박사후연구원
교토대학교 공학연구과 재료공학전공 박사
경북대학교 신소재공학부 석사
금오공과대학교 신소재공학부 학사

박명험

교토대학교 공학연구과 재료공학전공 조교수
교토대학교 공학연구과 재료공학전공 박사
교토대학교 공학연구과 재료공학전공 석사
경북대학교 금속신소재공학과 학사

본 교재의 저자는 일본 도쿄공업대학에서 30년 가까이 재료 과학, 특히 금속 강도학과 금속 조직학 분야의 교육 및 연구에 크게 공헌한 일본에서 존경받는 교수다. 또한, 일본철강협회 이사, 부회장 그리고 회장을 역임하였다. 그리고, 일본금속학회에서도 이사, 회장을 역임하였으며, 재료 과학을 중심으로 하는 분야에 대한 연구 지원뿐만 아니라 사회공헌도 크게 하였다. 게다가 국제 저명 학술지인 Materials Science and Engineering A의 Regional Editor를 11년간에 맡았으며, 일본의 연구성과 발표에도 큰 공헌을 했다. 이러한 학술적 배경을 중심으로 한 다방면에 걸친 공적에 의해, 저자는 2009년 4월에 일본금속학회 공적상, 2009년 3월에 일본금속학회 타니가와・해리스상, 2017년 3월에는 일본금속학회 학회상 그리고 2020년 3월에는 일본철강협회 니시야마상 등 수많은 상을 수상했다.

본 교재의 저자인 카토 마사하루 교수는 2020년 11월 23일 향년 70세의 나이로 세상을 떠났다. 카토 마사하루 교수는 생전 '항상 로맨스와 호기심을 잊지말고, 기왕 하기로 했다면 열심히'라는 신조를 가지고 살았다. 또, 그는 연구실의 연구 발표 및 회식 자리에서 학생들과 대화하는 것은 굉장히 즐거워하였다. 이따금 학생들의 젊음에 져버려서 시무룩 해질 때도 있었으나, 하루가 지나면 잊는다하고 전해진다. 꽤 오래전, 공학부 학생들에 의해 수업평가에서 최고득점을 얻었다는 것에 대해 큰 자부심을 갖고 있다. 또 세계적으로 권위있는 정보원인 "ISI Highly Cited Researchers" (인용되는 논문의 수가 많은 연구자)에 리스트되어있다라고 한다.

카토 마사하루 교수의 강의 및 강연은 굉장히 명쾌했고, 미시간 주립대학 재직 중에는 The Teacher-Scholar Award를 수상하기도 했다. 특히, 그는 재직 중 어려운 개념인 전위론을 이해하기 쉽게 '입문전위론'(본 교재)으로 출판하였고, 이는 일본에서 명저로 높은 평가를 받고 있다.

출간 계기 및 감사인사

재료의 역학적 성질을 이해함에 있어 전위의 개념은 매우 중요하다. 그러나, 전위론에 관해서 한국어로 쓰여진 책은 많지 않고, 영어로 작성된 책의 경우 역자의 부족한 영어 실력 및 기초지식의 부족으로 인해 이해하기가 쉽지 않았다. 역자는 이 책을 공부할 때, 어려운 내용을 이토록 알기 쉽게 설명할 수 있다는 점에서 크게 감동하였다. 한국의 독자들에게 이 책을 소개하고 싶은 마음에 본서를 번역하기로 결심하였다. 혹시, 이 책을 읽는 데에 있어서 번역이 어색하여 읽기 불편하다면, 역자의 일본어 능력 및 한국어 능력 그리고 지식의 부족으로 인한 것이다. 몇 사람이라도 좋으니, 한국의 재료공학 연구자들이 이 책을 읽고 역자가 느꼈던 감동을 받을 수 있다면 그걸로 족하다는 마음으로 번역을 시작하였다. 부디 전위론의 깊고 심오한 세계를 경험해 보길 바란다.

본 번역서의 저자인 도쿄공업대학의 명예교수인 카토 마사하루 교수는 2020년 11월 별세하여, 직접 책 출판에 관해 문의를 드릴 수 없었지만, 카토 선생님께 진심으로 존경과 감사의 인사를 전한다. 또, 본 번역서가 나올 수 있도록 허락해 주신, 카토 미치코 부인께 진심으로 감사드린다. 그리고 이 책이 출간될 수 있도록 도와주시고, 늘 우수한 연구자를 양성하기 위해 조언과 코멘트를 아끼지 않은 나의 박사 지도교수님이신 교토대학교 츠지 노부히로 교수님께 크게 감사드린다. 끝으로, 우수한 연구자가 되도록 늘 지도해주시고, 연구자로서의 마음가짐을 알려주신 나의 석사 지도교수님이신 경북대학교 박성혁 교수님께도 감사를 드린다.

보다 질높은 번역서의 출간을 위해, 기꺼이 공동번역에 응해주신 교토대학교 박명험 교수님께 깊이 감사드린다. 또, 일본출판사인 상화방, 한국출판사 도서출판 홍릉의 직원 여러분께도 출판을 도와주셔서 진심으로 감사 인사를 드린다.

다음 페이지에서 영문으로 본 교재의 번역 계기 및 저자 소개를 작성하였다. 카토 마사하루 교수님, 카토 미치코 부인 그리고 일본에 계신 여러 관계자 여러분들께 존경과 감사의 의미로 작성하였다. 한국어로 설명한 저자 소개 및 번역계기와 크게 다르지 않다. 한국어 교재에 영어로 작성한 점에 대해 한국인 독자분들의 양해를 구한다.

2024년 1월

고종빈

In publishing this translation,

This textbook is the Korean-translation version of the seventh edition of "Introduction to The Theory of Dislocations (入門転位論)" written by Professor Masaharu Kato, which was first published by Shokabo in Japan, 1999 (the publication number: ISBN 978-4-7853-6106-8). The textbook has been widely read by a number of materials scientists and students in Japan and renowned as a classic masterpiece.

Professor Masaharu Kato was born in 1950 in Kobe, Hyogo Prefecture, Japan. He graduated from Department of Physics of Tokyo Institute of Technology in 1973, and received the master degree in 1975 and the PhD degree in 1978 from Graduate School of Science and Engineering in Tokyo Institute of Technology. After obtaining the PhD degree, he worked as a research fellow in Northwestern University, U.S., and then he became an associate professor at School of Engineering in Michigan State University. In 1983, he came back to Japan to become an associate professor at Interdisciplinary Graduate School of Science and Engineering in Tokyo Institute of Technology, and then he worked as a full professor of Tokyo Institute of Technology from 1995 to 2016. After the retirement from Tokyo Institute of Technology, he was an adviser of Nippon Steel Cooperation. Professor Masaharu Kato served as a governing board member and the president for The Japan Institute of Metals and Materials (JIMM) as well as a governing board member, the vice president, and the president for The Iron and Steel Institute of Japan (ISIJ), through which he greatly contributed to the field of materials science and metallurgical engineering in Japan. Professor Kato also served as the Regional Editor of the international journal, Materials Science and Engineering

A, for 11 years.

Professor Kato dedicated his life to education and research in the field of materials science, particularly microstructures and mechanical properties of metallic materials. He made many original and innovative achievements in research activities, and published a number of excellent papers. For such contributions, he received many awards, including The Teacher-Scholar Award from Michigan State University, JIM Best Paper Award (several times), JIM Tanikawa-Harris Award, ISIJ Tawara Best Paper Award, ISIJ Nishiyama Award, and The JIM Award. He was loved by many students and scientists in his bright and considerate character. Professor Masaharu Kato, a highly respected professor, passed away on November 23, 2020, at the age of 70. We convey our sincere condolences.

Jongbin Go and Myeong-heom Park deeply express gratitude and admiration to the late Professor Masaharu Kato. We also would like to thank Mrs. Michiko Kato for allowing us to publish this textbook in Korea. We are also very grateful to Professor Nobuhiro Tsuji of Kyoto University for the support of publication with valuable comments. Finally, we would like to express our sincere gratitude to Shokabo, the Japanese publisher, and Hongreung Publishing Company, the Korean publisher, for helping us in the publication.

Best regards,

Jongbin Go, Myeong-heom Park

서문

재료과학은 물리학, 화학, 공학의 다양한 분야를 융합한 학문이다. 따라서, 재료과학에서 다루는 범위는 매우 넓고, 현재 우리들의 풍족한 생활 기반과 밀접하게 연결되어 있다. 이러한 재료과학의 각 분야 중에서도 역학적 성질이라는 학문분야는 특히 중요하다. 거대한 건축물, 구조물의 구성재료는 물론이거니와 마이크로한 전자재료, 기능재료에 이르기까지 아무리 뛰어난 성능이나 기능을 갖는 재료라도 역학적 성질에 큰 결함이 있을 경우 그 재료의 실용화는 불가능하다.

금속재료, 반도체재료, 세라믹 재료를 불문하고, 재료의 대부분은 결정성을 갖는 고체로 이루어져있다. 그리고, 결정의 역학적 성질을 지배하는 가장 중요한 결정결함이 전위이다. 전위를 알지 못하고서는 재료의 역학적 성질을 이해하는 것은 불가능하다.

본서의 말미에도 소개하였듯이, 전위론 또는 그 주변분야에 관한 양서・명서는 이미 국내외의 석학들에 의해서 수많이 쓰여져 있다. 그러나, 그 대부분은 상당히 고도의 내용을 포함하고 있고, 이제 막 연구를 시작하는 연구자가 읽기는 쉽지 않다. 그리하여 본서를 집필하는 할 때 대학교 2, 3학년의 강의에도 사용할 수 있도록 기초적인 부분부터 시작해서 내용을 쉽고 체계적으로 이해할 수 있도록 유의하였다. 저자 자신이 전위론을 공부할 때에 있어 이해하는 데에 어려움을 겪은 부분은 특히 자세하게 설명하였다. 다만 지식으로 기억하는 것 보다도 본서를 이해하는 것이 훨씬 중요하다고 생각하여 중요한 결론이나 식은 가능한한 다른 책을 인용하는 것을 피하고, 본서에서 도출하도록 했다. 특별히 수학 등의 고도의 지식이 필요한 부분은 없지만, 독자가 친숙하지 않을 수도 있다고 생각되는 경우에 대비하여 부록에 설명해두었다.

연구를 이제 막 시작하는 연구자용으로 반년 정도의 강의내용을 정리하였지만, 이 책의 후반부에는 약간 상세하게 다루고 있는 부분도 있을 것이다. 본서를 학부강의의 교과서로서 사용하는 경우에는 그러한 부분은 적절히 취사선택하기를 바란다. 한편, 상세하게 다루고 있는 부분까지 읽을 경우, 대학원 수준의 학생이 전위론을 이용하여 재료의 역학적 성질을 연구하는 데에 있어 도움되도록 작성하였다. 본서의 내용에 잘못되거나 부적절한 표현이 있다면, 그것은 전부 저자가 천학비재 (학문이나 지식이 미숙하고 재능이 변변치 않음)한 까닭으로 저자의 책임이다. 그런 부분에 대해 언제라도 지적해주신다면 다행으로 생각한다.

본서의 집필이 가능하게 된 것은 저자의 연구실에 집필의뢰로 일부러 방문해주신 나카무라 마사히사 동경공업대학명예교수의 추천이 있었기 때문이다. 또, 본서를 집필하는 중에 저자의 은사인 모리 츠토무 동경공업대학명예교수의 지도 덕분이라고 지금이 되어서야 다시금 실감하는 경우가 많았다. 더욱이 저자의 동료인 동경공업대학의 오나카 스스무 조교수와 쿠마이 신지 조교수로부터의 수많은 유익한 코멘트를 받았다. 이 분들께도 진심으로 감사드린다. 끝으로, 출판사 상화방의 사카쿠라 마사아키씨에게는 본서 집필에 있어서 편의를 봐주신 것에 대해 감사의 인사를 덧붙여 말하고 싶다.

1999년 9월

카토 마사하루

목차

CHAPTER

04 전위의 탄성론

CHAPTER

05 전위에 작용하는 힘

CHAPTER

06 전위의 증식, 상호교차와 집적

CHAPTER

07 전위의 결정학

CHAPTER

11 강화기구

CHAPTER

12 계면전위와 전위조직

부록

CHAPTER

01

결정결함으로서의 전위의 개념

재료의 강도, 파괴거동 등의 역학적 성질은 재료의 구조나 조직에 크게 의존하기 때문에 구조민감성질 (structure-sensitive property) 로 불리고 있다. 결정재료의 경우, 구조나 조직은 결정내에 포함되어 있는 여러가지 결함 (결정결함 crystal defect, 또는 격자결함 lattice defect) 이 어떻게 존재하느냐에 의해 변화한다. 본 장에서는 각종 결정결함을 소개함과 동시에 본서의 중심주제가 되는 전위의 개념을 소개한다.

1-1 결정결함의 종류

| 표 1.1 | 다양한 결정결함

종류	구체적인 예
점결함	원자공공, 격자간원자, 불순물원자 (침입형원자, 치환형원자)
선결함	전위, 점결함의 선형배치
면결함	결정립계, 쌍정립계, 적층결함, 역위상경계, 계면, 표면
체적결함	석출물, 2차상, 파단, 보이드

결정결함의 종류의 구체적인 예를 표 1.1에 정리하였다. 여기에서는 표면이나 제2상 등도 넓은 의미의 결함으로 포함시키고 있다. 결함의 크기와 형태에 따라, 0차원 점결함에서부터 3차원 체적결함까지 여러 종류가 존재한다. 그 중 점결함 (point defect)은 한 개의 원자스케일의 크기를 갖는 것으로, 그림 1.1에 모식적으로 나타낸 것과 같이 원자공공 (공공으로도 불림)이나 불순물원자 (impurity atom, 침입형 (interstitial)과 치환형 (substitutional)이 있다) 등이 포함된다. 침입형원자는 격자간원자로 불리는 경우도 있다.

1차원 선결함의 대표가 전위 (dislocation)이다. 전위는 3차원의 결정 내에서 선으로 연결된 결함이나 불순물원자와 같이 실체가 있는 결함이 아니고, 원자배열의 국소적인 어긋남으로 특징지어진다.

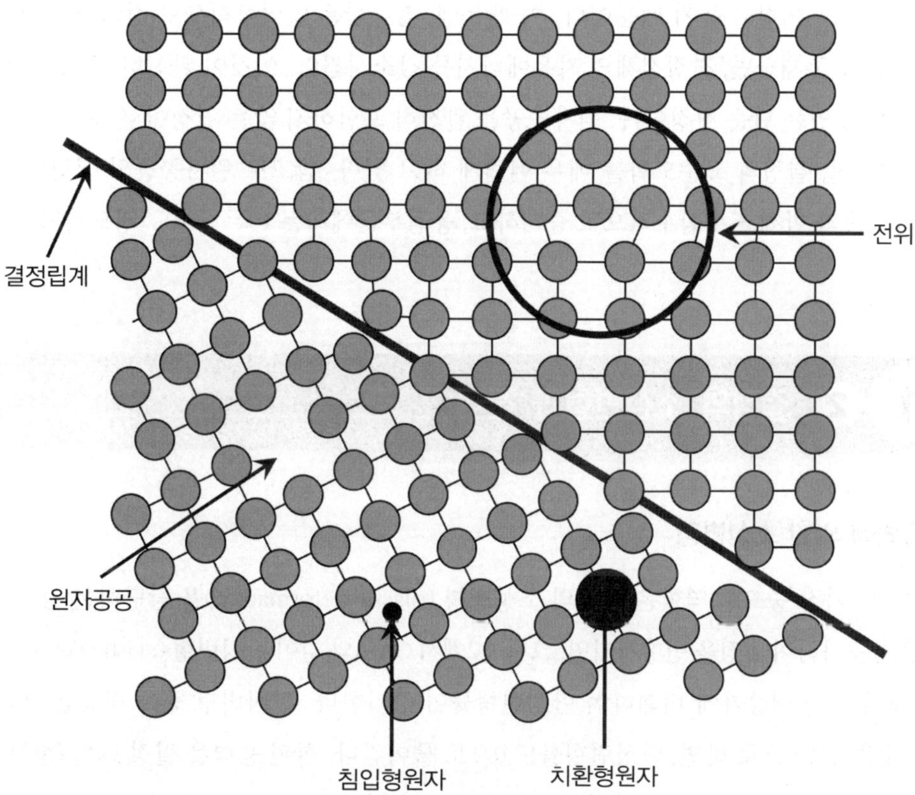

| 그림 1.1 | 전위, 점결함 및 결정립계

2차원 면결함의 대표로 결정립계 (grain boundary)가 있다. 다결정 (polycrystal)은 방위가 서로 다른 수많은 단결정 (single crystal)들의 집합체로 각각의 단결정을 결정립 (grain), 단결정끼리의 경계를 결정립계라 부른다. 통상적인 다결정재료에서는 결정립크기는 수 μm ~ 수십 μm정도이다.

점결함 이외의 결정결함이 존재하면, 제3장에서 배우듯이 결정의 자유에너지는 증가한다. 따라서 이들의 결정결함은 엄밀히 말하면 열역학적으로 안정한 상태에서 존재할 수 없다. 그러나 결정생성단계 (통상, 액상에서의 냉각, 응고과정이 포함된다)나 변형에 의해 불가역적으로 도입된 결함을 모두 제거하는 것은 현실적으로 불가능하며, 실제 결정내에는 반드시 여러 결함이 포함되어 있다고 생각해도 된다. 한편, 적당량의 점결함은 열역학적으로 안정하게 존재할 수 있다. 그 이유는 다수의 점결함을 결정내에 도입 가능한 경우의 수가 매우 커, 이른바 배열 엔트로피항이 높기 때문이다. 이 때문에, 점결함은 열역학적으로 정해지는 양 (열평형농도)만큼 존재하면, 결정전체의 자유에너지를 감소시킨다. 이것이 완전히 한 종류의 원소로 구성되어 있는 단순 결정이나, 원자공공을 완전히 포함하지 않는 결정이 존재하지 않는 이유다. 더욱이, 결정의 고순도화를 매우 어렵게 하고 있다. 참고로 원자공공의 열평형농도는 온도의 상승과 함께 지수함수적으로 증대하고, 융점부근에서는 $10^{-5} \sim 10^{-4}$ 정도까지 달한다.

1-2 결정의 소성변형과 전위

(1) 슬립에 의한 소성변형

전위의 가장 중요한 역할은 결정의 소성변형 (plastic deformation)을 담당하는 점에 있다. 외부응력을 가하여 결정을 변형시키면, 그림 1.2에서 O→A와 같이 탄성변형 (elastic deformation)이 시작되고, 응력증가에 비례하여 탄성변형률이 증가한다. 탄성변형 중에 하중을 제거 (제하)하여 응력을 0으로 하면, 탄성변형률도 0으로 돌아간다. 한편 응력을 일정 크기 (항복응력, yield stress)이상 가하게 되면, 결정의 항복 (yield)이 일어나며, 소성변형이 시작된다. 일반적으로 소성변형 중 (그림 1.2 A→B) 응력은 증가한다. 이것을 가공경화 (work hardening)라 한다. 한번 소성변형이 일어나게 되면, 예를 들어 B점에 달한 후에 응력을 제거해도 결정의 원래 형태로 돌아가지 않고 소성변형률 OC가 남게 된다.

표면을 거울표면과 같이 연마한 단결정재료를 소성변형 시키면, 시편표면에 (가끔 직진성이 좋은) 다수의 선 (슬립선, slip line)이 관찰된다. 또 인장시험의 경우, 결정의 어느 방향에서 인장응력을 가했는가에 따라 항복응력이 달라진다. 이러한 현상은 결정의 소성변형의 기초과정이 트럼프카드를 여러장 미는 전단변형 (shear deformation)과 같고, 더욱이 전단변형의 면이나 방향이 결정의 형태에 따라 정해지는 것을 의미한다. 이와 같은 전단변형을 슬립변형 (slip deformation 또는 단순히 slip)이라고 한다. 즉 슬립변형은 결정의 어떤 특정한 결정면 (슬립면, slip plane) 위에서 특정한 결정방향 (슬립방향, slip direction)을 따라 일어나는 전단변형이다.

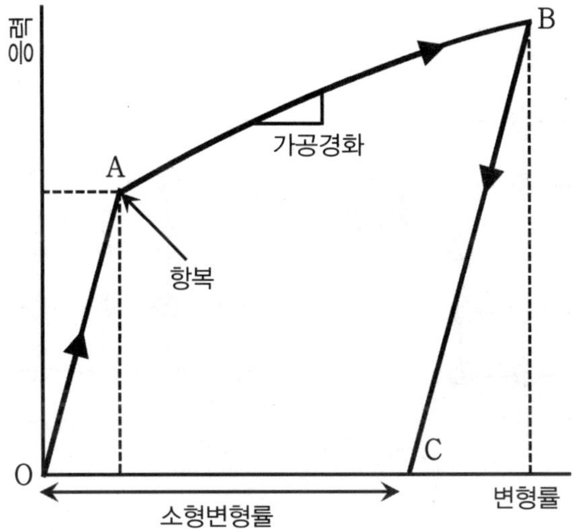

| 그림 1.2 | 응력–변형률 곡선의 모식도

01
02
03
04
05
06
07
08
09
10
11
12
해답
부록

(2) 전위의 개념

슬립 변형의 결과, 슬립면을 포함한 상하의 결정이 슬립 방향으로 상대적으로 일정 양만큼 어긋난다. 그림 1.3에서는 그 어긋난 양을 b라는 벡터로 표시하고 있다. 만약 상하의 결정이 일제히 전단변형을 일으킨다고 했을 때 이론적으로 얻어진 항복응력은 실험으로 구해진 단결정의 항복응력의 10^4배나 된다 (9장 참조). 이 이론값과 실험값과의 큰 차이를 설명한 것이 '전위'라는 개념이다. 그림 1.4와 같이, 실제의 슬립 변형은 전위 (그림에서는 [⊥]의 기호로 표시)가 슬립면 위를 운동함 (전위의 glide라 함)으로써 국소적으로 진행한다. 이와 같이 전위의 운동을 매개로 한 국소적으로 작은 원자위치의 변화가 슬립면을 따라 전파하게 되면, 결과적으로 슬립면을 포함한 상하의 결정이 일제히 전단변형을 일으킨 것과 동일한 변형이 매우 작은 응력으로 가능하게 된다. 따라서 전위는 '슬립면 위에서 이미 슬립이 일어난 영역과 아직 슬립이 일어나지 않는 영역의 경계선'이라고 정의할 수 있다.

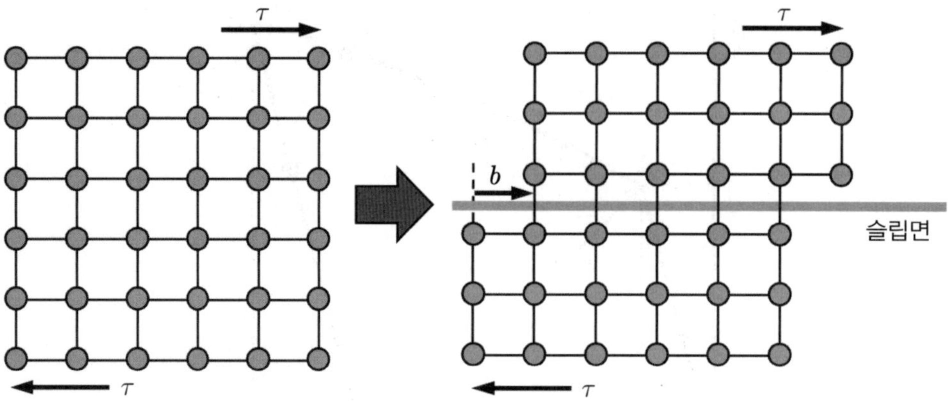

| 그림 1.3 | 결정의 슬립변형

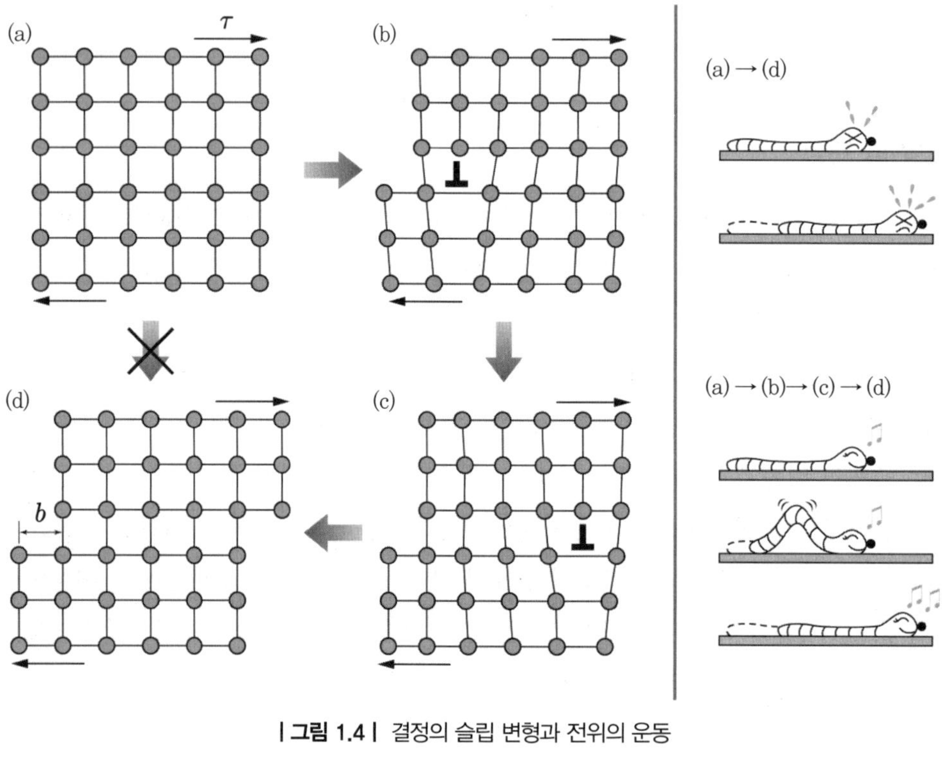

| 그림 1.4 | 결정의 슬립 변형과 전위의 운동

슬립변형이 일어나도 결정전체의 형태가 바뀔 뿐, 결정구조 그자체는 변화하지 않는다. 이를 위해서는 슬립에 의한 결정의 전단변형의 변위 b는 결정격자의 병진벡터와 일치해야 한다. 이 b는 전위가 주어지면 정해지는 양으로 전위 고유의 버거스 벡터 (Burgers vector)로 불

린다. 같은 버거스 벡터를 가지는 전위가 동일 슬립면 위를 복수 운동하면 전단변형의 변위도 (움직인 전위의 수)$\times b$가 된다. 대부분의 움직인 전위가 결정표면으로 빠져나가면 표면에는 슬립면에 평행한 거시적 단차가 형성되어 육안이나 광향현미경에서 슬립선으로 관찰된다.

전위는 선결함이기 때문에, 결정내에 어느 정도의 양이 존재하는가를 나타내기 위해 단위 체적당 결정내에 포함되는 전위의 전체 길이를 이용한다. 이것을 전위 밀도 (dislocation density)라 부르며, 통상 그리스 문자 ρ로 나타낸다.

$$\text{전위밀도}: \rho = \text{단위체적의 결정내에 포함된 전위의 전체길이} \qquad (1 \cdot 1)$$

단위는 $m/m^3 = m^{-2}$이다. 후에 자세히 배우겠지만, 변형을 가하지 않은 금속에서는 $\rho = 10^9 \sim 10^{11} m^{-2}$ 정도, 소성변형에 의해 강소성 가공된 금속에서는 $\rho = 10^{14} \sim 10^{16} m^{-2}$ 정도의 전위 밀도를 가진다.

1-3 전위의 종류와 성질

(1) 칼날전위, 나선전위, 혼합전위

위에서 서술한 것과 같이 슬립면 위에서 이미 슬립이 일어난 영역과 슬립이 일어나지 않은 영역의 경계선이 전위라고 한다면, 완전결정에 전위를 만들기 위해서는 결정의 일부분을 슬립시키면 된다. 그림 1.5(a)와 같이, 우선 완전결정에서 슬립면이 되는 면을 잘라 틈을 만든다. 틈의 앞부분은 결정의 내부에 고정시켜 둔다. 이 틈의 앞부분은 반드시 직선일 필요는 없으나, 그림에서는 간단히 표현하기 위해 직선으로 두었다. 다음으로 힘을 가하여 잘린 틈의 상부의 결정을 하부 결정에 대해 틈에 평행한 벡터 b만큼의 전단시킨다. b의 크기와 방향은 임의로 나타내었지만, 그림 1.5(b)에는 잘린 틈의 직선에 수직한 경우와 평행한 경우를 상정하고 있다. 전단후 잘린틈을 다시 붙이면, 힘을 제거하더라도 원래의 완전결정으로는 돌아가지 않는다. 그 결과 잘린틈의 앞부분에 전위가 생긴 것이다. 전위(선)의 방향과 b가 수직한 경우는 칼날 전위 (edge dislocation), 그리고 평행한 경우는 나선 전위 (screw dislocation)가 생긴다. 만약 수직도

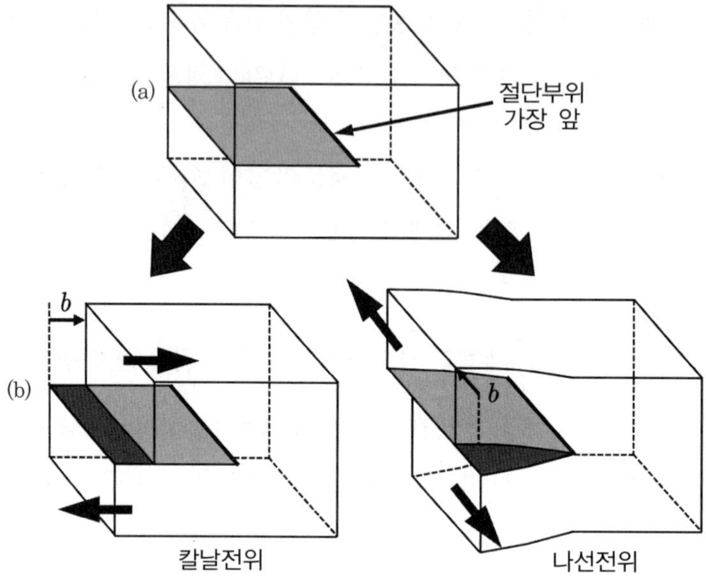

| 그림 1.5 | 완전결정에 전위의 도입
(a) 슬립면에 평행한 절단부를 넣는다.
(b) 절단부 부분의 슬립면에 평행하게 전단변형을 시킨 후, 절단부를 다시 붙인다.

평행도 아닌 경우는 혼한전위 (mixed dislocation)가 생긴다. 물론 여기서의 ***b***는, 각각의 전위의 버거스 벡터이다. 잘린 틈의 앞부분이 직선이 아니라면, 굽어진 전위를 만드는 것도 가능하다. 이 경우는 전위선의 장소에 따라 칼난전위, 나선전위, 혼합전위 셋 중에 하나가 된다.

그림 1.5(b)의 상태로 붙인 뒤 외부로부터 힘을 제거하면, 전위 부근에 결정의 찌그러짐이 발생될 것을 예상할 수 있다. 실제로, 제4장에서 고찰을 통해 전위 주위의 결정은 탄성적으로 변형률이 발생하고 있는 것을 확인할 수 있다. 이 탄성변형률장 (Elastic strain field)의 에너지가 전위를 포함하는 결정의 자유에너지를 증대시키는 주된 원인이 되고 있다.

결정을 관통하는 2차원의 슬립면 위에, 이미 슬립이 일어난 영역과 아직 슬립이 일어나지 않은 영역을 구별하는 경계선은 결정내부에 끝점을 가지는 선분으로는 그릴 수 없다. 경계선이 결정표면으로 빠져나가든지 또는 경계선이 닫힌 루프의 형태를 가지는 것 이외에는 방법이 없다. 이것은 전위는 결정내부에는 (전위)선의 끝단을 가지지 않는다는 중요한 사실을 의미하고 있다. 선의 끝단은 결정표면 또는 결정립계에만 존재한다. 또는 닫힌 루프의 형태를 취한다.

(2) 전위의 부호와 버거스 회로

그림 1.6에 2개의 칼날전위 A, B의 기호를 ⊥와 ⊤로 표시하였다. 칼날전위의 경우, 기호의 세로선은 여분의 원자반면 (extra half plane) 그리고 가로선은 슬립방향을 나타내는데, 칼날전위 이외의 전위에서도 편의상 이 기호를 사용하는 경우도 있다. 그림에서 나타내는 방향으로 전단력 τ를 가하였을 때, 전위A는 왼쪽에서 오른쪽으로, 전위B는 오른쪽에서 왼쪽으로 움직이는데, 이 때 어느쪽의 전위 운동에 의해서도 동일한 전단 변형이 발생한다. 이와 같은 전위 A, B 중 한쪽을 양의 전위, 그리고 다른 한쪽을 음의 전위라 부르며, 양의 전위는 $\boldsymbol{b}$, 음의 전위는 $-\boldsymbol{b}$의 버거스벡터를 가진다고 표현한다.

그림 1.6를 180도 회전시켜도 같은 그림이 되기 때문에, 전위 부호의 취급에는 임의성이 남아있다. 하지만 이하에 나타내는 방법으로 버거스벡터의 부호 취급법을 정해두면 혼란이 생기지 않는다. 그림 1.7과 같이 (a) 칼날전위와 (b) 나선전위를 생각해보자. 우선 전위선의 방향 $\boldsymbol{t}$를 정한다. 다음으로 임의의 격자점 S를 시작점으로 하여 $\boldsymbol{t}$벡터의 방향이 진행방향이 되도록 오른나사 회전에 의해, 전위 주위에 격자점을 순차적으로 연결하는 폐회로 (버거스 회로, Burgers circuit)를 만든다. 폐회로는 어떤 모양이라도 관계없으나, 끝점 F는 반드시 시작점 S와 일치시켜야 한다. 다음으로 전위를 포함하지 않는 완전결정을 생각한다. 그리고 이 완

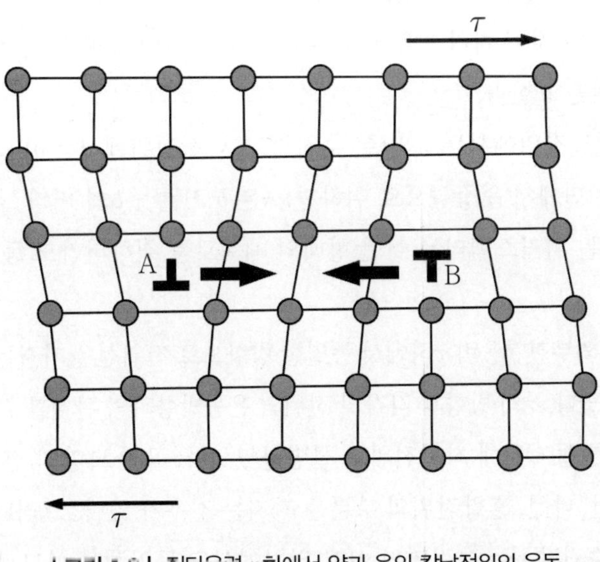

| 그림 1.6 | 전단응력 τ하에서 양과 음의 칼날전위의 운동

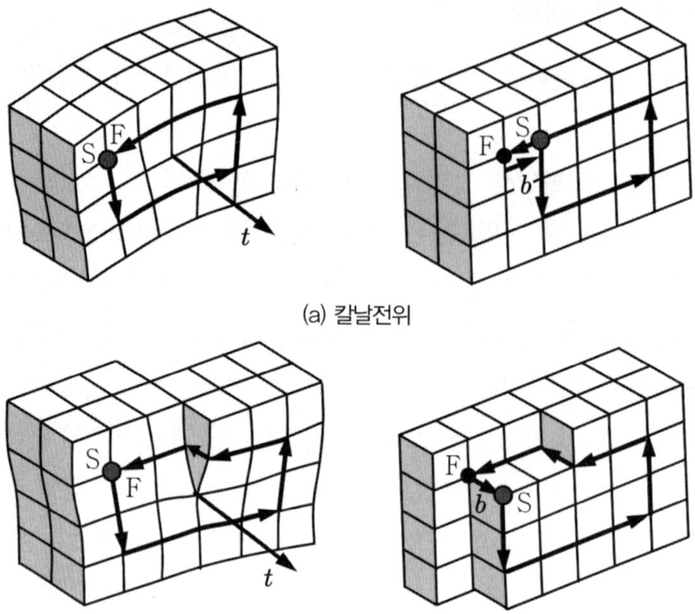

(a) 칼날전위

(b) 나선전위

| 그림 1.7 | 버거스 회로와 버거스 벡터 정하는 방법

전격자 위에 동일회로를 만든다. 이 때 전위를 포함하는 결정에서는 완전한 폐회로였지만, 완전결정에서는 그렇지 않다. 닫히지 않은 부분 (closure failure)을 끝점 F에서 시작점 S방향으로 벡터를 연결하면, 이것이 버거스벡터 $\boldsymbol{b}$가 된다. 단, 참고서에 따라 본서와 다르게 정의하는 경우도 있으니 주의를 요한다.

그림 1.7에서 칼날전위에서는 $\boldsymbol{b}$와 $\boldsymbol{t}$는 수직하고, 나선전위에서는 $\boldsymbol{b}$와 $\boldsymbol{t}$는 평행하다. 또 그림 1.6에서는 $\boldsymbol{t}$를 지면에서 윗방향으로 취하면, A는 $\boldsymbol{b}$, B는 $-\boldsymbol{b}$의 버거스벡터를 가지는 것을 알 수 있다. 구해지는 버거스벡터는 어떤 형태의 폐회로를 취하더라도 동일하다는 것을 확인해 보도록 하자.

그림 1.8에서는 외부전단응력 τ하에서 동일한 방향으로 전위선을 가지는 칼날전위와 나선전위의 운동을 비교하였다. τ의 방향과 각각의 전위의 운동방향과의 관계를 잘 이해하도록 하자.

지금까지 이해를 돕기위해 직선전위로 설명하였으나, 곡선 모양의 전위의 경우에는 전위의 장소에 따라 칼날, 나선, 혼합전위의 부분을 가지는 경우가 있다. 그러나, 주어진 전위의 운동에 의한 결정의 슬립량 $\boldsymbol{b}$는 슬립면의 어떤 위치에서도 동일해야 하므로, 전위의 버거스 벡터는 전위의 모든 부분에서 동일하다. 이것을 버거스 벡터의 보존법칙 (conservation law)이라 한다. 앞서 언급했듯이, 전위가 결정내부에 끝점을 가지지 않는 것은 이 보존법칙으로 얻어지는 당연한 귀착이다. 만약 끝점을 가지고 있다면, 그것에서 버거스 벡터가 b에서 0으로 변화해버리기 때문이다.

여기서 그림 1.9와 같이 슬립면 위의 전위 루프 (dislocation loop)를 생각해보자. 이 때는 전위선 방향을 나타내는 벡터t는 전위의 위치에 따라 그림과 같이 변한다. 이 t를 정하고 버거스 회로를 만들면, 어느 부분에서도 일정한 b가 되기 때문에, A, B 부분에서는 칼날전위, C, D 부분에서는 나선전위가 된다. 이것을 그림의 A, B점을 통과하면서 슬립면에 수직한 단면을 잘랐을 때의 원자배열은 그림 1.6에서의 배열과 동일하다. 그림 1.6에서 A, B전위의 t를 함께 지면에 수직 윗방향으로 취하면, A는 b, B는 $-b$의 버거스 벡터가 얻어진다. 한편, 그림 1.9의 t의 방향은 A점과 B점에서 반대이기 때문에 서로 같은 b가 된다. 즉, t가 동일하고 b가 역방향, 또는 t가 역방향이고 b가 동일한 경우, 이들 두개의 전위를 서로 반대부호의 전위라 부른다.

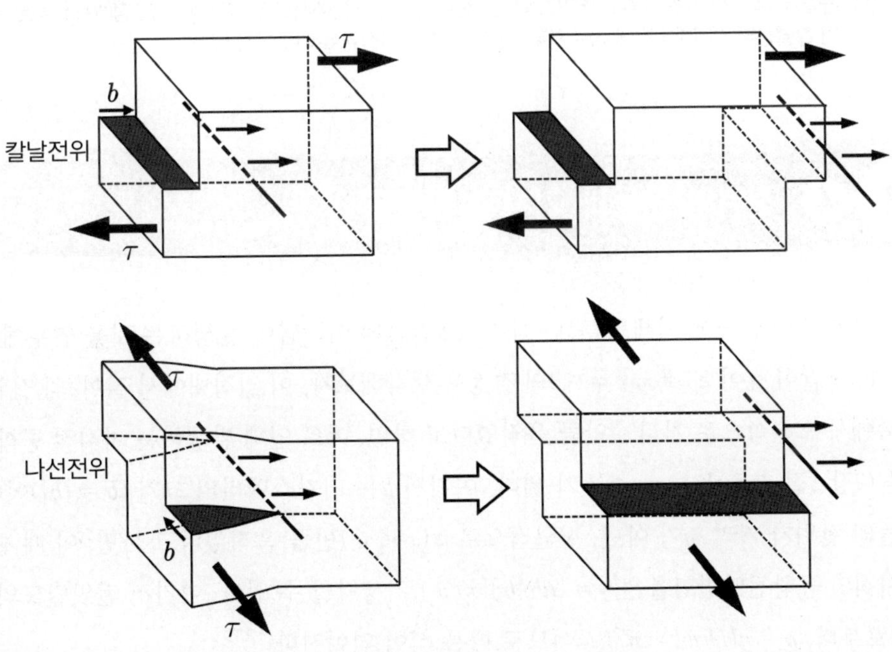

| 그림 1.8 | 외부전단응력 τ하에서 칼날전위와 나선전위의 왼쪽에서 오른쪽으로의 운동과 그에 따라 생기는 슬립전단변형

그림 1.9의 A점과 B점 (C점과 D점도 동일)은 반부호의 전위이기 때문에, 어떤 전단응력하에서 서로 역방향의 운동을 일으킨다. 그 결과 이와 같은 전위 루프는 전단응력의 방향에 따라 축소 또는 확대하게 된다.

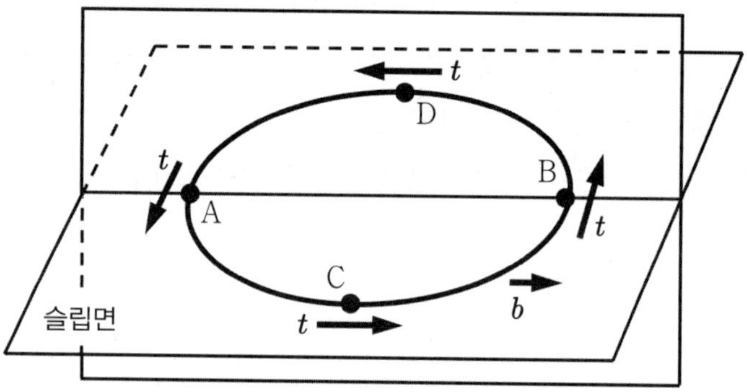

| 그림 1.9 | 슬립면 위의 (전단) 전위루프. 버거스벡터는 전위의 어떤 부분에서도 같지만, A점과 B점에서는 서로 반대부호의 칼날전위, C점과 D점에서는 서로 반대부호의 나선전위로 이루어져 있다.

1-4 전위의 운동과 거시적 변형률

1개의 전위의 운동에 의해, 슬립면 상하에 $\boldsymbol{b}$만큼의 어긋남이 발생하는 것을 염두에 두고, 그림 1.10과 같이 높이 h, 폭 w. 두께 l의 결정을 생각해보자. 이 결정내에서 길이 l의 전위 n개가 왼쪽에서 오른쪽으로 거리 w만큼 움직였다고 하면, 이로 인해 발생하는 거시적 공학 전단변형율 (2장 1절 참조)는 $\gamma = nb/h$가 된다. 여기서 b는 버거스벡터의 크기 ($b = |\boldsymbol{b}|$)이다. 만약 이들의 전위가 거리 w가 아닌, 평균적으로 $x(x < w)$만큼 움직였다고 하면, 이 때 발생하는 거시적인 공학전단변형율은 $\gamma = (nb/h)(x/w)$로 생각할 수 있다. 여기서 전위밀도의 정의 (1・1)로부터, $\rho = nl/hwl = n/hw$이므로 다음 식이 얻어진다.

$$\gamma = \rho b x \tag{1・2}$$

단위체적당 전위의 수를 $N_0 \equiv n/hwl$, 거리 x움직이므로써 1개의 전위가 쓴 면적을 $S \equiv xl$로 정의하면,

$$\gamma = N_0 bS \tag{1 · 3}$$

로 나타낼 수도 있다. 이 두개의 식은, 미시적 전위의 운동과 거시적 결정의 변형을 연결짓는 매우 중요한 식이다.

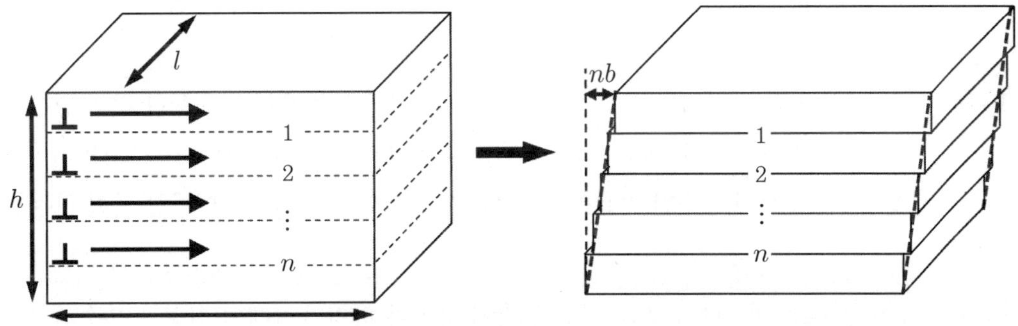

| 그림 1.10 | 전위의 운동과 결정의 거시적 전단변형과의 관계

야마구치 케이지

전위의 개념은 일반적으로 1934년에 G.I. Taylor, E. Orowan, M. Polanyi라는 3명의 위인이 각각 독립적으로 주장했다고 전해지고 있다. 하지만, 1929년에 이것도 독립적으로 발표된 U.Dehlinger의 논문과 야마모토 (이화학연구소, 후에 오사카대학교수)의 논문 (*Sci. Pap. Of I. P. C. R. Tokyo,* 11, 223 (1929))에 칼날전위의 개념이 이미 도입되어 있다. 이 때 야마구치는 31세의 나이였다. N.F. Mott (1977년 노벨상 물리학수상자)는 1953년에 일본에서 열린 국제이론물리학의 회의석상에서 '전위를 세상에서 처음으로 발견한 사람은 일본의 야마구치다'라고 소개했다. 그때는 이미 야마구치가 세상을 떠난지 12년이 지났었다. 야마쿠치 박사는 천재이고, 술을 좋아하며 쾌할한 성격이기도 했다고 한다. 너무 젊은 나이에 세상을 떠나 참으로 안타깝다.

연습문제

1.1 원자공공의 열평형농도 C_V는 근사적으로 $C_V \simeq \exp(-E_V/kT)$로 주어진다. 여기서 E_V는 원자공공의 형성에너지, k는 볼츠만 상수, T는 온도이다. 구리 ($E_V = 1.0eV$, 융점 : 1356K) 및 알루미늄 ($E_V = 0.75eV$, 융점 : 933K)의 융점 바로 아래에서의 원자공공의 열평형농도가 거의 비슷함을 보여라. 단, $1eV = 1.602 \times 10^{-19}$J이다.

1.2 그림 1.9와 같이 전위루프가 놓여있는 슬립면과 버거스벡터가 평행한 것과 같은 전위루프를 전단루프(shear loop)라 한다. 이것에 대해 전위루프가 놓여있는 면과 버거스벡터가 수직인 순수한 칼날전위로부터 이루어진 전위루프는 어떠한 것이 있는가?

1.3 전위는 결정 내부에 전위의 끝점을 갖지 않아야 하지만, 1개의 전위가 복수의 전위에서 갈라져 나오거나 분해를 일으키는 것은 가능하다. 버거스벡터가 b^{I}인 하나의 전위가 2개의 전위(b^{II}와 b^{III})로 갈라져 나올 경우, 이것들 전위의 버거스벡터의 사이에 만족되어야 할 조건은 무엇인가?

CHAPTER

02

탄성론의 기초

일반적으로 전위 등의 결정결함이 존재하면 그 주위의 결정에 변형률, 탄성장이 발생한다. 이 탄성장을 정량적으로 평가하기 위한 방법을 배우는 것이 본장의 목적이다. 실제의 결정은 많은 수의 원자의 집합체로 이루어져 있으나, 원자 1개1개의 존재를 일단 잊고, 결정을 연속체로 생각함으로써 이해 가능한 경우도 매우 많다. 특히 연속체에 탄성론 (여기에서는 선형탄성론)을 적용하면, 변형률 및 응력 등의 탄성장의 정량적인 평가가 가능해진다.

2-1 변형률과 회전

3차원 공간에 고정된 ((X_1, X_2, X_3) 오른손 직교좌표계를 생각하자. 그림 2.1과 같이 연속체 고체 (무수히 세밀하게 분할해도 연속적이며, 원자와 같은 하나하나의 입자의 존재는 고려하지 않는 고체)로 기술가능한 물체에 어떤 변형을 가했더니, 변형 전에 위치 벡터 $\boldsymbol{X}$에 있었던 고체내의 점이 변형 후에 $\boldsymbol{X}+\boldsymbol{U}$의 점으로 이동하였다고 하자. 이 때, 벡터 $\boldsymbol{U} \equiv (U_1,\ U_2,\ U_3)$를 변위 (displacement)라 부른다. 만약 $\boldsymbol{U}$가 물체내의 모든 부분에서 동일하다면 이 물체는 단순히 평행이동하는 것에 그치기 때문에 변형을 이야기하기 위해서는, $\boldsymbol{U}$의 장소에 따른 변화를 생각해야 한다. 여기서 $\boldsymbol{U}$의 각 성분을 좌표로 편미분한 것을 변형구배 (distortion)라고 정의한다.

$$\text{변형구배} : \frac{\partial u_i}{\partial x_j}(i,\ j = 1,\ 2,\ 3) \tag{2 · 1}$$

변형구배의 대칭성분을 변형률 (strain) ε_{ij}, 반대칭성분을 회전 (rotation) ω_{ij}로 정의한다.

$$\varepsilon_{ij} + \omega_{ij} \equiv \frac{\partial u_i}{\partial x_j}$$

$$\varepsilon_{ij} \equiv \frac{1}{2}\left(\frac{\partial u_i}{\partial x_j} + \frac{\partial u_j}{\partial x_i}\right)$$

$$\omega_{ij} \equiv \frac{1}{2}\left(\frac{\partial u_i}{\partial x_j} - \frac{\partial u_j}{\partial x_i}\right) \tag{2 · 2}$$

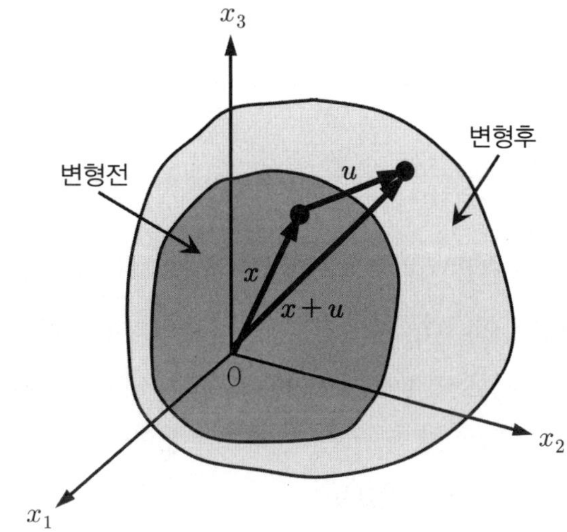

| 그림 2.1 | 물체의 변형. u는 위치벡터 x의 점에 있어서 변위벡터

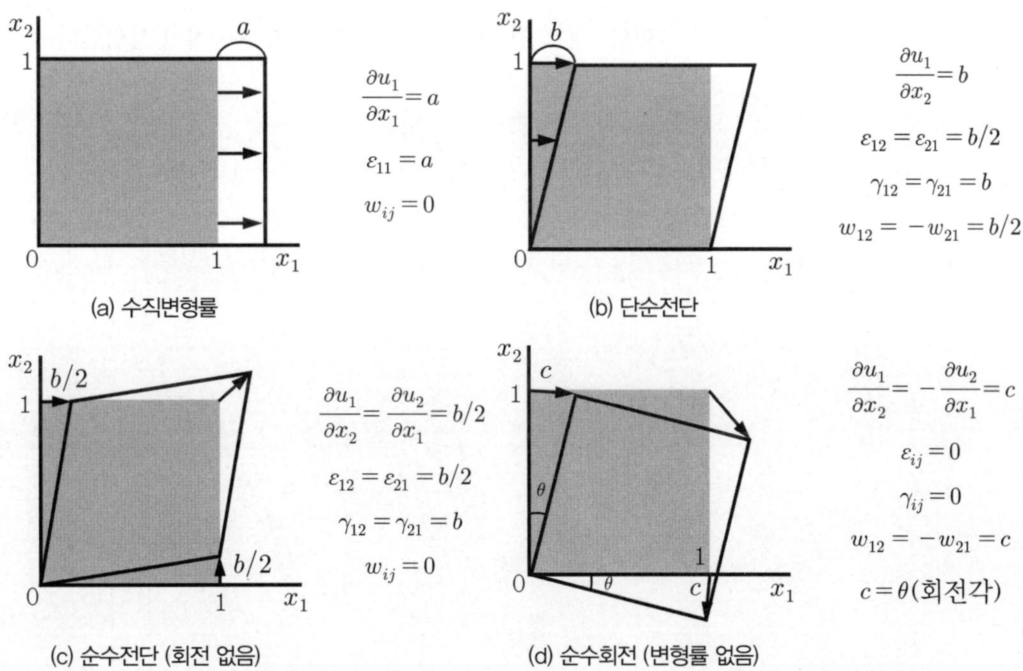

| 그림 2.2 | 다양한 2차원 변형률과 회전의 예. (b)와 (c)는 변형률이 같고, 회전의 유무만 다르다. (d)는 회전만 존재.

또, 전단변형률 (shear strain, i ≠ j 의 경우의 변형률)에 대해서, 다음과 같은 공학전단변형률(engineering shear strain)를 사용하는 경우도 있다.

$$\gamma_{ij} \equiv \frac{\partial u_i}{\partial x_j} + \frac{\partial u_j}{\partial x_i} \equiv 2\varepsilon_{ij}\,(\mathrm{i} \neq \mathrm{j}) \tag{2 · 3}$$

위와 같이 변형률이나 회전을 기술하기 위해서는 2개의 첨자가 필요하다. 그 의미에 대해서는 그림 2.2를 참조바란다. 이 그림에서 예시하듯이, 물체의 알짜 변형은 ε_{ij} 또는 γ_{ij}의 변형률에 의해 표현되고, 회전 ω_{ij}는 변형에 관여하지 않는다. 변형률의 대각성분은 수직변형률(normal strain)로 불리고, 그 합 $\varepsilon_{11}+\varepsilon_{22}+\varepsilon_{33}$은 좌표계에 의존하지 않는 불변량이며, 변형전후의 물체의 체적변화율을 나타내고 있다.

변형률에는 응력과 연결짓는 탄성변형률 (elastic strain) e_{ij}와 응력과 무관계인 변형률 $\varepsilon_{ij}{}^*$가 있다. 후자의 변형률은 그것이 물체내에 균일하게 발생하더라도 어떤 응력도 발생시키기 않는다. 예를 들어, 소성변형률, 열팽창변형률, 변태변형률 등이 그 범주에 속한다. 이것 모두를 eigen변형률 (eigen strain)이라 칭한다. 전체 변형률을 ε_{ij}로 표현하면 다음식이 성립한다.

$$\varepsilon_{ij} = e_{ij} + \varepsilon_{ij}{}^* \tag{2 · 4}$$

2-2 응력

01 02 03 04 05 06 07 08 09 10 11 12 해답 부록

물체를 변형시키기 위해서는 압력, 인장력, 전단력 등의 힘을 부여해야 한다. 이 힘은 물체의 표면이나 물체내의 계면을 통하여 가해지기 때문에 가끔 면력 (traction) 또는 표면력 (surface force)이라고 불린다. 이러한 힘과는 달리, 중력, 전자기력, 관성력 등은 원거리에서 원인에 의해 물체내부의 체적요소에 직접 작용하기 때문에 체력 (body force) 또는 물체력이라 불린다. 물체의 힘의 정적 평형을 생각하는 경우에는 체적력은 생각하지 않아도 된다.

면력은 단위면적당의 힘으로서 정의된다. 그림 2.3과 같이 x_3축에 수직한 면적 A의 물체 표면에 힘 F가 작용한다고 하자. 이때의 면력 X는 $X = F/A$가 되는데, F의 성분을 $(F_1,\ F_2,\ F_3)$라 하면, 이 면에 작용하는 응력 (stress)는 다음 식으로 정의된다.

$$\text{수직응력 (normal stress)}: \sigma_{33} \equiv F_3/A$$

$$\text{전단응력 (shear stress)}: \sigma_{13} \equiv F_1/A,\ \sigma_{23} \equiv F_2/A$$

이와 같이, 응력을 기술하기 위해서도, 힘의 방향과 작용면을 나타내는 2개의 좌표지수가 필요하다. 어느 한점에 작용하는 응력을 정의하기 위해서는, 면적 A를 0으로 한 극한 (이때, 힘 F도 0에 가까워진다)을 생각하면 된다.

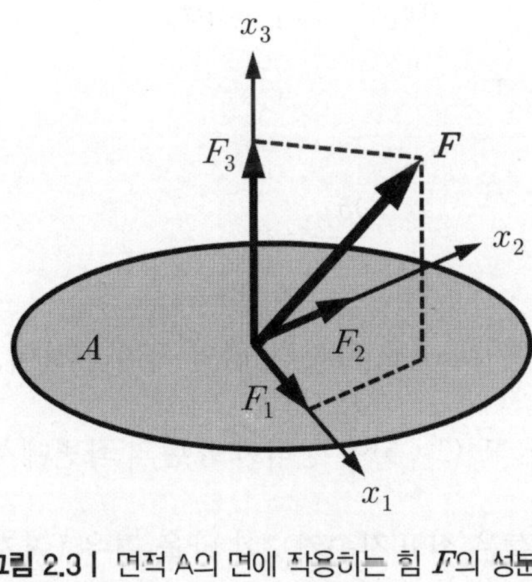

| 그림 2.3 | 면적 A의 면에 작용하는 힘 F의 성분분해

2-3 힘의 정적평형과 경계조건

단순화 하기 위해서 2차원 문제를 생각해보자. 그림 2.4와 같이 미소면적요소 $\varDelta x_1 \varDelta x_2$의 각 면에 작용하는 응력을 나타내면, 예를 들어 x_1방향의 힘의 평형으로부터 다음 식이 얻어진다.

$$(\sigma_{11}+\varDelta\sigma_{11})\varDelta x_2+(\sigma_{12}+\varDelta\sigma_{12})\varDelta x_1=\sigma_{11}\varDelta x_2+\sigma_{12}\varDelta x_1$$

$\varDelta x_1$나 $\varDelta x_2$가 충분히 미소한 크기라 가정하고 위의 식을 정리하면,

$$\frac{\partial\sigma_{11}}{\partial x_1}+\frac{\partial\sigma_{12}}{\partial x_2}=0$$

가 된다. x_2방향으로의 힘의 평형에 대해서도 같은 형태의 식이 얻어지는데, 이 결과를 3차원으로 확장하면,

$$\frac{\partial\sigma_{11}}{\partial x_1}+\frac{\partial\sigma_{12}}{\partial x_2}+\frac{\partial\sigma_{13}}{\partial x_3}=0$$

$$\frac{\partial\sigma_{21}}{\partial x_1}+\frac{\partial\sigma_{22}}{\partial x_2}+\frac{\partial\sigma_{23}}{\partial x_3}=0$$

$$\frac{\partial\sigma_{31}}{\partial x_1}+\frac{\partial\sigma_{32}}{\partial x_2}+\frac{\partial\sigma_{33}}{\partial x_3}=0$$

정리하면

$$\frac{\partial\sigma_{ij}}{\partial x_j}=0 \tag{2・5}$$

가 된다. 이것을 힘의 정적평형 (static equilibrium)의 식이라 하며, 물체내의 응력이 정적평형을 만족하기 위한 조건식이다. 또 (2・5)에 정리한 표현의 좌변에서는 총합기호 $\sum_{j=1}^{3}$가 생략되어 있다. 이하, 하나의 항에 같은 좌표지수가 2회 나올 경우 (여기서는 j이다), 총합기호를

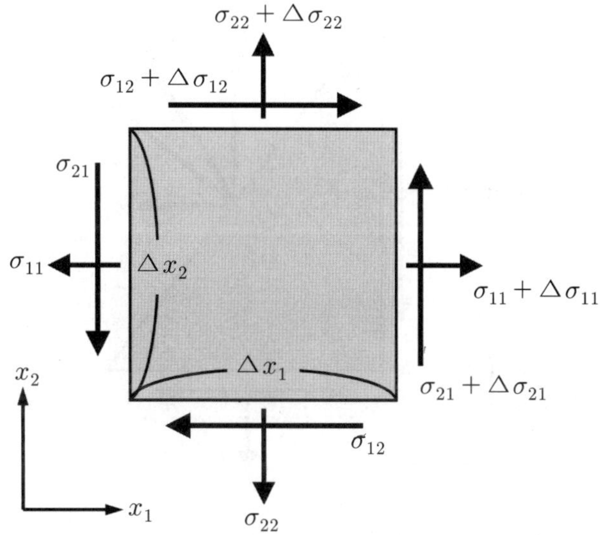

| 그림 2.4 | 미소체적 (면적) 요소 Δx_1 Δx_2에 작용하는 응력

생략한다는 총합규약 (summation convention)를 이용하고 있다.

만약 물체내에서의 운동을 생각해야하는 경우에는 동적평형 (dynamic equilibrium)를 고려해야 한다. 이때에는 (2・5)와 뉴턴 제2법칙으로부터,

$$m\frac{\partial^2 u_i}{\partial t^2}=\frac{\partial \sigma_{ij}}{\partial x_j} \quad \textbf{(2 · 6)}$$

를 얻게 된다. 여기서 좌변은 체적력을 의미하고 m은 연속체의 밀도(단위체적당 질량), $\frac{\partial^2 u_i}{\partial t^2}$는 변위 u_i의 시간 t에 대한 2차미분으로 가속도를 나타낸다.

앞서 서술했듯이, 물체의 알짜 변형을 생각할 때에는 강체회전은 고려하지 않는다. 따라서 힘의 정적평형을 만족할 뿐만 아니라, 힘의 모멘트의 총합도 0이 되어야 한다. 그림 2.4의 체적요소의 중심을 회전중심으로 두고, 시계방향과 반시계방향의 모멘트의 평형을 생각하면,

$$\{(\sigma_{12}+\Delta\sigma_{12})+\sigma_{12}\}\Delta x_1\left(\frac{\Delta x_2}{2}\right)=\{(\sigma_{21}+\Delta\sigma_{21})+\sigma_{21}\}\Delta x_2\left(\frac{\Delta x_1}{2}\right)$$

를 얻을 수 있다. 여기서, 어느 중심점 주위에서의 힘의 모멘트를 생각할 때에는, $\Delta\sigma_{21}\to 0$이

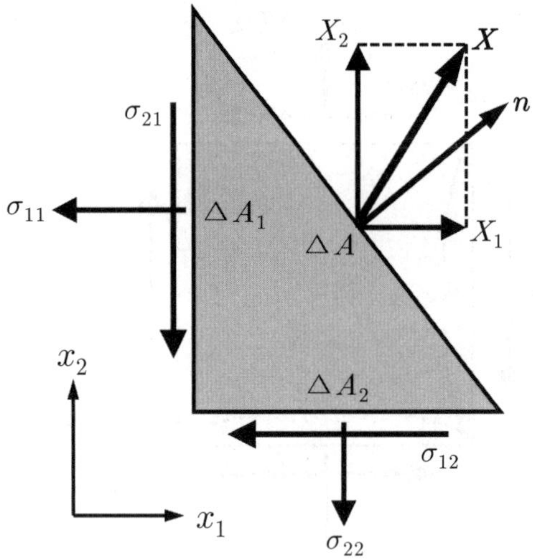

| 그림 2.5 | 응력 σ_{ij}와 단위면적당 면력 X_i와의 관계

라 생각할 수 있으므로, 위의 식으로부터 결국 $\sigma_{12} = \sigma_{21}$가 된다. 다른 전단응력성분도 같기 때문에, 응력도 변형률와 같이 대칭이 되며, 3차원에서의 독립적인 성분은 6개이다.

다음으로 응력의 경계조건 (boundary condition)을 생각해보자. 그림 2.5와 같이 물체 표면에 법선벡터 $\boldsymbol{n} = (n_1,\ n_2)$를 가지는 임의의 미소 면 ΔA를 취하고, 거기에 작용하는 면력을 $\boldsymbol{X} = (X_1,\ X_2)$이라 하자. 또 ΔA와 기준좌표축에 수직한 면으로 형성되는 미소 삼각기둥의 측면에 작용하는 힘을 $\sigma_{ij}(i,\ j = 1,\ 2)$라 하자.

작용면의 면적사이에는 $n_j = \Delta A_j / \Delta A(i,\ j = 1,\ 2)$의 관계가 있기 때문에, x_1방향의 힘의 평형으로부터,

$$\sigma_{11}\Delta A_1 + \sigma_{12}\Delta A_2 = \sigma_{11}n_1\Delta A + \sigma_{12}n_2\Delta A = X_1\Delta A$$

즉,

$$\sigma_{11}n_1 + \sigma_{12}n_2 = X_1$$

가 얻어진다. X_2방향에 대해서도 같은 방법으로 얻어지며, 이것을 3차원으로 확장하면, 다음 3개의 식이 얻어진다.

$$\sigma_{11}n_1 + \sigma_{12}n_2 + \sigma_{13}n_3 = X_1$$

$$\sigma_{21}n_1 + \sigma_{22}n_2 + \sigma_{23}n_3 = X_2$$

$$\sigma_{31}n_1 + \sigma_{32}n_2 + \sigma_{33}n_3 = X_3$$

$$\sigma_{ij}n_j = X_i \qquad (2 \cdot 7)$$

이 식은 응력에 대한 경계조건을 나타낸다. 물체표면이나 물체내 계면에서의 응력분포는 반드시 이 경계조건을 만족해야 한다. 물론 면력이 작용하지 않는 자유표면에서는 $\boldsymbol{X}_i = 0$이 된다.

2-4 후크의 법칙

선형탄성론에서는 물체를 탄성변형시키기 위해 요구되는 응력 σ_{ij}와 탄성변형률 e_{ij}사이에는 다음 식 (총합규약을 이용하고 있다)인 후크의 법칙 (Hooke's law)이 성립한다.

$$\sigma_{ij} = C_{ijkl}\,e_{kl} \qquad (2 \cdot 8)$$

C_{ijkl}는 응력과 탄성변형률을 연결짓는 비례정수로서 탄성정수(elastic constant), 탄성계수(elastic coefficient), 또는 탄성 stiffness등으로 불리며, 일반적으로 첨자가 4개 필요한 4계 텐서이다. 응력과 변형률은 첨자가 2개 필요한 2계 텐서이다. 후크의 법칙은 또 다음 식과 같이 표현할 수 있다.

$$e_{ij} \equiv C_{ijkl}^{-1}\,\sigma_{kl} \qquad (2 \cdot 9)$$

C_{ijkl}^{-1}는 탄성 컴플라이언스 (elastic compliance)로 불린다. (2・8)나 (2・9)는 응력과 탄성변형률이 서로 선형1차의 관계로 연결되어 있는 것을 의미하고 있다.

응력성분과 변형률성분은 둘 다 대칭인 것과 후술할 탄성변형률에너지가 변형률의 2차형식으로 표현되는 것으로부터 탄성정수 C_{ijkl}는 반드시 다음의 관계를 만족한다.

$$C_{ijkl} = C_{jikl} = C_{ijlk} = C_{klij} \quad (2 \cdot 10)$$

이 때문에 독립적인 탄성정수는 최대 21개가 된다. 결정과 같이 대칭성이 높은 경우는 독립적인 탄성정수의 수가 더욱 줄어들고, 입방정에서는 3개가 된다.

이 책에서는 특별한 경우를 제외하고는 가장 대칭성이 높은 등방체 (isotropic body)의 탄성론을 취급한다. 이 경우에는 2개의 독립적인 탄성정수가 있고, 그것을 λ와 μ(Lame's constant로 불린다)로 표현하면, (2・8) 식은 다음과 같이 표현된다.

$$\begin{aligned}
\sigma_{11} &= (\lambda + 2\mu)e_{11} + \lambda(e_{22} + e_{33}) \\
\sigma_{22} &= (\lambda + 2\mu)e_{22} + \lambda(e_{33} + e_{11}) \\
\sigma_{33} &= (\lambda + 2\mu)e_{33} + \lambda(e_{11} + e_{22}) \\
\sigma_{12} &= 2\mu e_{12} \\
\sigma_{23} &= 2\mu e_{23} \\
\sigma_{31} &= 2\mu e_{31}
\end{aligned} \quad (2 \cdot 11)$$

물론, 응력과 변형률은 대칭 $(\sigma_{ij} = \sigma_{ji},\ e_{ij} = e_{ij})$이다.

Lame정수 이외에도, 등방체의 탄성정수로는 영률 (Young's modulus) E, 포아송 비 (Poisson's ratio) ν, 체적탄성률 (bulk modulus) K 등이 이용된다. 외부응력 σ_{11}만으로 1축응력을 부가하였을 경우의 영률과 포아송비는

$$E \equiv \frac{\sigma_{11}}{e_{11}} \quad (2 \cdot 12)$$

$$\nu \equiv -\frac{e_{22}}{e_{11}} \equiv -\frac{e_{33}}{e_{11}} \quad (2 \cdot 13)$$

로 정의된다. 포아송비는 무차원 양으로 많은 물체에서 0.2~0.5사이의 값을 가지며, 체적탄성률은 정수압 $\sigma_{11} = \sigma_{22} = \sigma_{33} = \sigma_H$의 부하하에서

$$K \equiv \frac{\sigma_{11} + \sigma_{22} + \sigma_{33}}{3(e_{11} + e_{22} + e_{33})} \equiv \frac{\sigma_H}{e_{ii}} \quad (2 \cdot 14)$$

로 정의된다. 등방체의 독립적인 탄성정수는 2개밖에 없기 때문에, 이들 모든 양의 사이에는 아래와 같은 관계가 존재한다.

$$
\begin{aligned}
E &= \frac{\mu(3\lambda+2\mu)}{\lambda+\mu} \\
\nu &= \frac{\lambda}{2(\lambda+\mu)} \\
E &= 2\mu(1+\nu) \\
K &= \frac{3\lambda+2\mu}{3} = \frac{E}{3(1-2\nu)}
\end{aligned}
\qquad (2 \cdot 15)
$$

공학적인 응용에서는 응력을 가할 때의 탄성변형률을 알고 싶을 때가 많다. 그 경우에는 탄성변형률을 응력의 관계로 나타낸 후크의 법칙이 유용하다. (2・11)와 (2・15) 로 다음과 같은 형태의 후크의 법칙이 얻어진다.

$$
\begin{aligned}
e_{11} &= \frac{1}{E}\{\sigma_{11}-\nu(\sigma_{22}+\sigma_{33})\} \\
e_{22} &= \frac{1}{E}\{\sigma_{22}-\nu(\sigma_{33}+\sigma_{11})\} \\
e_{33} &= \frac{1}{E}\{\sigma_{33}-\nu(\sigma_{11}+\sigma_{22})\} \\
e_{12} &= \frac{1}{2\mu}\sigma_{12} \\
e_{23} &= \frac{1}{2\mu}\sigma_{23} \\
e_{31} &= \frac{1}{2\mu}\sigma_{31}
\end{aligned}
\qquad (2 \cdot 16)
$$

더욱이, (2・4)와 (2・8) 로부터, 후크의 법칙은 전체변형률 ε_{kl}와 eigen변형률 $\varepsilon_{kl}{}^*$를 이용하여

$$\sigma_{ij} = C_{ijkl}(\varepsilon_{kl}-\varepsilon_{kl}{}^*) \qquad (2 \cdot 17)$$

와 같이도 표현할 수 있다.

이 책에서는 선형탄성론과 미소변형이론 (infinitesimal deformation theory)를 이용하고 있다. 미소변형이론에서는 변형률 성분의 크기가 1에 비해 충분히 작다는 것을 암묵적으로 가정하고 있다. 이 이론의 중요한 특징 및 이점은 변형률이나 응력은 각각의 중첩 (superposition)이 가능하다는 점이다. 예를 들어, 2개의 변형률 $\varepsilon^{\mathrm{I}}{}_{ij}$와 $\varepsilon^{\mathrm{II}}{}_{ij}$로 기술된 변형이 연속하여 일어났을 때, 전체의 변형률을 나타내는 변형률은 $\varepsilon^{\mathrm{I}}{}_{ij}+\varepsilon^{\mathrm{II}}{}_{ij}$로 기술되며 $\varepsilon^{\mathrm{I}}{}_{ij}$와 $\varepsilon^{\mathrm{II}}{}_{ij}$가 일어나는 순서에 의존하지 않는다.

2 5 탄성변형률 에너지

물체의 탄성변형률에너지 (elastic strain energy, 또는 단순히 「탄성에너지」 또는 「변형률 에너지」라고도 불린다)를 생각해보자. 이것을 E_{el}로 나타내면, 일반적으로 탄성변형률 또는 응력의 2차형식으로, 다음과 같이 나타낼 수 있다.

$$E_{el}=\frac{1}{2}\int_{\mathrm{V}}C_{ijkl}e_{ij}e_{kl}d\boldsymbol{x}=\frac{1}{2}\int_{\mathrm{V}}\sigma_{kl}e_{kl}d\boldsymbol{x} \tag{2・18}$$

여기서, 적분은 $dx(=dx_1dx_2dx_3)$를 체적요소로 하는 물체 V전체에 걸친 체적분을 의미한다.

σ_{kl}이 물체내부의 결함의 존재 등에 의해 발생하는 불균일한 eigen변형률 분포를 원인으로 하는 내부응력장인 경우, 때때로 탄성변형률 e_{kl}가 아닌 eigen변형률 그 자체로 (2・18) 나타내는 것이 편리하다. 그 경우에는 (2・4)와 응력이 대칭텐서인 것을 이용하여 (2・18)를 다시 적으면,

$$E_{el}=\frac{1}{2}\int_{\mathrm{V}}\sigma_{kl}(\varepsilon_{kl}-\varepsilon_{kl}{}^{*})d\boldsymbol{x}$$
$$E_{el}=\frac{1}{2}\int_{\mathrm{V}}\sigma_{kl}\left(\frac{\partial u_k}{\partial x_l}\right)d\boldsymbol{x}-\frac{1}{2}\int_{\mathrm{V}}\sigma_{kl}\varepsilon_{kl}{}^{*}d\boldsymbol{x}$$

가 되는데, 제 1항을 가우스의 발산 정리 (부록 A참조)에 의해 부분적분하면,

$$\frac{1}{2}\int_V \sigma_{kl}\left(\frac{\partial u_k}{\partial x_l}\right)dx = \frac{1}{2}\int_V \sigma_{kl}u_k n_l d\boldsymbol{S} - \frac{1}{2}\int_V \left(\frac{\partial \sigma_{kl}}{\partial x_l}\right)u_k d\boldsymbol{x} \tag{2·19}$$

로 변환시킬 수 있다. 여기서 (2・19)의 우변 제1항의 적분은 dS를 면적요소로 하는 물체표면에 대한 면적분을 의미한다. 여기서는 σ_{kl}는 내부응력장이기 때문에 물체표면에서의 면력은 0이다. 따라서 (2・7)의 $X_i = 0$ 으로 부터 (2・19)의 우변 제1항은 0이 된다. 또, 힘의 정적평형을 생각하면, (2・5)로부터 제2항도 0이 된다. 따라서 (2・19)는 0이 되고, 결국 (2・18)는

$$E_{el} = -\frac{1}{2}\int_V \sigma_{kl}\,\varepsilon_{kl}{}^*\,dx \tag{2·20}$$

로 나타낼 수 있다. (2・18)와 비교하면, 부호가 반대인 것과 e_{kl}이 $e_{kl}{}^*$로 변화한 차이 뿐이지만, 실제로 (2・20)은 매우 편리한 식이다. 일정한 값의 $e_{kl}{}^*$가 있는 영역 Ω 내에 존재하고, 그 영역내에서의 σ_{kl}도 일정한 경우는 (2・20)은 적분할 필요가 없어지므로,

$$E_{el} = -\frac{1}{2}\Omega\,\sigma_{kl}\varepsilon_{kl}{}^*\,(\Omega:\text{영역 }\Omega\text{ 의 체적}) \tag{2·21}$$

로 간단히 나타낼 수 있다.

2-6 탄성 상호작용 에너지

그림 2.6와 같이, 2개의 내부응력장을 만드는 원인 Ⅰ, Ⅱ 가 공존하는 경우, 각각의 원인에 의해 만들어지는 응력장과 변형률장을 윗첨자 Ⅰ, Ⅱ 로 나타내면, 전체 탄성변형률에너지 E_{el}는 (2・18) 와 변형률, 응력에 대해서의 중첩이 가능하므로,

$$E_{el} = \frac{1}{2}\int_V \left(\sigma_{kl}^I + \sigma_{kl}^{II}\right)\left(e_{kl}^I + e_{kl}^{II}\right)d\boldsymbol{x} \tag{2·22}$$

로 적을 수 있다. 이것을 전개하면,

$$E_{el}=\frac{1}{2}\int_{V}\sigma_{kl}^{I}e_{kl}^{I}dx+\frac{1}{2}\int_{V}\sigma_{kl}^{II}e_{kl}^{II}dx+\frac{1}{2}\int_{V}\sigma_{kl}^{I}e_{kl}^{II}dx+\frac{1}{2}\int_{V}\sigma_{kl}^{II}e_{kl}^{I}dx \quad \textbf{(2 · 23)}$$

를 얻을 수 있는데, 여기서 우변 제1항은 원인 Ⅰ 만 존재할 때의 탄성변형률에너지, 제2항은 원인 Ⅱ 만 존재할 때의 탄성변형률 에너지이기 때문에, 우변 제3항과 제4항이 원인 Ⅰ, Ⅱ 가 공존한 결과 발생된 새로운 항이고, 이것을 탄성 상호작용 에너지 (elastic interaction energy) E_{int} 로 정의한다. 여기서 후크의 법칙 (2 · 18) 와 탄성정수의 성질 (2 · 10) 로부터, (2 · 23)의 제 3항과 제 4항은 같은 것을 알 수 있다. 따라서,

$$E_{int}=\int_{V}\sigma_{kl}^{I}e_{kl}^{II}dx=\int_{V}\sigma_{kl}^{II}e_{kl}^{I}dx \quad \textbf{(2 · 24)}$$

를 얻을 수 있다.

탄성변형률이 아닌 eigen변형률로 (2 · 24)을 표현하는 것이 편리한 경우에는, (2 · 18) 로부터 (2 · 20)을 구한 것과 같은 계산을 하면, (2 · 24)는 다음과 같이 쓸 수 있다.

$$E_{int}=-\int_{V}\sigma_{kl}^{I}\varepsilon_{kl}^{*II}dx\left(=-\int_{V}\sigma_{kl}^{II}\varepsilon_{kl}^{*I}dx\right) \quad \textbf{(2 · 25)}$$

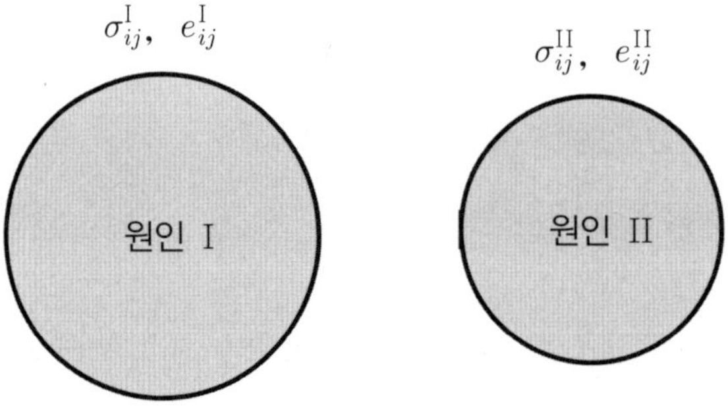

| 그림 2.6 | 2개의 탄성장을 만드는 원인이 공존하는 경우의 상호작용

여기서, ε_{kl}^{*I}, ε_{kl}^{*II}는 각각 원인 Ⅰ, 원인 Ⅱ 를 만드는 eigen변형률이다. 만약 원인 Ⅱ 가 어떤 영역 Ω 내에 있고, Ω 내에서 σ_{kl}^{I}나 $\varepsilon_{kl}^{*\mathrm{II}}$도 일정하다면, 적분이 불필요하기 때문에 (2 · 21)과 같이,

$$E_{int} = -\Omega\,\sigma_{kl}^{I}\,\varepsilon_{kl}^{*II} \qquad (2\cdot 26)$$

로 간단하게 된다.

에쉘비의 타원체 게재물

물체내의 타원체영역내에서 단 하나의 균일한 eigen변형률이 존재하는 경우, 타원체내의 내부응력도 일정하다는 것을 J.D. Eshelby (*Proc. Roy. Soc.*, **A241**, 376 (1957), *Progr. Solid Mech.*, **2**, 89 (1961))라는 위인이 증명하였다. 타원체의 축비를 바꿈으로서써 원판, 구, 침 등의 다양한 형태가 근사될 수 있다. 타원체내에서 eigen변형률도 응력도 일정하므로, (2・21), (2・26)을 사용하여 탄성에너지의 계산이 매우 쉬워진다. 더욱이, 타원체의 탄성정수가 주위의 모상의 탄성정수와 다른 경우에 대해서도 푸는 방법을 알게해준다. Eshelby가 한 일은 타원체 게재물 문제라고 불리고, 현재에도 재료과학이외의 분야에도 넓게 적용되고 있는 위업이다. Eshelby는 파이프 담배의 애용자로 비가오는 날에는 우산도 쓰지 않고 파이프의 끝을 아래로 향하게해서 여유있게 담배를 피웠다고 한다.

연습문제

2.1 등방탄성체에서 여러가지 탄성정수 사이의 관계식 (2・15)를 도출해보라.

2.2 등방탄성체에 대해서 동적평형 식(2・6)를 탄성변위 u_i만의 시간 및 좌표의 미분형으로 표현해라.

2.3 평면응력조건 ($\sigma_{23} = \sigma_{31} = \sigma_{33} = 0$)이 성립하는 경우를 생각하자.

(a) 만일 어떤 스칼라 관계 $\psi(x_1,\ x_2)$가 다음 식을 만족한다면, 정적평형의 식(2・5)가 성립하는 것을 보여라. 이 관계를 에어리의 응력함수 (Airy's stress function)이라 한다.

$$\sigma_{11} = \frac{\partial^2 \psi}{\partial x_2^2},\ \sigma_{22} = \frac{\partial^2 \psi}{\partial x_1^2},\ \sigma_{12} = \sigma_{21} = -\frac{\partial^2 \psi}{\partial x_1 \partial x_2}$$

(b) 등방체의 후크의 법칙을 이용해서 에어리의 응력함수가 다음 식을 만족하는 것을 보여라.

$$\frac{\partial^4 \psi}{\partial x_1^4} + 2\frac{\partial^4 \psi}{\partial x_1^2 \partial x_2^2} + \frac{\partial^4 \psi}{\partial x_2^4} = 0$$

2.4 전위선이 x_3축에 평행하고, 버거스벡터가 $\boldsymbol{b}=(b,\ 0,\ 0)$와 같은 칼날전위의 eigen변형률을 디랙 델타 함수 $\delta(x)$와 헤비사이드 계단함수 $H(x)$를 이용해서 나타내라. 단,

$$\delta(x)=\begin{cases}\infty & (at\ x=0)\\ 0 & (at\ x\neq 0)\end{cases},\ \int_{-a}^{a}\delta(x)dx=1\ \text{(a는 임의의 양의 수)}$$

$$H(x)=\begin{cases}0 & (at\ x<0)\\ 1/2 & (at\ x=0)\\ 1 & (at\ x>0)\end{cases},\ \delta(x)=\frac{dH(x)}{dx}\text{이다.}$$

CHAPTER

03

변형의 열역학

전위란 결정재료의 소성변형을 관장하는 중요한 결함인 것을 제1장에서 배웠다. 더욱이, 여러가지 결함 중에서 점 결함만이 열역학적으로 안정한 상태로 존재하고, 전위가 존재하면 결정의 자유에너지가 증가한다는 것도 배웠다. 이들 결함의 안정성이나 재료의 변형에 관한 논의에 대해서도 열역학적인 고찰이 유용한 경우가 많다. 엄밀한 열역학은 기타 전문서를 참고하고, 본 장에서는 변형에 대한 열역학을 중점으로 소개하겠다. 잘 알려진 고전열역학이지만, 그 깊이를 알기 원한다.

3-1 열역학의 제1법칙과 제2법칙

지금부터는 준정적인 (quasi-static) 변화만을 생각하기로 한다. 임의의 열역학적 양 A의 미소변화를 dA로 표시하고, A의 상태 I에서 상태 II로의 변화를 dA로 표현한다. 즉,

$$\Delta A = A_{II} - A_{I} = \int_{I}^{II} dA \tag{3·1}$$

이다. 열역학의 교과서에 따르면, 어떤 물체의 내부에너지변화 dU는 주위로부터 물체에 들어온 열 dQ와 주위로부터 물체에 행해진 일 dW의 합으로

$$dU = dQ + dW \tag{3·2}$$

와 같이 나타낼 수 있다. 이것은 에너지보존법칙이고, 열역학 제1법칙이라고도 한다 (그림 3.1)*.

열역학 제2법칙은 열과 엔트로피변화 dS를 다음 식으로 표현한다.

$$dQ \leq TdS \tag{3·3}$$

여기서 T는 온도, 등호는 가역변화, 부등호는 비가역변화를 나타낸다.

통상의 열역학 교과서에서는 일은 외부압력 p에 의한 일

$$dW = -pdV \ (V: \text{물체의 체적})$$

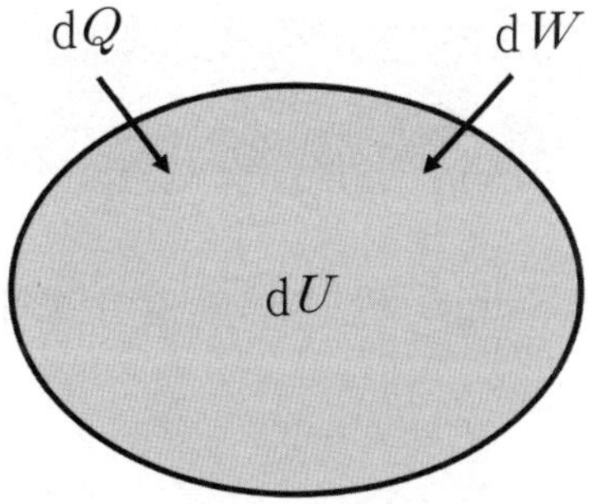

| 그림 3.1 | 열역학 제1법칙

을 생각하지만, 변형의 문제를 취급할 때는 물체표면 S에 작용하는 면력 $\boldsymbol{X}=(X_1,\ X_2,\ X_3)$과 표면에서의 변위 $\boldsymbol{u}=(u_1,\ u_2,\ u_3)$의 내적 형태로 표현한 일반형이 유용하다.

$$dW=\int_S \boldsymbol{X}\cdot d\boldsymbol{u}\,d\boldsymbol{S}=\int_S X_i du_i d\boldsymbol{S} \tag{3 · 4a}$$

여기서 적분은 표면전체에 걸쳐 행해진다 (제2장 참조). (3 · 4a)는 물체의 응력 σ_{ij}와 전체 변형률 ε_{ij}을 이용해서 다음과 같은 형태로도 표현할 수 있다.

$$\begin{aligned} dW &= \int_S X_i du_i d\boldsymbol{S} = \int_S \sigma_{ij} n_j du_i d\boldsymbol{S} \\ &= \int_V \left(\frac{\partial \sigma_{ij}}{\partial x_j}\right) du_i d\boldsymbol{x} + \int_V \sigma_{ij} d\left(\frac{\partial u_i}{\partial x_j}\right) d\boldsymbol{x} = \int_V \sigma_{ij} d\varepsilon_{ij} d\boldsymbol{x} \end{aligned} \tag{3 · 4b}$$

제2변에서 제3변으로의 변환에는 (2 · 7)을 사용하였고, 제3변에서 제4변으로의 변환에는 가우스의 발산정리(부록(A · 1)식)를 이용했다. 제4변의 제1항은 (2 · 5)에 의해 0, 제2항의 피적분함수 $\sigma_{ij}d(\partial u_i/\partial x_j)$에서는 (2 · 2)의 정의 및 σij가 대칭인 것에 의해 최종식이 된다. 이하에서는 따로 언급이 없는 한, (3 · 4b) 식을 다음과 같이 간단하게 표시하기로 한다.

$$dW= V\sigma d\varepsilon \tag{3 · 4c}$$

이것은 물체내의 응력과 변형률이 균일한 경우 아래첨자를 생략한 표현이다. 또, 미소변형이론에서는 물체의 체적변화는 $Vd\varepsilon$항에 들어가 있는 것으로 생각할 수 있다. 이후의 단원에서는 두가지 중요한 자유에너지를 생각하고, 그것들을 변형의 문제에 적용한다.

3-2 헬름홀츠 에너지

헬름홀츠 에너지 (Helmholtz energy) F는 다음과 같이 정의된다.

$$F \equiv U - TS \tag{3・6}$$

양변을 미분한 후, (3・2), (3・3), (3・5)을 이용하여 다음 식을 얻을 수 있다.

$$dF = dU - TdS - SdT \leq dU - dQ - SdT = dW - SdT = V\sigma d\varepsilon - SdT \tag{3・7}$$

따라서, 등온변화 ($dT = 0$) 에서는 다음 식이 성립한다.

$$dF \leq dW (= V\sigma d\varepsilon) \text{ (등온변화, 등호는 가역변화)} \tag{3・8}$$

즉, 해당 식으로부터 다음의 결론에 이른다.

[결론 1] 등온가역변화에서 외부가 물체에 가한 일은 물체의 헬름홀츠 에너지 변화로서 물체에 축적된다.

(3・8)에서 부등호가 의미하는 것은 물체에 가역적으로 가해진 일만이 물체의 헬름홀츠 에너지 변화에 기여한다는 것이다. 만약 물체에 비가역적으로 일이 가해진다면, 열과 소리 등의 에너지로 변해버리고, 물체의 헬름홀츠 에너지는 변하지 않는다. 일정온도하에서 결정에 전위, 점결함, 결정립계, 표면 등의 결정결함을 도입하기 위해서는, 외부로부터 일을 가하지 않으면 안 된다. 이러한 일 중에서 가역적으로 행해지는 일만이 물체의 헬름홀츠 에너지 변화에 기여한다 (점결함 이외의 결함은 물체의 헬름홀츠 에너지를 증가시킨다). 종종 '결정결함의 자유에너지'라는 표현을 쓰고, 이러한 자유에너지가 결정결함을 도입하기 위해서 가역적으로 행해진 일로 생각할 수 있는 것은 이 이유이기도 하다.

일정온도, 일정변형률 ($d\varepsilon = 0$) 조건하에서의 헬름홀츠 에너지의 변화 (3・7)는

$$dF \leq 0 \tag{3・9}$$

로 표현된다. 따라서,

[결론 2] 일정온도, 일정변형률 (또는 일정변위)에서 물체의 상태의 자발적 변화는 물체의 헬름홀츠 에너지가 작아지는 방향으로 발생한다. 따라서, 열역학적인 안정상태는 (평형상태) 헬름홀츠 에너지가 최소일 경우이다.

3-3 깁스 에너지

일반적인 열역학 교재에서는 깁스 에너지 (Gibbs energy)를 $G \equiv F + pV$로 정의하지만, 본 교재에서는 다음과 같이 정의한다.

$$G \equiv F - V\sigma\varepsilon \tag{3·10}$$

양변을 미분하면,

$$dG = dF - V\sigma d\varepsilon - V\varepsilon d\sigma \tag{3·11}$$

이 되고, 일정응력($d\sigma = 0$)에서는

$$dG = dF - V\sigma d\varepsilon = dF + dP \tag{3·12}$$

로 표현할 수 있다. 여기서 $dP(\equiv - V\sigma d\varepsilon)$는 $-dW$로 바꿔 쓸 수 있지만, 위의 식은 열역학 제2법칙과는 관계가 없기 때문에, 반드시 (물체의 헬름홀츠 에너지 변화에 관여하는 것 같은) 가역적으로 도입된 일이라고는 단정지을 수 없다. 이것을 외력의 포텐셜에너지 변화라고 부르기로 한다. 위의 식에 의해 다음의 결론에 이를 수 있다.

[결론 3] 일정응력에서 물체의 깁스에너지 변화는 헬름홀츠 에너지 변화에 외력의 포텐셜 에너지 변화를 합한 것과 같다.

(3·7), (3·11)에 의해 일반적으로 깁스에너지변화에 대해 다음과 같이 서술할 수 있다.

$$dG \le V\sigma d\varepsilon - SdT - V\sigma d\varepsilon - V\varepsilon d\sigma = - SdT - V\varepsilon d\sigma \tag{3·13}$$

이것으로부터 $dT = 0$, 그리고 $d\sigma = 0$이라면, $dG \le 0$가 된다.

01 02 03 04 05 06 07 08 09 10 11 12 해답 부록

[결론 4] 일정온도, 일정응력 (일정외력)에서 물체의 상태의 자발적 변화는 물체의 깁스에너지가 작아지는 방향으로 발생한다. 그리고, 열역학적인 안정상태 (평형상태)는 깁스에너지가 최소인 경우이다.

열역학에 의하면 헬름홀츠 에너지나 깁스 에너지는 상태량이다. 즉, 최초의 상태와 최후의 상태가 주어진다면, 에너지변화 ΔF나 ΔG는 변화의 경로에 관계가 없다. 이하에서는, 지금까지 배운 열역학을 변형의 문제에 적용한다. 이하에서는 특별한 언급이 없는 한 일정온도에서의 변화를 취급한다.

3-4 탄성변형의 열역학

e만큼의 인장탄성변형률을 가하기 위해서, $\Delta W = VEe^2/2$(E : 영률)만큼 외부로부터의 일을 필요로하는 물체의 탄성변형을 생각해보자 (그림 3.2). 혹시, 이 ΔW가 전부 가역적으로 도입되는 일이라면, [결론1]에 의해 이 일은 물체의 헬름홀츠 에너지 변화로서 축적될 것이다. 이를 가정한 후, 일정온도 T, 일정인장응력 σ_e하에서 e_e만큼 당겨 평형상태에 있는 물체를 가상적으로 그리고 준정적으로 임의의 미소량 de만큼 변형시켜보자. 일정온도, 일정응력이므로, 열역학적인 안정성에 대한 논의를 할 때 [결론4]에 의해 깁스 에너지를 사용하도록 한다.

(3・8) $dF \leq dW (= V\sigma d\varepsilon)$와 가역일의 가정에 의해, $dF = dW = VEe_e de$이므로, 깁스에너지의 변화는 (3・12)에 의해

$$dG = dF + dP = VEe_e de - V\sigma_e de = V(Ee_e - \sigma_e)de \qquad \textbf{(3・14)}$$

이 된다.

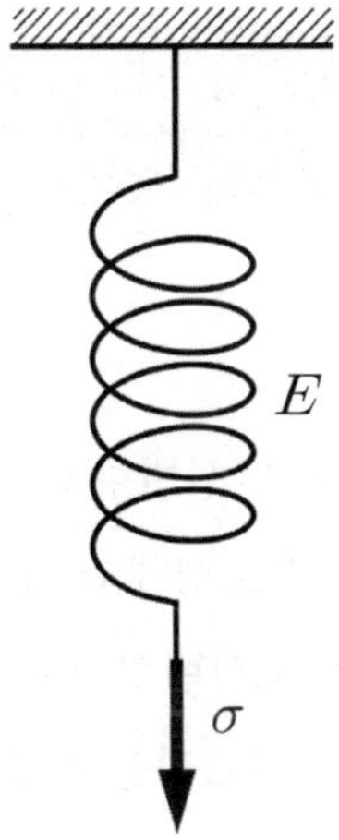

| 그림 3.2 | 탄성체의 용수철 모델

원래 평형상태 (G : 최소)에 있었기 때문에, 거기서부터 어떠한 미소변화 de에 대해서도 깁스에너지는 증가할 것이기 때문에, 위의 식의 깁스에너지 변화는 반드시 양수일 것이다. 체적 V는 양수이기 때문에, de의 부호에 관계없이 $dG \geq 0$이 성립하기 위해서는,

1) $de > 0$, $Ee_e - \sigma_e > 0$

2) $de < 0$, $Ee_e - \sigma_e < 0$

을 만족하여야 한다. 이것은 $de = 0$(즉, 평형상태)의 경우는 $Ee_e - \sigma_e = 0$이 되어야하는 것을 의미한다. 이것은 후크의 법칙을 나타내고 있음을 알 수 있다. 이와 같이, $\Delta W = VEe^2/2$을 가역적으로 도입된 일로 가정하고, 또 평형상태로 생각하면, 이 물체의 탄성변형이 확실히 후크의 법칙을 만족하는 것이 된다. 따라서, 이하의 결론에 이른다.

1) 이상적인 탄성변형은 열역학적으로 가역변화다.

2) 인장응력을 서서히 증가시키는 준정적인 탄성변형 중 물체는 항상 깁스에너지의 최소조건을 만족시키면서 변형하고 있다.

이상적인 준안정적 탄성변형에서는 외력이 한 일의 전부가 탄성변형에너지 (물체의 헬름홀츠 에너지 변화)로 물체에 축적된다. 탄성변형이 가역적인 것은 응력-변형률 곡선을 봐도 알 수 있다. 변형률의 증감에 대해서 응력의 경로는 가역적이고 히스테리시스 곡선을 그리지 않는다. 따라서, 산일(散逸)에너지 (열, 소리 등)는 0이다.

3-5 소성변형의 열역학

(1) 탄성 완전소성체

그림 3.3의 응력-변형률 관계와 같이, 탄성변형 O → A (탄성변형률 e) 후, 일정한 인장응력 σ_y에서 소성변형을 일으키는 탄성완전소성체 (elastic-perfectly plastic body)로 불리는 물체의 변형을 생각할 수 있다. 예를 들어, 소성변형이 B점 (소성변형률 ε^*)까지 진행시킨 후에 외력을 제거하면, 응력-변형률 관계는 B → C 라는 경로에 이르지만, 결코 B → C → O 와 같은 가역 경로로 되돌아가는 경우는 없다. 이것은 B점에서의 탄성변형률은 A점과 마찬가지로 e이라는 것을 의미한다. 그리고, B점에서의 단위체적당 물체에 축적된 탄성변형에너지는 삼각형 CBE의 면적에 해당하고, 이는 A점에서의 탄성변형에너지 (삼각형 OAD의 면적)와 일치한다.

따라서, 소성변형률 ε^*가 발생해서 물체의 형태를 바꾸어도, 물체의 헬름홀츠 에너지는 변하지 않는다 (가역반응이 아니므로). 이것은 소성변형률 ε^*을 생기게 하기 위해서 외력이 물체에 한 일 (단위체적의 물체당 사각형 ABED의 면적에 해당)은 물체의 헬름홀츠 에너지 변화에 어떠한 기여도 하지 않고, 전부 마찰열 등으로써 외부에 흩어져 사라져버린다는 의미이다.

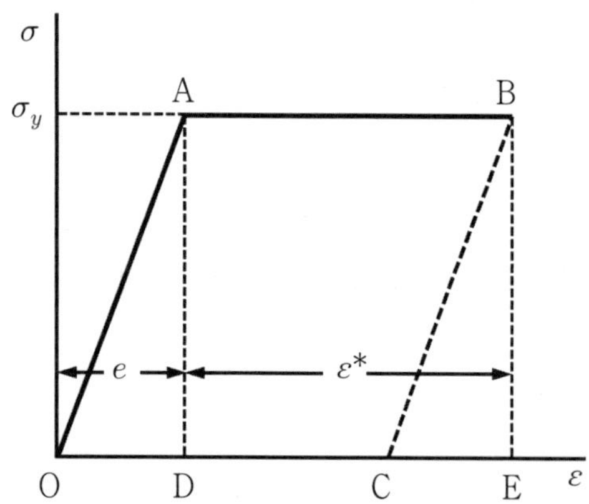

| 그림 3.3 | 탄성 완전소성체의 응력-변형률 관계

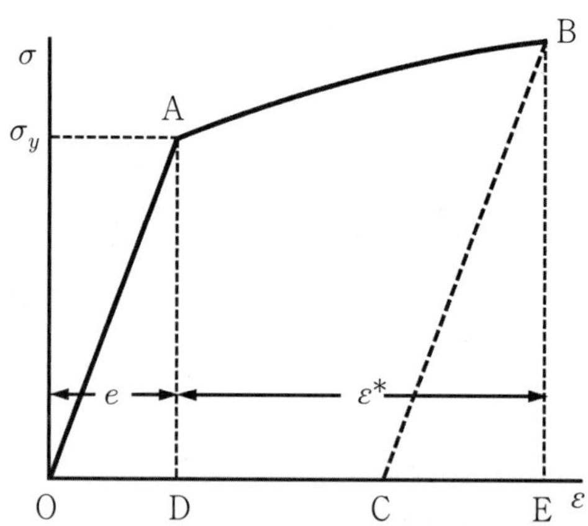

| 그림 3.4 | 가공경화하는 재료의 응력-변형률 관계

A→B의 소성변형 중에 일을 가해도 ($\Delta W > 0$) 헬름홀츠 에너지가 변화하지 않는 것으로부터 ($dF = 0$), $dF < dW$가 성립하고, 소성변형은 열역학적으로 비가역변화인 것이 이해된다. 한편, 소성변형은 일정응력 $\sigma_y(>0)$에서 발생하고 있기 때문에, 이 경우에도 (3・12)를 사용할 수 있다. 즉, 소성변형률 $d\varepsilon^*(>0)$이 발생하면,

$$dG = dF + dP = 0 + dP = -V\sigma_y d\varepsilon^* < 0 \qquad (3 \cdot 15)$$

이 항상 성립한다. 따라서, 소성변형에 의해 깁스에너지의 감소가 계속되고, 탄성 완전소성체는 결코 평형상태에 이르지 못하고 끝없이 늘어나게 된다. 그리고, 늘어나고 있는 동안의 깁스에너지 변화 dG는 모두 외력의 포텐셜에너지 변화 dP에 영향을 주고 있는 것이 된다.

보다 일반적인 재료에서는 탄성완정소성체와는 다르고, 소성변형 중에 가공경화가 발생한다 (그림 3.4). 이 경우에는, 계속해서 소성변형 시키기 위해서는 응력을 증가시킬 필요가 있고, 삼각형 CBE의 면적은 삼각형 OAD의 면적보다 크게 된다. 즉, 소성변형 중에 외력이 한 일의 일부는 가역일로서 물체의 헬름홀츠 에너지의 증가에 기여한다. 구체적으로는 이 헬름홀츠 에너지의 증가는 결정결함의 증가, 예를 들어 소성변형 중에는 전위밀도가 증가하거나, 점결함 농도가 증가하거나, 균열이 생기게 한다.

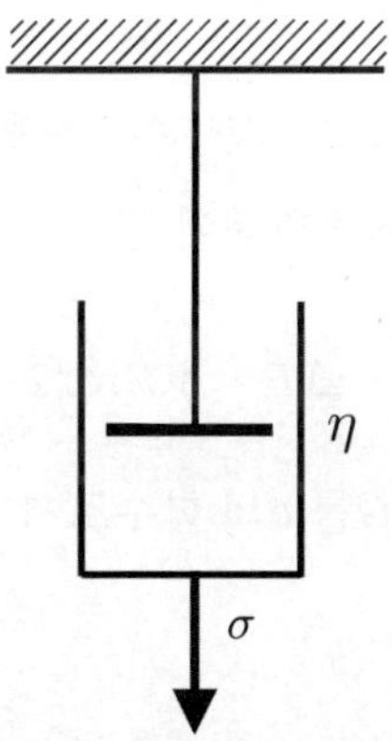

| 그림 3.5 | 점성체의 dashpot 모델

01 02 03 04 05 06 07 08 09 10 11 12 해답 부록

(2) 점성체

탄성완전소성체와 같이 일정응력하에서 늘어남이 진행하는 것에는 점성체 (viscous body)가 있다. 특히 응력 σ와 늘어나는 속도 $d\varepsilon/dt$의 사이에는

$$\sigma = \eta\frac{d\varepsilon}{dt} \tag{3 · 16}$$

라는 관계가 있는 점성체를 뉴턴 점성체라고 부르고, η를 점성률 또는 점성계수 (viscosity)라 부른다. 점성체는 그림 3.5와 같이 대쉬포트의 역학 모델로 표현할 수 있는 것이 많다.

점성체의 변형도 열역학적으로는 비가역적이고, (3 · 15)와 같은 상황이 성립하고 있다. 융점 근처의 고온에서 관찰되는 확산 크립 (diffusion creep, 일정응력하에서, 순수하게 원자의 확산에 의해 소성변형이 시간과 함께 진행하는 현상)은, 물체를 점성체로서 간주할 수 있는 대표적인 예이다.

3-6 열역학적인 힘

탄성변형에서 응력 σ는 가해지고 있지만, 수직변형률이 0이라는 가상적인 상태를 기준(출발점)으로 두고, e만큼의 탄성수직변형률이 생긴 후의 물체의 깁스에너지 변화 ΔG는

$$\Delta G = \Delta F + \Delta P = VEe^2/2 - V\sigma e \tag{3 · 17}$$

로 표현할 수 있다. 그림 3.6은 ΔG를 e의 함수로서 나타낸 것으로, ΔG가 최소가 되는 평형상태는

$$\frac{d(\Delta G)}{de} = V(Ee - \sigma) = 0 \tag{3 · 18}$$

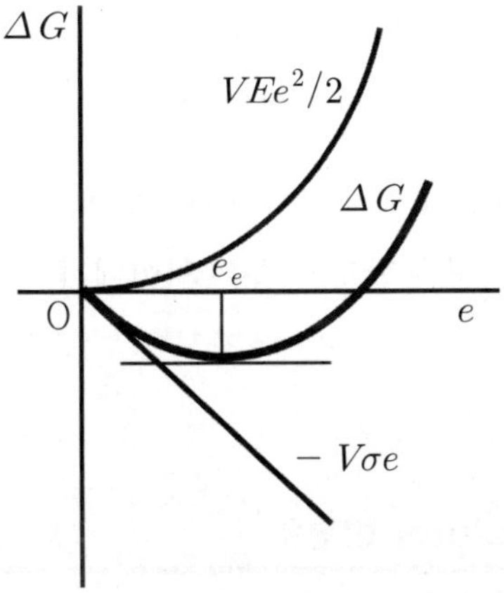

| 그림 3.6 | 탄성변형률 e에 의한 깁스에너지 변화

달성될 수 있는 것을 이 그림으로도 알 수 있다. (3・18)은 에너지의 1차 미분으로, 힘의 평형식 (후크의 법칙)과 같다.

혹시, 탄성변형률 e가 평형의 값 e_e보다 크게 된다면, (즉, $\frac{d(\Delta G)}{de} > 0$이라면) e를 감소시키려고 하는 힘이 작용하고, 역의 경우 $\frac{d(\Delta G)}{de} < 0$는 e를 증가시키고자 하는 힘이 작용한다. 따라서, 물체에 작용하는 힘 f은 그 부호까지 포함하여 다음과 같이 정의할 수 있다.

$$f \equiv -\frac{d(\Delta G)}{de} \tag{3・19}$$

보다 일반적인 표현은 자유에너지 (여기서는 깁스에너지 G를 예로 취한다)가 물체의 위치를 나타내는 양 α의 함수인 경우,

$$f_\alpha \equiv -\frac{\partial G}{\partial \alpha} \tag{3・20a}$$

를 물체에 작용하는 α방향으로의 열역학적 힘 (thermodynamic force), 또는 일반화된 힘 (generalized force)로 정의한다. G는 스칼라량, 힘은 벡터양이므로 위의 식은 벡터연산의 형태로 표현하면,

$$f_\alpha \equiv -\nabla_\alpha G$$
$$f_\alpha \equiv -\mathrm{grad}_\alpha G \qquad (3 \cdot 20b)$$

이 된다. ∇_α 또는 grad_α는 변수 α에 대해서의 해밀턴 연산자 (부록 A참조)이다.

여기서 정의한 열역학적인 힘은 반드시 좁은 의미에서 힘의 차원 (SI단위로 [N])을 갖는다고는 할 수는 없다.

무라 토시오 교수와 eigen 변형률

본서에 언급된 「eigen 변형률」을 이름붙인 분은 무라 토시오 (Northwestern대학 명예교수)다. 무라 교수는 타원체개재물 문제나 전위론의 마이크로 메카닉스에 큰 업적을 남겼다. 「Micromechanics of Defects in Solids」 (Martinus–Nijihoff)는 무라 교수의 지금까지 업적의 집대성이기도 하다. 나는 미국 유학중 무라 교수의 강의에 출석하는 행운을 접하였다. 강의 중 무라 교수는 「G. I. Tayler (전위론의 창시장 중 한명)에 비하면 자신은 무시될 정도로 미약한 존재다」라고 말하였다. 학문의 세계에서는 위대한 사람일수록 더욱 겸허한 듯하다.

연습문제

3.1 (3.13)을 참고해서 일축응력 σ하에서의 2상평형온도의 응력의존성을 기술하는 클라우지우스-클라페이롱 (Clausius-Clapeyron) 식을 구해보라.

3.2 질량 M의 추를 물체에 매달고 물체를 dx만큼 늘렸을 경우, 추의 포텐셜에너지 변화 dP가 $dP = -V\sigma d\varepsilon$로 표현되는 것을 유도하라.

3.3 일정온도에서 결정내에 1개의 원자공공을 도입하는 것에 필요한 일을 E_V라 하면, 이것은 물체가 1개의 원자공공을 포함하기 위한 헬름홀츠 에너지 변화와 같다. 일축응력 σ의 존재하에서 결정내에 1개의 원자공공을 도입하기 위한 깁스 에너지 변화는 얼마인가? 단, 1개의 원자공공의 체적을 Ω라 한다.

3.4 단위체적당 물체의 자유에너지가 $[J/m^3]$이라는 SI단위로 표현되고, 그것이 다음의 양의 함수일 경우, 열역학적 힘의 단위는 어떻게 되는가?

(a) 거리 l, (b) 변형률 ε, (c) 각도 θ

CHAPTER

04

전위의 탄성론

이 장에서는 제2장에서 배운 선형탄성론 및 제3장에서 배운 에너지론을 통해 연속체에서의 전위를 생각해본다. 물론, 이는 금속재료가 결정이라는 것을 무시한 채 설명한 것이므로, 결정재료 내의 전위의 성질 모든 것을 완전히 이해할 수는 없을 것이다. 그러나, 본 장에서 배우는 방법 및 결과는 매우 중요하고, 때로는 아름답기도 하다. 이러한 개념은 결정재료의 역학적 성질을 이해하는 데에 있어서 필수적인 기반을 제공한다.

4-1 직선전위에 의해 형성되는 탄성장

제3장에서 배운 것과 같이, 전위가 존재하면 결정의 헬름홀츠 에너지가 증가하는데, 그 에너지는 주로 전위 주위의 결정의 뒤틀림에 인한 탄성에너지로부터 발생한다. 이하에서는 직선나선전위와 직선칼날전위에 대해서, 선형등방탄성론을 이용해서 전위 주위의 탄성장 (변형장과 응력장)을 구하고, 그것으로부터 탄성변형에너지를 계산해 보겠다.

(1) 직선나선전위의 탄성장

그림 4.1과 같이 $(x_1,\ x_2,\ x_3)$직교좌표계상의 무한대의 물체내에서 x_3축을 따라 무한히 긴 직선나선전위를 생각해보자. 나선전위의 특징은 전위 주위의 격자점을 순차적으로 이은 회로를 만들면, 회로가 전위의 주위를 한바퀴 돌때마다 버거스벡터 b만큼의 원자면의 상승(하강)이 있는 것이다. 거기서 원주좌표계 $(r,\ \theta,\ x_3)$의 방향으로의 변위량 u_3는 $u_3 = \theta b/2\pi$로 표현할 수 있다. 여기서 b는 버거스벡터의 크기($b = |b|$)이다. $\tan\theta = x_2/x_1$이므로, 변위는 다음과 같이도 표현 가능하다.

$$u_3 = \frac{b}{2\pi} tan^{-1} \frac{x_2}{x_1} \qquad (4 \cdot 1)$$

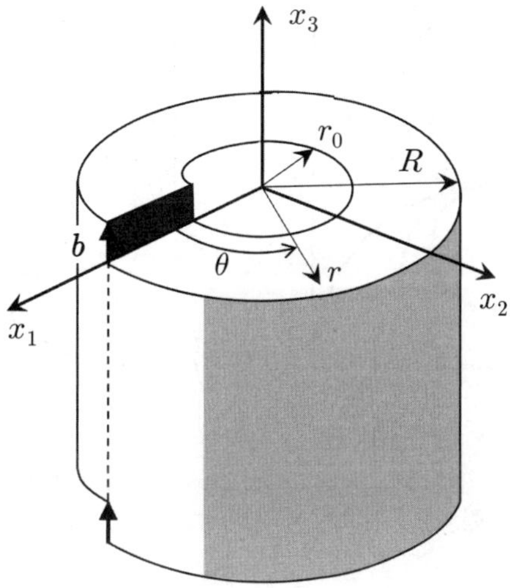

| 그림 4.1 | x_3축을 따라 존재하는 직선 나선 전위

변위성분 중에서 0이 아닌 것은 u_3밖에 없기 때문에, 이 탄성변위에 의한 탄성변형성분 (2・2)은 다음과 같이 구해진다.

$$e_{ij}^{s}=\begin{Bmatrix} 0 & 0 & -\dfrac{b}{4\pi}\dfrac{x_2}{x_1^2+x_2^2} \\ 0 & 0 & \dfrac{b}{4\pi}\dfrac{x_1}{x_1^2+x_2^2} \\ -\dfrac{b}{4\pi}\dfrac{x_2}{x_1^2+x_2^2} & \dfrac{b}{4\pi}\dfrac{x_1}{x_1^2+x_2^2} & 0 \end{Bmatrix} \quad \textbf{(4・2)}$$

여기서, e_{ij}^{s}의 윗첨자 s는 나선전위를 의미한다. (4・2)와 등방체의 후크의 법칙 (2・11)에 의해, 직선나선전위 주위의 응력장 σ_{ij}^{s}은 다음과 같다.

$$\sigma_{ij}^{s}=\begin{Bmatrix} 0 & 0 & -\dfrac{\mu b}{2\pi}\dfrac{x_2}{x_1^2+x_2^2} \\ 0 & 0 & \dfrac{\mu b}{2\pi}\dfrac{x_1}{x_1^2+x_2^2} \\ -\dfrac{\mu b}{2\pi}\dfrac{x_2}{x_1^2+x_2^2} & \dfrac{\mu b}{2\pi}\dfrac{x_1}{x_1^2+x_2^2} & 0 \end{Bmatrix} \quad \textbf{(4・3)}$$

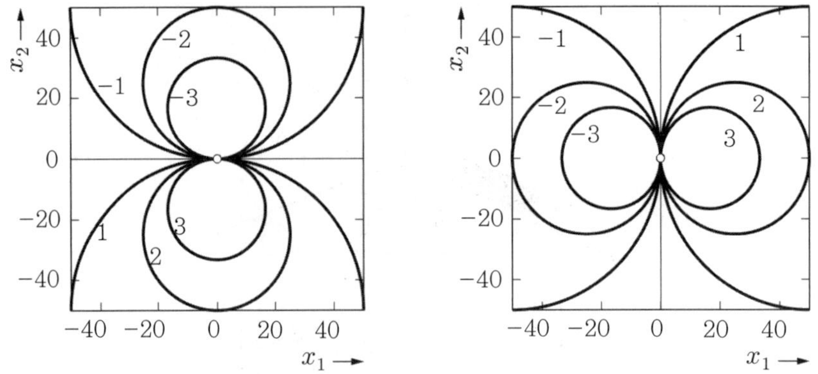

(a) $\sigma^s_{13} = \sigma^s_{31}$ (b) $\sigma^s_{23} = \sigma^s_{32}$

| 그림 4.2 | x_3축을 따라 존재하는 직선 나선 전위

0이 아닌 응격성분의 분포를 그림 4.2에 나타내었다. (4・2)와 (4・3)으로부터 알 수 있듯이, 나선전위의 변형률장과 응력장은 전위로부터 거리의 1승에 반비례하여 감소한다. 원주좌표계에서는 변형률과 응력은 0이 아닌 성분은 이하와 같이 좀 더 간단하게 표현이 가능하다.

원주좌표계에서는 변형률과 응력이 0이 아닌 성분은 이하와 같이 간단히 표현하는 것이 가능하다.

$$e^s_{\theta x_3} = e^s_{x_3\theta} = \frac{b}{4\pi r}, \quad \sigma^s_{\theta x_3} = \sigma^s_{x_3\theta} = \frac{\mu b}{2\pi r} \tag{4・4}$$

여기서 주의할 점은 변형장이나 응력장은 $r \to 0$의 극한에서 발산한다는 점이다. 이것은 다음과 같이 이해할 수 있다. 선형탄성론에 기초한 계산은 본질적으로 탄성변형률의 크기가 1에 비교해서 충분히 작은 범위에서만 성립하는 것이고, $r \to 0$과 같이 변형률이 큰 장소에는 적용하지 못한다. 그래서 그림 4.1의 $r \le r_0$의 범위 (이것을 전위심, core라 한다)을 제외하고 외측 부분에서 식(4・1)이 성립한다고 생각하는 것이다. r_0의 크기는 통상적으로 $5b$ 정도가 된다.

(4・3) 또는 (4・4)에서 얻은 응력장이, 정적평형식 (2・5)와 $X_i = 0$라는 경계조건(2・7)을 만족하는 것을 확인해둘 필요가 있다. (2・7)은 무한대물체에서의 전위라면, $r \to \infty$에서 응력성분이 전부 0이 되기 때문에 당연히 성립하고, (2・5)도 성립한다. 이것은 (4・1)탄성변위장의 표현이 타당하다는 것을 의미한다. 즉, (4・1)은 연습문제 [2・2]에서 얻을 수 있듯이 변위장에 대한 미분방정식의 해가 된다.

(2) 직선칼날전위의 탄성장

나선전위의 계산으로부터 추측하면, 0이 아닌 변위성분을

$$u_1 = \frac{\theta b}{2\pi} = \frac{b}{2\pi} tan^{-1}\frac{x_2}{x_1}$$

로 두면, 그림 4.3과 같이 전위선이 x_3축에 평행이고 버거스벡터가 x_1에 평행한 직선칼날전위의 탄성장을 구하는 것이 가능할 것으로 보이나, 이 변위는 연습문제 [2.2]에서 얻은 변위장에 대한 미분방정식을 만족하지 않고, 지금부터 얻을 응력장은 (2・5) 정적평형식을 만족하지 않는다. 그 이유는 x_1축 방향을 시점으로 나선전위의 변위 u_3는 각도 θ에 비례해서 연속적으로 증가하는 것과 달리 칼날전위의 변위 u_1은 연속적으로 변화하지 않고, $\theta = \pi$에서 버거스벡터의 크기만큼 점프하기 때문이다.

위와 같이, 직선칼날전위의 탄성장을 구하는 것은 나선전위에 비해서 용이하지 않지만, 부록 B에 있는 방법을 사용해서 구하는 것이 가능하다. 그 경우는 연습문제[2.4]에서 얻은 칼날전위의 eigen변형률 및 델타함수의 성질

$$\int_{-\infty}^{\infty} f(x)\delta(x-t)dx = f(t) \qquad \textbf{(4・5)}$$

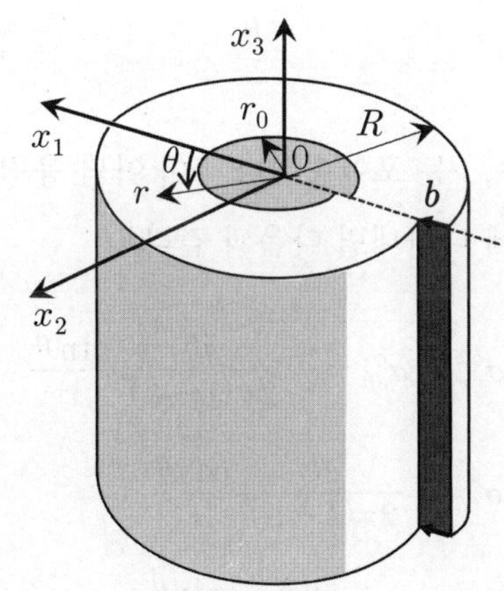

| 그림 4.3 | x_3축을 따라 존재하는 직선 칼날 전위

을 사용하면, (B・14)는

$$\bar{\varepsilon}^*_{21}(\boldsymbol{\xi}) = \bar{\varepsilon}^*_{12}(\boldsymbol{\xi}) = (2\pi)^{-3}\iiint_{-\infty}^{\infty}(b/2)\delta(x_2)H(-x_1)\exp(-i\boldsymbol{\xi}\cdot\boldsymbol{x})d\boldsymbol{x}$$

$$= -\frac{(b/2)}{(2\pi)^2}\cdot\frac{\delta(\xi_3)}{i\xi_1}$$

가 된다. 이것을 (B・15)에 대입하여 탄성장을 구할 수 있다. 다만 계산과정이 복잡하기 때문에 여기에서는 생략하고, 그림 4.3의 직선칼날전위의 응력성분 e^e_{ij}와 σ^e_{ij}의 계산결과만을 가져왔다.

$$e^e_{ij} = \begin{pmatrix} -\frac{b}{2\pi}\frac{x_2\{(2\lambda+3\mu)x_1^2+\mu x_2^2\}}{(\lambda+2\mu)(x_1^2+x_2^2)^2} & \frac{b}{4\pi(1-\nu)}\frac{x_1(x_1^2-x_2^2)}{(x_1^2+x_2^2)^2} & 0 \\ \frac{b}{4\pi(1-\nu)}\frac{x_1(x_1^2-x_2^2)}{(x_1^2+x_2^2)^2} & \frac{b}{2\pi}\frac{x_2\{(2\lambda+\mu)x_1^2-\mu x_2^2\}}{(\lambda+2\mu)(x_1^2+x_2^2)^2} & 0 \\ 0 & 0 & 0 \end{pmatrix} \quad (4\cdot 6)$$

$$\sigma^e_{ij} = \begin{pmatrix} -\frac{\mu b}{2\pi(1-\nu)}\frac{x_2(3x_1^2+x_2^2)}{(x_1^2+x_2^2)^2} & \frac{\mu b}{2\pi(1-\nu)}\frac{x_1(x_1^2-x_2^2)}{(x_1^2+x_2^2)^2} & 0 \\ \frac{\mu b}{2\pi(1-\nu)}\frac{x_1(x_1^2-x_2^2)}{(x_1^2+x_2^2)^2} & \frac{\mu b}{2\pi(1-\nu)}\frac{x_2(x_1^2-x_2^2)}{(x_1^2+x_2^2)^2} & 0 \\ 0 & 0 & -\frac{\mu\nu b}{\pi(1-\nu)}\frac{x_2}{x_1^2+x_2^2} \end{pmatrix} \quad (4\cdot 7)$$

여기서 λ와 μ는 Lame 정수, ν는 포아송비다. 0이 아닌 응력성분의 분포는 그림 4.4에 나타내었다. 응력을 원주좌표계에 나타내면 다음과 같다.

$$\sigma^e_{rr} = \sigma^e_{\theta\theta} = -\frac{\mu b}{2\pi(1-\nu)}\frac{\sin\theta}{r}$$

$$\sigma^e_{r\theta} = \frac{\mu b}{2\pi(1-\nu)}\frac{\cos\theta}{r}$$

$$\sigma^e_{zz} = -\frac{\mu\nu b}{\pi(1-\nu)}\frac{\sin\theta}{r}$$

$$\sigma^e_{rz} = \sigma^e_{\theta z} = 0 \quad (4\cdot 8)$$

칼날전위 주위의 응력장(4・7)의 대각성분의 합이 0이 아니고, 정수압 성분 $(\sigma_{11}^e + \sigma_{22}^e + \sigma_{33}^e)/3$ 이 존재하는 것과 달리, 나선전위 주위의 응력장(4・3)에는 정수압성분이 존재하지 않는다. 칼날전위 주위의 정수압은 크기는 다르지만 그림 4.4(d)와 같은 분포를 타낸다.

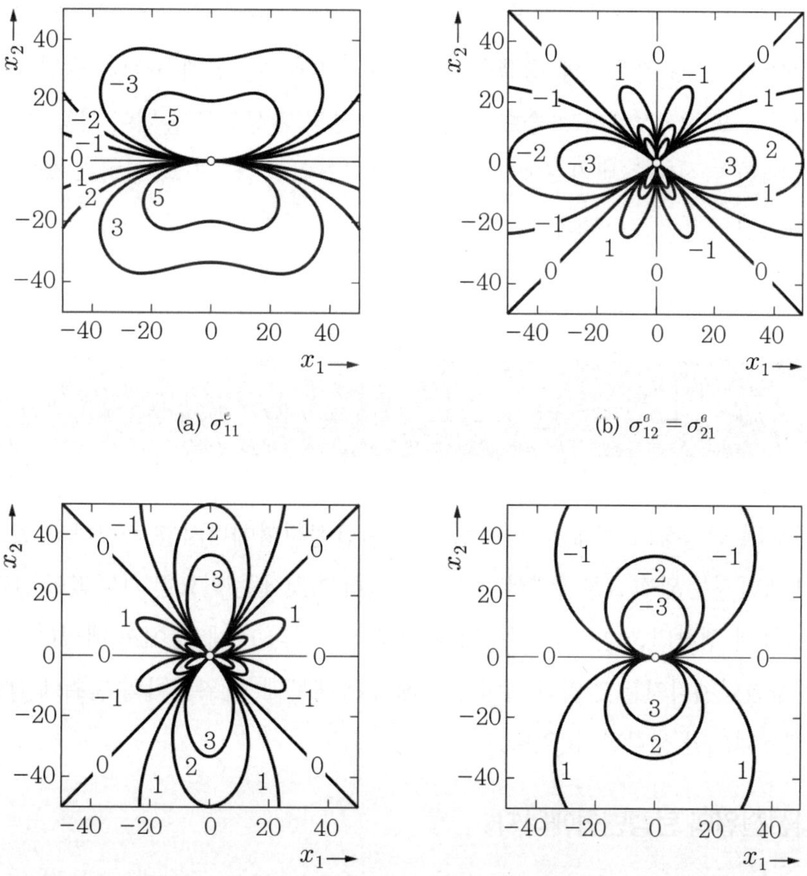

(a) σ_{11}^e (b) $\sigma_{12}^e = \sigma_{21}^e$ (c) σ_{22}^e (d) σ_{33}^e

| 그림 4.4 | x_3축에 평행하고, $x_1 = x_2 = 0$ 위치에 있는 칼날전위 주위의 응력장. 응력 단위는 $\mu/\{200\pi(1-\nu)\}$이고, x_1, x_2는 b를 단위로해서 나타내고 있다. (d)에서는 ν를 1/3로 두었다.

전위의 종류에 상관없이 탄성장이 전위로부터의 거리의 1승에 반비례해서 감소하는 것에는 변함이 없다. 이와 같이, 전위 주위의 응력장의 감소량은 거리의 2승에 반비례해서 감소하는 만유인력장이나 쿨롱 역장 (force field) 등에 비교해서 작다. 따라서, 전위의 응력장의 영향은 전위로부터 꽤 먼 곳까지도 도달하고 있으므로, 장거리응력장 (long-range stress field)로 불리고도 있다.

(3) 직선혼합전위의 탄성장

혼합전위란 전위선과 버거스벡터와 평행하지도 수직하지도 않은 일반적인 전위이다. 이때, 버거스벡터는 항상 전위선에 평행한 나선성분 $b_{//}$와 전위선에 수직인 칼날성분 $b_{\perp}$으로 분해할 수 있다. 또, 2.4절에서 서술했듯 선형 탄성론의 탄성장은 중첩이 가능하다. 그 결과, 혼합전위에 의한 탄성장은 버거스벡터가 $b_{//}$인 나선전위의 탄성장과 버거스 벡터가 $b_{\perp}$인 칼날전위의 탄성장의 합으로 표현할 수 있다.

4-2 전위의 탄성변형률에너지

전위 주위의 탄성장의 존재에 의해서, 전위는 탄성변형에너지를 축적하고 있는 것을 알 수 있다. 이 에너지는 완전결정내에서 전위를 도입하는 것에는 필요한 가역적인 일이고, 이 일을 등온과정에서 행하면 헬름홀츠 에너지의 변화가 생긴다고 제3장에서 배웠다. 직선전위의 경우, 이 탄성변형에너지는 전위의 길이에 비례하기 때문에, 단위길이의 전위에 할당할 수 있는 탄성변형에너지를 생각할 수 있다.

(1) 직선나선전위의 탄성변형에너지

(2・18)을 사용하면, 무한대물체에서의 직선나선전위의 탄성변형에너지 E^s는

$$\begin{aligned} E^s &= \frac{1}{2}\int_{V\to\infty} \sigma_{ij}^s\, e_{ij}^s dx \\ &= \frac{1}{2}\int_{-\infty}^{\infty}\int_0^{2\pi}\int_{r_0}^{R}(\sigma_{\theta x_3}^s\, e_{\theta x_3}^s + \sigma_{x_3\theta}^s\, e_{x_3\theta}^s)rdrd\theta dx_3 \end{aligned} \qquad (4 \cdot 9)$$

라고 쓸 수 있다. 여기서, r의 적분범위의 하한은 r_0, 상한은 R로 두었다. r_0는 전위심의 반경

이다. 한편, R은 결정의 크기, 즉 결정립의 반경을 나타낸다. (4・4)를 (4・9)에 대입하면, 다음 식을 얻을 수 있다.

$$E^s = \int_{-\infty}^{\infty}\int_0^{2\pi}\int_{r_0}^{R}\left(\frac{\mu b^2}{8\pi^2 r^2}\right) r dr d\theta dx_3$$

이 체적삼중적분 중 dx_3에 관한 것은 단순히 전위의 길이에 비례하는 것이기 때문에, r과 θ에 대해 적분을 하면, 단위길이당의 나선전위의 탄성변형률 에너지로서 다음 식을 얻을 수 있다.

$$E_0^s = \frac{\mu b^2}{4\pi r}\ln\left(\frac{R}{r_0}\right) \tag{4・10}$$

여기서, $r_0 \to 0$, $R \to \infty$로 두면, E_0^s는 발산하기 때문에, 사전에 r의 적분범위에 하한과 상한을 부여하는 것이다. 별도의 방법으로 평가한 전위심의 에너지는 E_0^s의 경우 10% 정도에 지나지 않는다고 한다. 따라서, 전위심의 에너지도 포함한 단위길이당의 나선전위의 자기에너지 (self energy)를 (4・10)으로 근사하는 경우가 많다.

예를 들어, 동에 대한 나선전위의 자기에너지는 $b = 2.55 \times 10^{-10} m$, $\mu = 1.6 \times 10^{10}$ Pa라 하고, $r_0 = 5b$, $R = 50 \mu m$라 하면, $E_0^s = 2.5 \times 10^{-9}$ J/m이 된다. 1개의 원자 길이(b)당 $E_0^s = 6.4 \times 10^{-9}$ J (약 4eV)로, 예를 들어 동의 원자 공공의 형성에너지 (약1eV) 보다 꽤 큰 값이 된다. 이 경우에도, 전위가 열적평형상태에서 존재하지 않는 결함인 것을 알 수 있다. (4・10)의 $\ln\frac{R}{r_0}$와 4π의 인자는 거의 같은 정도의 값이 되고, 서로 상쇄되는 경향이 있다. 그러므로

$$E_0^s = \alpha\mu b^2 (\alpha = 1/2 \sim 1 \text{ 정도의 계수}) \tag{4・11}$$

로 간단히 표현할 수 있다.

(2) 직선칼날전위의 탄성변형에너지

직선칼날전위에 대해서도 같은 계산을 하면 좋지만, 여기서는 간편한 방법을 소개한다. 연습문제 [2.4]에서 구한 칼날전위의 eigen변형률 ε_{ij}^*를 이용해서, (2・20)을 사용하면 단위길이당 칼날전위의 탄성변형률에너지 E_0^e는

$$E_0^e = -\frac{1}{2}\iiint_{-\infty}^{\infty}(\sigma_{12}^e\varepsilon_{12}^* + \sigma_{21}^e\varepsilon_{21}^*)d\boldsymbol{x}_1 d\boldsymbol{x}_2$$

$$= -\frac{\mu b^2}{4\pi(1-\nu)}\iint_{-\infty}^{\infty}\frac{x_1(x_1^2 - x_2^2)}{(x_1^2 + x_2^2)^2}\delta(x_2)H(-x_1)d\boldsymbol{x}_1 d\boldsymbol{x}_2$$

$$= -\frac{\mu b^2}{4\pi(1-\nu)}\int_{-R}^{-r_0}\frac{d\boldsymbol{x}_1}{\boldsymbol{x}_1} = \frac{\mu b^2}{4\pi(1-\nu)}\int_{r_0}^{R}\frac{d\boldsymbol{x}_1}{\boldsymbol{x}_1}$$

$$= \frac{\mu b^2}{4\pi(1-\nu)}\ln\left(\frac{R}{r_0}\right) \tag{4 · 12}$$

로 구해진다. 여기서 ν는 포아송비다. 또, 계산 도중에 델타함수의 성질(4 · 5)을 사용했다. (4 · 12)의 E_0^e와 (4 · 10)의 E_0^s보다 $1/(1-\nu)$의 인자만큼 큰 것을 알 수 있다. 하지만, 포아송비는 대부분의 고체에서 1/3에 가까운 값이기 때문에, 이것을 그리 크다고 생각하지 않는다면, 전위의 탄성변형에너지 (자기에너지)는 전위의 종류에 크게 관계없이, (4 · 11)E_0^s로 얻을 수 있다고 생각해도 좋다.

(3) 혼합직선전위의 탄성변형에너지

위에서 서술했듯이, 근사적으로 혼합전위의 탄성변형에너지 E_0^m에도 (4 · 11)E_0^s를 적용해도 문제없으나,정밀도를 올리기 위해서는 4.1(3)절에서 논의했듯이, 버거스벡터를 나선성분과 칼날성분으로 분해하여, 각각의 전위의 에너지에 대해서, (4 · 10)E_0^e과 (4 · 12)E_0^s를 더해서 보다 실제에 가까운 값을 얻을 수 있다.

$$E_0^m = \frac{\mu b^2}{4\pi}\left(\cos^2\theta + \frac{\sin^2\theta}{1-\nu}\right)\ln\frac{R}{r_0}$$

$$= \frac{\mu b^2}{4\pi(1-\nu)}(1-\nu\cos^2\theta)\ln\frac{R}{r_0} \tag{4 · 13}$$

이와 같이, 탄성변형에너지에 대해서도 중첩이 유효한 이유는 나선전위의 탄성장과 칼날전위의 탄성장으로부터 알 수 있듯이, 나선전위와 칼날전위에서는 같은 첨자를 갖는 탄성변형률성분이나 응력성분이 없기 때문에, 탄성상호작용에너지가 0이기 때문이다.

(4) 곡선전위의 탄성변형에너지

휘어 있는 전위의 탄성변형에너지의 엄밀한 계산은 매우 어렵다. 만약 어떤 전위가 가까이서 보면 정현파 (사인파)와 같이 물결치는 형태이고, 멀리서 보면 직선일 경우, 전위의 길이는 직선전위보다 길지만, 먼 곳에서의 탄성장은 직선전위 탄성장과 그다지 다르지 않을 것이다. 따라서, 휘어 있는 전위의 단위길이당 E_0^s나 (4・12)E_0^e를 적용하면, 통상 매우 과대평가된다. 오히려, 적분의 상한으로 결정립크기 R이 아니라, 휜 전위의 곡률반경 정도를 상정한 쪽이 실제에 가깝다고 생각할 수 있다. 이 경우는 전위루프의 경우에도 그렇다고 할 수 있다. 전위루프의 경우, 그림 1.9에서 알게 되듯이, 서로 루프의 반대쪽에 있는 전위부분끼리는 반대부호의 전위로 이루어져 있고, 그들이 만드는 탄성장은 멀리서는 서로 만나 없어지기 때문이다. 이것을 고려해서, 반경 L의 전위루프의 에너지는

$$E^L \approx 2\pi L \times \frac{\mu b^2}{4\pi} \ln\left(\frac{L}{r_0}\right) = \frac{\mu b^2 L}{2} \ln\left(\frac{L}{r_0}\right) \qquad \textbf{(4・14)}$$

로 근사할 수도 있다.

4-3 전위의 동역학

본서에서 다루는 범위에서는 전위의 운동은 준정적인 것, 즉 전위는 항상 정적평형을 만족하면서 운동하는 것으로 충분하다. 하지만, 특수한 경우에는, 전위의 동역학을 고려할 필요가 있다. 예를들어, 제9장에서 배울 예정인 fcc나 hcp의 순금속에서 전위의 운동속도는 매우 빠르고, 때로는 전위 운동의 관성력의 효과를 생각할 필요가 있는 현상도 생긴다. 여기서는 나선전위에 한정하여, 동역학적 해석에 필요한 사항을 간단히 소개해둔다.

(1) 나선전위의 운동방정식의 해

전위의 운동을 지배하는 것은 운동방정식이다. 이것에는 뉴턴 제2법칙인 (2・6)동적평형식이 이용된다. (2・6)동적평형식과 등방체에서 후크의 법칙으로부터, 뉴턴 제2법칙은 변위만의 표현으로(연습문제 [2.2]에 의해)

$$m\frac{\partial^2 u_i}{\partial t^2}=(\lambda+\mu)\frac{\partial^2 u_j}{\partial x_i \partial x_j}+\mu\frac{\partial^2 u_i}{\partial x_j \partial x_j} \tag{4・15}$$

로 나타낼 수 있다.

여기서 나선전위를 생각해보자. 그림 4.1의 x_3축에 평행한 나선전위의 변위는 (4・1)에 의해

$$\boldsymbol{u}\equiv(u_1,\ u_2,\ u_3)=\left(0,\ 0,\ \frac{b}{2\pi}tan^{-1}\left(\frac{x_2}{x_1}\right)\right)$$

이고, 0이 아닌 변위성분은 u_3 밖에 없다. 이 경우, (4・15)는 아래와 같이 표혈할 수 있다.

$$\frac{\partial^2 u_3}{\partial x_1^2}+\frac{\partial^2 u_3}{\partial x_2^2}=\frac{m}{\mu}\frac{\partial^2 u_3}{\partial t^2} \tag{4・16}$$

이 식은 잘 알려진 횡파의 파동방정식으로, 파의 속도 c는

$$c=\sqrt{\frac{\mu}{m}} \tag{4・17}$$

로 주어지고, 이것은 이 물체내에서 횡파의 음속과 같다. 이 나선전위가 x_1방향으로 속도 c로 등속운동하고 있다고 해보자. 그 경우에 변위 u_3는 $u_3=f(x_1-vt)$ 속도의 형태를 하고 있을 것이다. 거기서, 전자기학의 로렌츠변환을 이용하여,

$$x_1^{'}=\frac{x_1-vt}{\sqrt{1-\frac{v^2}{c^2}}} \tag{4・18}$$

(4・16)식의 x_1 및 t에 대해서 편미분을 $x_1^{'}$에 대해서도 편미분으로 변수변환하면, 다음의 식을 얻는다.

$$\frac{\partial^2 u_3}{\partial x_1'^2} + \frac{\partial^2 u_3}{\partial x_2^2} = 0 \qquad (4 \cdot 19)$$

이 식은, (4・16)에서 우변이 0인 형태, 즉, 정지해있는 나선전위의 변위의 해를 구하는 형태와 같다. 따라서, 이 해는

$$u_3 = \frac{b}{2\pi} tan^{-1}\left(\frac{x_2}{x'_1}\right) \qquad (4 \cdot 20)$$

로 간단하게 얻을 수 있다. 이것은 운동하고 있는 전위의 순간을 보면, 그 탄성변형장은 x_1방향에 $\sqrt{1-\frac{v^2}{c^2}}$ 만큼 수축하고 있는 것을 의미한다. 만약 이 전위가 음속에 가까운 속도로 운동하고 있다면, x_1방향의 변형장은 0에 한없이 가깝게 된다.

(2) 탄성변형에너지

(탄성) 변형률의 정의(2・2)와 후크의 법칙으로부터, 위의 나선전위의 단위길이당의 탄성변형에너지는

$$E_e = \frac{1}{2}\mu \iint \left[\left(\frac{\partial u_3}{\partial x_1}\right)^2 + \left(\frac{\partial u_3}{\partial x_2}\right)^2\right] dx_1 dx_2 \qquad (4 \cdot 21)$$

로 된다. 또, 운동에너지는

$$E_m = \frac{1}{2} m \iint \left(\frac{\partial u_3}{\partial t}\right)^2 dx_1 dx_2 \qquad (4 \cdot 22)$$

이다. 지금부터 전체에너지를 E_t는 다음과 같이 계산할 수 있다.

$$\begin{aligned} E_t &= E_e + E_m \\ &= \frac{1}{2}\mu \iint \left[\left(\frac{\partial u_3}{\partial x_1}\right)^2 + \left(\frac{\partial u_3}{\partial x_2}\right)^2 + \frac{m}{\mu}\left(\frac{\partial u_3}{\partial t}\right)^2\right] dx_1 dx_2 \\ &= \frac{1}{2}\mu \iint \left[\left(\frac{\partial u_3}{\partial x_1'}\right)^2 \left(\frac{\partial x_1'}{\partial x_1}\right)^2 + \left(\frac{\partial u_3}{\partial x_2}\right)^2 + \frac{1}{c^2}\left(\frac{\partial u_3}{\partial x_1'}\right)^2 \left(\frac{\partial x_1'}{\partial t}\right)^2\right] dx_1 dx_2 \end{aligned}$$

$$= \frac{1}{2}\mu\iint\left[\frac{1}{1-\frac{v^2}{c^2}}\left(\frac{\partial u_3}{\partial x_1'}\right)^2+\left(\frac{\partial u_3}{\partial x_2}\right)^2+\frac{\frac{v^2}{c^2}}{1-\frac{v^2}{c^2}}\left(\frac{\partial u_3}{\partial x_1'}\right)^2\right]\sqrt{1-\frac{v^2}{c^2}}\,dx_1'dx_2$$

$$= \frac{1}{2}\frac{\mu}{\sqrt{1-\frac{v^2}{c^2}}}\iint\left[\left(1+\frac{v^2}{c^2}\right)\left(\frac{\partial u_3}{\partial x_1'}\right)^2+\left(1-\frac{v^2}{c^2}\right)\left(\frac{\partial u_3}{\partial x_2}\right)^2\right]dx_1'dx_2$$

$$= \frac{1}{2}\frac{\mu}{\sqrt{1-\frac{v^2}{c^2}}}\iint\left[\left(\frac{\partial u_3}{\partial x_1'}\right)^2+\left(\frac{\partial u_3}{\partial x_2}\right)^2\right]dx_1'dx_2$$

$$+\frac{1}{2}\frac{\mu\frac{v^2}{c^2}}{\sqrt{1-\frac{v^2}{c^2}}}\iint\left[\left(\frac{\partial u_3}{\partial x_1'}\right)^2-\left(\frac{\partial u_3}{\partial x_2}\right)^2\right]dx_1'dx_2 \tag{4・23}$$

여기서 마지막 식의 첫번째 적분은, $\sqrt{1-\frac{v^2}{c^2}}$ 의 인자를 제외하고는 정지해있는 나선전위의 에너지 E_0(4・10)와 같다. 또, 두번째의 적분은 피적분항은 (4・20)을 대입하면 0이된다. 따라서, 다음 식을 얻을 수 있다.

$$E_t = E_e + E_m = \frac{E_0^S}{\sqrt{1-\frac{v^2}{c^2}}} \tag{4・24}$$

전위의 전체에너지 (탄성에너지와 운동에너지의 합)는 전위의 속도 v와 함께 증가하고, 전위의 속도가 음속 c에 가까워짐과 함께 무한대로 발산한다.

v가 c와 비해 작은 경우에는 위의 식을 전개해서

$$E_t = E_e + E_m \simeq E_0^S\left(1 + \frac{1}{2}\frac{v^2}{c^2}\right) \qquad \textbf{(4 · 25)}$$

로 된다. 더욱이 M을 전위의 유효질량 (effective mass) 로서, 이 때의 전위의 운동에너지가

$$E_m \equiv \frac{1}{2}Mv^2 \qquad \textbf{(4 · 26)}$$

로 정의할 수 있다. (4 · 25), (4 · 26)에 의해

$$E_0^S = Mc^2$$

로 얻을 수 있다. 또, $E_0^S \approx \mu b^2$로 두면, $c^2 = \mu/m$이므로, 단위길이당 전위의 유효질량은 $M \approx mb^2$정도가 된다. 즉, 길이 b의 전위는 $mb^2 \times b = mb^3$ 정도의 유효질량을 갖고 m은 밀도이므로, 이 유효질량은 원자 1개의 질량정도가 된다. 위와 같이, 운동하는 나선전위에 관한 식은 아인슈타인의 특수상대성이론으로 표현하는 식과 같은 형태로 상당히 홍미롭다.

칼날전위와 나선전위

전위 그림을 그릴 때 칼날전위를 예로 그리는 경우가 많다. 정성적으로는 칼날전위가 나선전위에 비해 이해하기 쉽기 때문일 것이다. 역사적으로 봐도 칼날전위의 개념이 먼저 제기되었다. 그렇다면 정량적으로도 칼날전위가 더 취급하기 쉬울까. 반드시 그렇지만은 않은 듯하다. 선형탄성론에서는 전위 주위의 응력장 계산은 나선전위 쪽이 훨씬 용이하다. 또 자기에너지 형태나 전위간의 상호작용도 나선전위쪽이 단순하다. 「간단한 그림일수록 이해가기 쉽다」라고 종종 이야기하지만, 칼날전위와 나선전위의 관계에서는 꼭 그렇지만은 않은 듯하다.

연습문제

4.1 연습문제 [2.2]의 결과를 이용해서 나선전위 주위의 변위장 (4.1)이 정적평형 조건을 만족하는 것을 보여라.

4.2 x_3축에 평행이고 버거스벡터가 x_1축에 평행한 2개의 칼날전위가 그림과 같이 만큼 떨어진 평행한 슬립면 위에 존재한다. 이 전위들이 같은 부호인 경우와 다른 부호인 경우, 단위길이당 전위의 탄성상호작용 에너지를 구해보라.

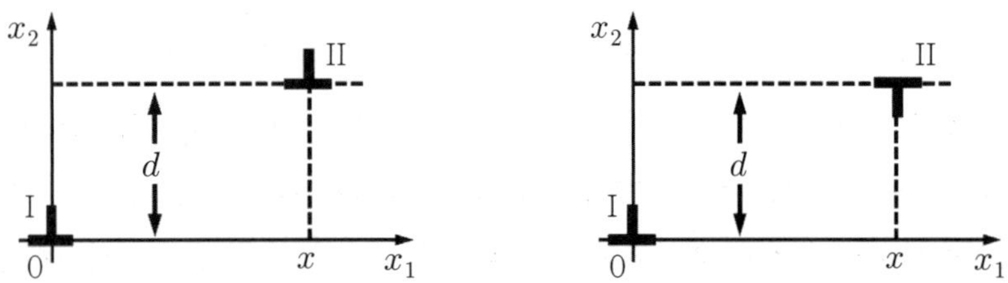

(a) 같은 부호 (b) 다른 부호

4.3 위의 문제를 칼날전위가 아니라, 나선전위로 한 경우는 어떻게 되는가?

CHAPTER

05

전위에 작용하는 힘

외력이 가해지면 전위는 운동하려 한다. 이것은 전위에 힘이 작용하기 때문으로 이해할 수 있다. 물론, 전위란 원자배열이 흐트러진 선결함이고 질량이나 체적 등의 실체를 갖는 것이 아니기 때문에, 전위에 힘이 작용한다는 선뜻 납득되지 않는다. 하지만, 전위를 마치 실체가 있는 것으로 간주함으로써 매우 쉽게 이해할 수 있다.

5-1 전위의 선장력

그림 5.1(a)의 (i), (ii)의 $x-y$ 슬립면 위의 구간 $(x_1,\ x_2)$에 존재하는 전위를 생각해보자. 이전 장에서 배웠듯이, 전위는 그 길이에 비례하는 자기에너지를 갖고 있다. 그러므로, 어떤 외적요인도 없다면, 전위는 그 길이를 가능한 짧게하고자 할 것이다. 따라서, (ii)의 곡선형태의 전위보다 (i)의 직선형태의 전위가 더 바람직할 것이다. 이는 해당 구간에서 전위의 양쪽 끝에서 (마치 끈과 같이) 직선이 되고자 하는 선장력 (line tension) T_L이 작용하고 있다고 생각한다면, 쉽게 이해가 가능하다. 또, 그림 (b)는 휘어져있는 전위의 양끝에서 작용하는 두개의 선장력 T_L의 합력이 전위를 직선이 되도록 작용하고 있는 것을 나타내고 있다.

선장력의 크기는 어떻게 생각하면 좋을까? 그림 5.1(a)에서 $x_2 - x_1 = 1$로 두고, (ii)의 전위의 길이가 (i)의 전위에 비교해서 Δl만큼 길다고하자. 이 경우, 전위의 자기에너지에 대한

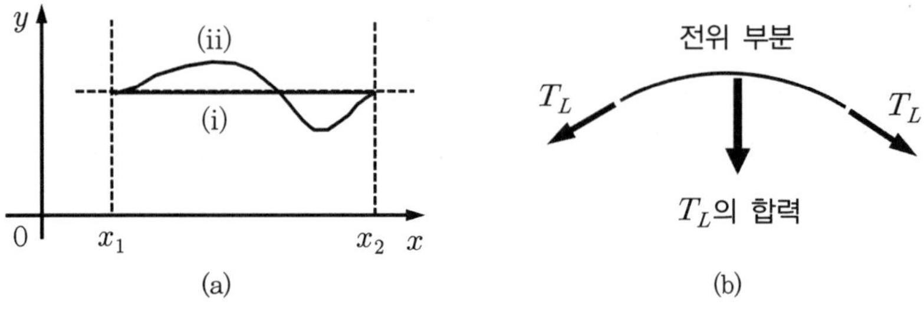

| 그림 5.1 | 전위의 선장력의 설명도

곡률반경의존성[1]을 무시하고, 단위길이당 전위의 자기에너지 E_0를 구한다. (i), (ii)의 전위의 에너지차 ΔE는

$$\Delta E = \alpha\mu b^2 \Delta l \tag{5・1}$$

3.6절에서 정의한 열역학적 힘은 $f = - dE/dl = - \lim_{\Delta l \to 0} \Delta E/\Delta l = - \alpha\mu b^2$로 나타낼 수 있다. 이것은 전위의 길이를 수축시키려는 힘이므로 음수가 붙지만, 선장력의 크기 T_L을 생각할 때는 부호를 떼어 내어도 상관없다. 즉,

$$T_L = \alpha\mu b^2 \tag{5・2}$$

을 얻을 수 있다. 다만, 휜 전위의 경우는, 4.2(4)절에서 서술했듯이, 대수항의 안에는 결정의 크기 R이 아니라 곡선전위의 곡률반경을 이용하는 쪽이 실제에 가깝다. 따라서, (5・2)식에서 α는 (4・11)식에서의 보다 약간 작은 값으로 생각하자. 근사해서 (5・2)식에서의 α를 보통 1/2 정도로 생각하는 경우가 많다.

5-2 전위에 작용하는 힘

그림 5.2와 같이, 슬립면 위에서 왼쪽에서 오른쪽으로 움직이고자 하는 있는 전위를 생각할 수 있다. 외부전단응력 τ의 작용 하에서 이 전위의 일부분 l이 x만큼 움직여서 슬립면 위의 면적 lx의 부분을 쓸고 지나가면, 이 부분에서 슬립면의 상부의 결정이 하부의 결정에 비해 상대적으로 b만큼의 전단을 일으킨 것이 된다. 이 변형에 기여한 외력은 (외력)×(면적)= τlx이기 때문에, 이 힘이 한 일은 W=(힘)×(변위)= $\tau lx \times b$이다. 이것을 $W = rbl \times x$로 보면, 길이 l의 전위에 rbl의 힘이 작용하여 x만큼 이동했을 경우의 외력이 한 일 W라고 생각할 수 있을 것이다. 따라서, 전위에는 단위길이당 rb의 힘이 작용하고 있다고 간주할 수 있을 것이다.

1) 이것을 무시하지 않은 엄밀한 논의에서는 전위의 신장력과 전위 길이에 해당하는 전위의 자기에너지 (self energy)는 동등하지 않는 것이 나타나지만, 여기에서는 상세한 논의는 하지 않고, 다른 서적을 참고하길 바란다.

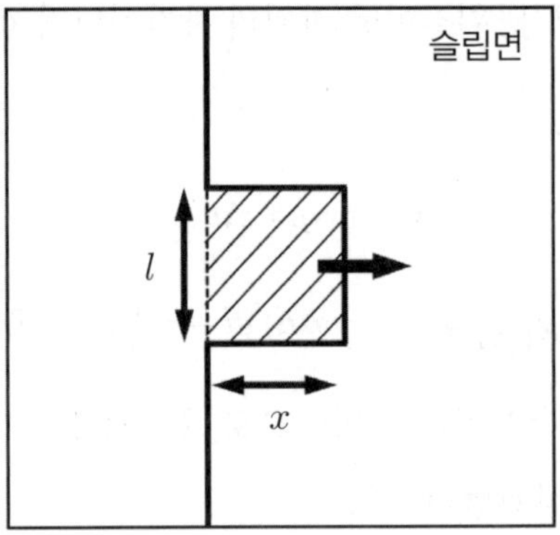

| 그림 5.2 | 외부응력 τ의 작용하에서 슬립면 위를 운동하는 길이 l의 전위부분

위의 내용을 보다 엄밀히 생각해보자. 왼쪽 그림과 같이, 외부면력 X의 부하에 의해 버거스벡터 b, 길이 l의 부분이 x만큼 이동했다고 하자. 전위선의 방향을 나타내는 단위벡터를 t라 하면, 전위가 이동한 면적 S는 벡터의 외적을 이용해서,

$$S = |l\boldsymbol{t}\times \boldsymbol{x}| = l|\boldsymbol{t}\times \boldsymbol{x}| \qquad (5 \cdot 3)$$

로 나타낼 수 있다 ($\boldsymbol{t}$와 $\boldsymbol{x}$는 반드시 수직일 필요는 없다). 또, S를 포함하는 면에 세운 단위법선을 $\boldsymbol{n}$이라 하면, 아래의 식이 성립한다.

$$S\boldsymbol{n} = l(\boldsymbol{t}\times \boldsymbol{x}) \qquad (5 \cdot 4a)$$

또, 벡터를 부록 C의 (C・7b)와 같이 퍼뮤테이션 텐서를 사용해서 성분표시를 하면,

$$Sn_j = l\epsilon_{jmn}t_m x_n \qquad (5 \cdot 4b)$$

로도 나타낼 수 있다. 위의 식에서도 하나의 항에 같은 좌표지수가 2회 나온 경우의 총합규칙(2.3절 참조)이 사용되었다. S면에 작용하는 힘 $\boldsymbol{F}$는 (면력)×(면적)이므로,

$$\boldsymbol{F} = \boldsymbol{X}S \qquad (5 \cdot 5)$$

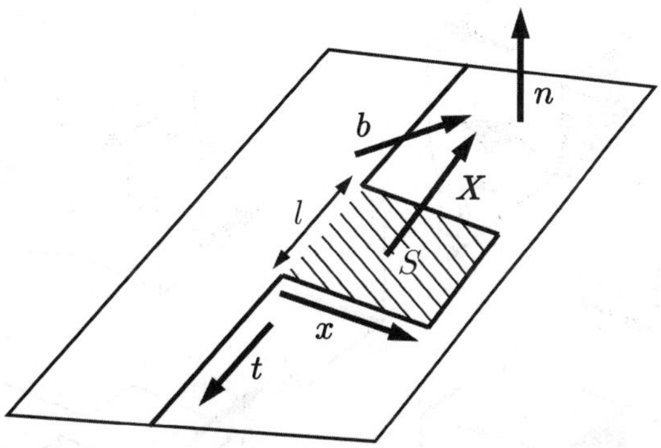

| 그림 5.3 | 전위에 작용하는 힘을 구하는 방법을 위한 그림

가 된다. 이 힘에 의해서 면적 S의 부분의 상하의 결정이 상대적으로 $\boldsymbol{b}$만큼 변위했기 때문에, $\boldsymbol{F}$가 한 일 ΔW는 $\boldsymbol{F}$와 $\boldsymbol{b}$와의 내적에 의해 표현된다. 한편, 이 변위는 소성변형이기 때문에, (3 · 15)와 같이 결정의 깁스에너지 변화 ΔG는 외력의 포텐셜에너지 변화 ΔP와 같고, $\Delta P = -\Delta W$에 의해 다음의 식이 성립한다.

$$\Delta G = \Delta P = -\Delta W = -\boldsymbol{F} \cdot \boldsymbol{b} = -(\boldsymbol{X} \cdot \boldsymbol{b})S = -X_i b_i S \qquad (5 \cdot 6)$$

X는 면력이기 때문에, S면 위에 응력텐서 σ_{ij}와의 사이에는 응력의 경계조건 (2 · 7)식을 만족해야 한다. (2 · 7)과 (5 · 4b)에 의해 (5 · 6)식을 다음과 같이 바꿔쓸 수 있다.

$$\Delta G = -X_i b_i S = -\sigma_{ij} n_j b_i S = -l \sigma_{ij} \epsilon_{jmn} t_m b_i x_n \qquad (5 \cdot 7)$$

따라서, (3 · 20a)열역학적 힘에 의해, 단위길이당 전위에 작용하는 힘 $\boldsymbol{f} = (f_1, f_2, f_3)$을 다음과 같이 얻을 수 있다.

$$f_n = -\frac{1}{l}\left(\frac{\partial \Delta G}{\partial x_n}\right) = \sigma_{ij} \epsilon_{jmn} t_m b_i \qquad (5 \cdot 8)$$

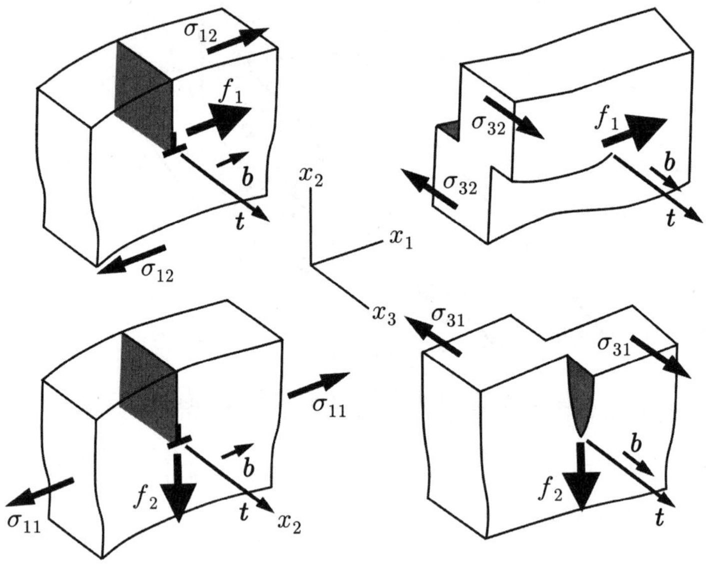

(a) 칼날전위 (b) 나선전위

| 그림 5.4 | 피치・코힐러 식에 의해 구해지는 전위에 작용하는 힘의 예

이것을 피치・코힐러 (Peach-Koehler) 식이라 한다. (5・8)식에서

$$A_j \equiv \sigma_{ij} b_i \tag{5・9}$$

벡터 $A = (A_1,\ A_2,\ A_3)$를 새롭게 정의하면, 피치・코힐러 식의 또 다른 표현으로서 다음과 같이 간단히 표현가능하다.

$$f_n = \epsilon_{jmn} t_m A_j = \epsilon_{njm} A_j t_m \text{ 또는 } \boldsymbol{f} = \boldsymbol{A} \times t \tag{5・10}$$

외적의 정의로부터 알 수 있듯이, 전위에 작용하는 힘은 반드시 전위선에 수직인 방향에 작용하고 있다. 즉, $\boldsymbol{f} \perp \boldsymbol{t}$이다. 더욱이, 피치・코힐러 식에서 우변의 부호는 버거스벡터를 정의하는 방법에 의존하므로 주의하길 바란다.

예를 들어 생각해보자. 그림 5.4와 같이 $t = [0,\ 0,\ 1]$의 전위선을 두고, 칼날전위의 경우 $b = [b_1,\ 0,\ 0]$와 나선전위의 경우 $b = [0,\ 0,\ b_3]$에 대해서 전위선에 작용하는 힘을 고려해 보자. 이때의 A는 (5・9)에 의해,

$$A_1 = (\sigma_{11} b_1,\ \sigma_{12} b_1,\ \sigma_{13} b_1) \text{ 칼날전위}$$

$$A_3 = (\sigma_{31}b_3,\ \sigma_{32}b_3,\ \sigma_{33}b_3) \text{ 나선전위}$$

이므로, f는 다음과 같이 표현할 수 있다.

$$f = (\sigma_{12}b_1,\ -\sigma_{11}b_1,\ 0) \text{ 칼날전위} \qquad (5 \cdot 11)$$

$$f = (\sigma_{32}b_3,\ -\sigma_{31}b_3,\ 0) \text{나선전위} \qquad (5 \cdot 12)$$

이 힘을 그림 5.4에 나타내었다. 나선전위는 t와 b가 평행하기 때문에, 슬립면이 결정되지 않는다. 따라서, 그림 5.4(b)에서 나선전위의 f_1, f_2는 둘 다 슬립 운동에 기여하는 힘이다. 한편, 칼날전위는 t와 b의 둘 다 포함하는 면으로 슬립면이 결정되버린다. 이것은 그림에서의 f_1성분만이 슬립운동에 기여하는 힘이고, f_2성분은 전위의 슬립면을 수직방향으로 일탈시키고자 하는 힘이다. 이것은 나중에 서술한 칼날전위의 상승운동 (climb)에 기여하는 힘이다 (6.3절). 피치・코힐러 식 중 응력 σ_{ij}는 반드시 외부응력이어야 할 필요는 없다. 내부응력이어도 상관없다. 예를들어, 원자공공 등의 점 결함은 그 주변에 전단응력장을 만드는 것으로 알려져 있고, 가까이에 있는 전위는 점결함으로부터 피치・코힐러 식에 따른 힘을 받는다.

5-3 전위와 전위 사이에 작용하는 힘

전위와 전위사이에 작용하는 힘도 피치・코힐러의 식을 이용해서 구하는 것이 가능하다. 여기서는 몇개의 대표적인 예를 생각해보자.

(1) 서로 평행한 2개의 나선전위

그림 5.5와 같이, x_3축에 평행한 2개의 나선전위 Ⅰ, Ⅱ ($b_{\text{I}} = [0,\ 0,\ b_{\text{I}}]$, $b_{\text{II}} = [0,\ 0,\ b_{\text{II}}]$, 그리고 $t = [0,\ 0,\ 1]$)가 d만큼 떨어져 있는 슬립면 위에 존재할 때, 전위 Ⅱ가 전위 Ⅰ로부터 받는 힘을 구해보자. 제4장의 연습문제[4.3]에서 다루었듯, 나선전위끼리의 단위길이당 탄성 상호작용에너지 E_{screw}^{int} 는,

$$E_{screw}^{int} = -\frac{\mu b_{\mathrm{I}} b_{\mathrm{II}}}{4\pi} \ln\left(\frac{x^2+d^2}{R^2+d^2}\right) = -2\mathrm{D}\,\mathrm{b}_{\mathrm{II}} \ln\left(\frac{r^2}{R^2+d^2}\right\}$$

로 주어질 수 있다.

다만, $r(\equiv \sqrt{x^2+d^2})$은 두 전위간의 간격이고, $D = \mu b_{\mathrm{I}}/2\pi$로 두었다. 위의 식과 열역학적인 힘(3・20a)에 의해, 단위길이당 전위 II에 작용하는 힘을 구하면,

$$f_r = -\frac{\partial E_{screw}^{int}}{\partial r} = \frac{Db_{\mathrm{II}}}{r} = \frac{\mu b_{\mathrm{I}} b_{\mathrm{II}}}{2\pi r} \tag{5・14}$$

와 같이 나타낼 수 있다. 2개의 나선전위가 같은 부호의 경우에는 f_r가 양의 값이 되기 때문에, 같은 부호인 2개의 전위 사이에는 그 거리에 반비례하는 반발력이 작용하는 것을 알 수 있다. 당연하지만 이야기이지만, 2개의 전위가 서로 다른 부호의 경우에는 인력이 작용한다.

이상의 논의를, 피치・코힐러의 식을 이용해서 생각해보자. (5・12)에 의해 전위 II에 작용하는 힘은 $f = (\sigma_{32}b_{II},\ -\sigma_{31}b_{II},\ 0)$이고, 전위 II의 위치에서의 전위 I의 응력장은 아래와 같이 표현할 수 있다.

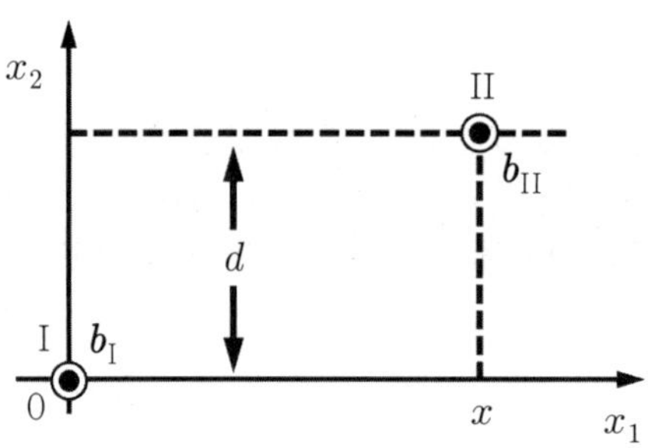

| 그림 5.5 | x_3축에 평행한 2개의 나선전위

$$\sigma_{31} = -D\frac{d}{x^2+d^2},\ \sigma_{32} = D\frac{x}{x^2+d^2}$$ 이므로,

$$f = [f_1,\ f_2,\ f_3] = \left[\frac{Db_{II}x}{x^2+d^2},\ \frac{Db_{II}d}{x^2+d^2},\ 0\right] \tag{5・15}$$

로 나타낼 수 있다. 따라서, f의 크기는

$$|f| = \sqrt{f_1^2 + f_2^2} = \sqrt{\frac{D^2 b_{II}^2 (x^2 + d^2)}{(x^2 + d^2)^2}} = \frac{D b_{II}}{\sqrt{x^2 + d^2}} = \frac{D b_{II}}{r} = \frac{\mu b_I b_{II}}{2\pi r} \qquad \textbf{(5 · 16)}$$

이 되고, 피치코힐러 식으로도 (5 · 14)와 같은 결과를 얻을 수 있다.

(2) 서로 평행한 2개의 칼날전위

그림 5.5에서 두개의 평행한 나선전위를 칼날전위로 바꾼 경우 ($b_I = [0,\ 0,\ b_I]$, $b_{II} = [b_{II},\ 0,\ 0]$, 그리고 $t = [0,\ 0,\ 1]$)에 대해서도, 이미 제4장의 연습문제[4.2]에서 풀었듯이, 탄성상호작용에너지로부터 2개의 칼날전위사이에 작용하는 힘을 구하는 것이 가능하지만, 여기서는 피치 · 코힐러의 식을 이용해보자. 전위 II에 작용하는 힘은 $f = (\sigma_{12} b_{\mathrm{II}},\ -\sigma_{11} b_{\mathrm{II}},\ 0)$ 이고, 전위 II의 위치에서의 전위 I의 응력장은 (4 · 7)에 의해

$$\sigma_{12} = \frac{D}{(1-\nu)} \frac{x(x^2 - d^2)}{(x^2 + d^2)^2}$$

$$\sigma_{11} = -\frac{D}{(1-\nu)} \frac{d(3x^2 + d^2)}{(x^2 + d^2)^2}$$

이므로

$$f = [f_1,\ f_2,\ f_3] = \left[\frac{D b_{II}}{(1-\nu)} \frac{x(x^2 - d^2)}{(x^2 + d^2)^2},\ -\frac{D b_{II}}{(1-\nu)} \frac{d(3x^2 + d^2)}{(x^2 + d^2)^2},\ 0 \right] \qquad \textbf{(5 · 17)}$$

가 된다.

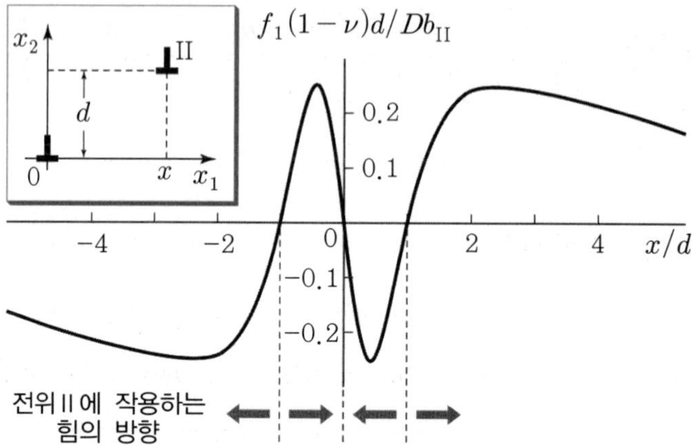

| 그림 5.6 | 다른 슬립면 (간격 d) 위에 있는 같은 부호의 평행한 칼날전위 사이에 작용하는 슬립 방향으로의 힘. 그림에서는 전위 II에 작용하는 힘을 나타낸다.

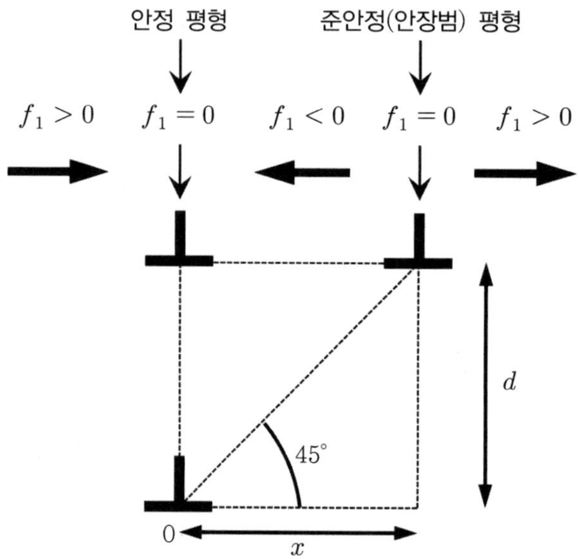

| 그림 5.7 | 같은 부호를 평행한 칼날전위의 안정 및 준안정 (안장점) 배치

여기서 칼날전위의 슬립 운동에 기여하는 f_1성분을 생각해보자.

$$f_1 = \frac{Db_{II}}{(1-\nu)}\frac{x(x^2-d^2)}{(x^2+d^2)^2} = \frac{\mu b_I b_{II}}{2\pi(1-\nu)}\frac{x(x^2-d^2)}{(x^2+d^2)^2} \qquad (5 \cdot 18)$$

2개의 칼날전위가 같은 부호의 경우에 전위 II에 작용하는 f_1성분을 나타내는 것이 그림 5.6이다. 화살표로 나타냈듯이, $f_1 > 0$의 경우는 힘은 x의 정방향(오른쪽)으로 움직이고, $f_1 < 0$의 경우는 x의 역방향(왼쪽)으로 움직인다. 이 그림을 보면, $x = 0$의 경우 2개의 전위는 안정위치에 있는 것을 알 수 있다. 즉, 같은 부호의 칼날전위는 서로 위아래에 배치하고자 한다(그림 5.7). 이것은 연습문제 [4.2]의 에너지론의 결과로부터도 이야기할 수 있다. 만약, 2개의 칼날전위가 부호가 다르면 그림 5.6의 곡선이 위아래가 반대가 된다. 이것은 안정위치가 $x/d = \pm 1$, 즉 $x = \pm d$에서 달성된다. 따라서, 2개의 전위는 서로 45°의 각을 이루고 배치하려고 한다. 이처럼 부호가 서로 다른 2개의 전위의 배치를 전위쌍극자 (dislocation dipole)라고 한다.

(3) 서로 수직인 2개의 나선전위

그림 5.8과 같이, ($b_I = [0,\ 0,\ b_I]$, $t_I = [0,\ 0,\ 1]$, $b_{II} = [b_{II},\ 0,\ 0]$, $t_{II} = [1,\ 0,\ 0]$)의 2개의 나선전위 I, II 가 거리 d만큼의 간격으로 서로 수직하게 존재하는 경우를 생각해보자. 피치・코힐러 식에 의해 전위 II에 작용하는 힘은 $f = (0,\ \sigma_{13}b_{II},\ -\sigma_{12}b_{II})$이고, 전위 II의 위치 $[x_1,\ d,\ 0]$에서 전위 I의 응력장은 식(4・3)에 의해,

$$f = [f_1,\ f_2,\ f_3] = \left[0,\ -\frac{Db_{II}d}{(x^2+d^2)^2},\ 0\right] \qquad (5 \cdot 19)$$

로 나타낼 수 있다. b_I, b_{II}의 부호에 따라, 전위와 전위 사이에는 인력 또는 반발력이 작용하는 것을 알 수 있다. 전위 II의 전체 길이에 작용하는 힘은

$$F_2 = -\frac{\mu b_I b_{II}}{2\pi}\int_{-\infty}^{\infty}\frac{d}{x_1^2+d^2}dx_1 = -\frac{\mu b_I b_{II}}{2} \qquad (5 \cdot 20)$$

가 된다. 이 힘은 두개의 전위 사이의 간격 d에 관계가 없는 것이 상당히 흥미롭다.

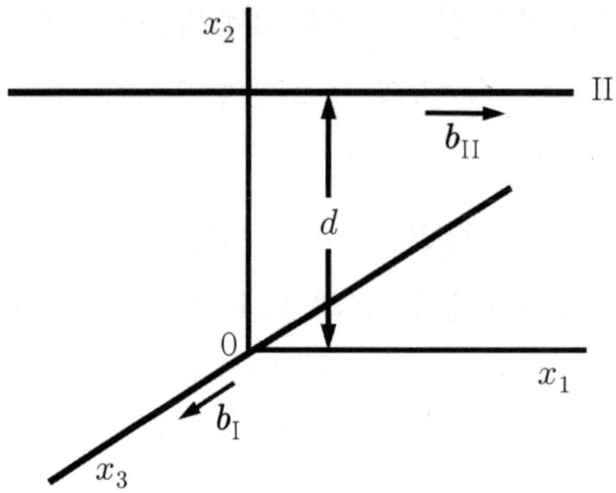

| 그림 5.8 | 서로 수직인 2개의 나선전위

(4) 서로 수직인 2개의 칼날전위

그림 5.9과 같이, ($b_I = [b_I,\ 0,\ 0]$, $t_I = [0,\ 0,\ 1]$, $b_{II} = [b_{II},\ 0,\ 0]$, $t_{II} = [0,\ 1,\ 0]$)의 2개의 칼날 전위 I, 전위 II 가 거리 d만큼 간격으로 서로 수직으로 존재하는 경우를 생각할 수 있다. 피치코힐러의 식에 의해 전위 II에 작용하는 힘은 $f = (\sigma_{13} b_{II},\ 0,\ \sigma_{11} b_{II})$이고, 전위 II의 위치 $[d,\ x_2,\ 0]$에서 전위 I의 응력장은 식(4・7)에 의해 $\sigma_{13} = 0$, $\sigma_{11} = -\dfrac{D}{(1-\nu)} \dfrac{x_2(3d^2 + x_2^2)}{(d^2 + x_2^2)^2}$ 이므로

$$f = \left[0,\ 0,\ \frac{D b_{II} x_2}{(1-\nu)} \frac{(3d^2 + x_2^2)}{(d^2 + x_2^2)^2}\right] \tag{5・21}$$

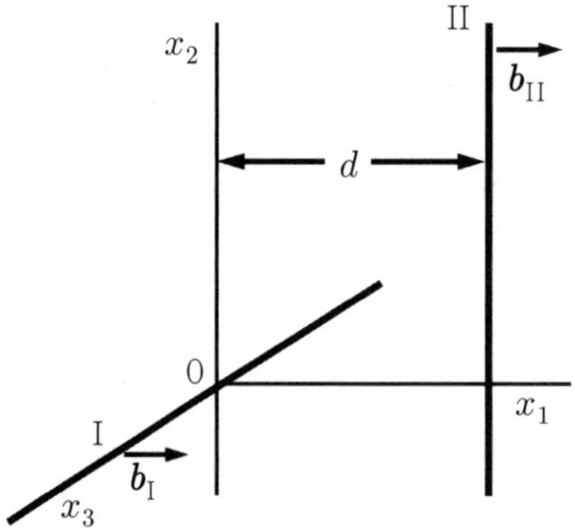

| 그림 5.9 | 서로 수직인 2개의 칼날전위

로 나타낼 수 있다. 0이 아닌 힘은 f_3성분 밖에 없으므로, 이 힘은 전위 II의 슬립 운동 (슬립면은 x_3축에 수직인 면)에는 어떠한 기여도 하지 않기 때문에, 향후에 서술할 상승운동에만 기여한다. 같은 현상이 전위 II로부터 전위 I에 작용하는 힘에 의해서도 발생한다고 할 수 있다.

5-4 표면이나 경계가 전위에 미치는 힘

(1) 자유표면과 경상(鏡像, 거울상)전위

지금까지의 고찰에서는 전위는 무한히 큰 결정 중에 존재한다고 생각하고 있다. 여기에서는 자유표면에 가까이 있는 전위를 생각해보자. 그 경우는 전위의 자기에너지 (탄성변형에너지)의 계산에 필요한 식(4 · 9)과 같은 적분의 적분범위는 충분히 큰 R까지 취하는 것이 가능하지 않다. 따라서, 전위의 자기에너지는 표면에 가까울수록 작아지는 것을 예상할 수 있다. 이것은 전위와 자유표면과의 사이에는 인력형의 상호작용이 있는 것을 의미하고 있다.

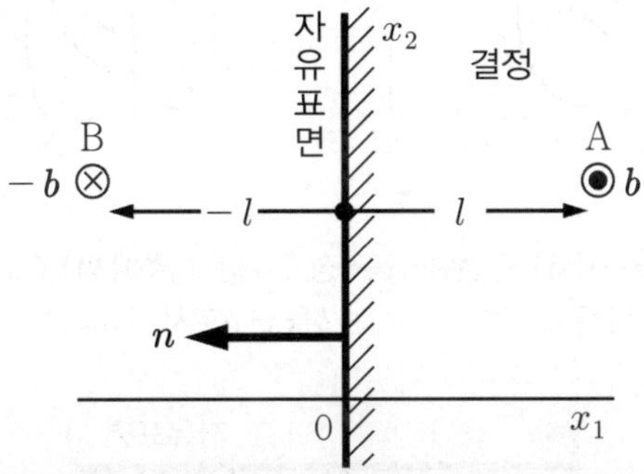

| 그림 5.10 | 자유표면부근의 나선전위 A와 그 경상전위 B

그림 5.10과 같이, x_1축에 수직인 자유표면으로부터 l만큼 떨어져 있는 위치에 x_3축에 평행한 나선 전위 A(버거스벡터 b)가 있다고 하자. 이 나선전위의 응력장은 (2 · 5)정적평형식 $\frac{\partial \sigma_{ij}}{\partial x_j} = 0$과 (2 · 7)자유표면에서의 경계조건 $\sigma_{ij} n_j = 0$을 만족해야 한다. 이 응력장은 가상적으로 자유표면보다 외측에 같은 결정을 생각해서, 거기에 A와 거울대칭관계에 있고 버거스벡터가 $-b$의 나선전위 B를 도입함으로 인해 만들 수 있다.

이 경우, $n = [-1,\ 0,\ 0]$이므로, 경계조건으로 고려해야할 응력성분은 σ_{11}, σ_{21}, σ_{31} 3개이고, x_3축에 평행한 나선 전위 A에서는 식(4・3)과 같이 항상 $\sigma_{11} = \sigma_{21} = 0$이므로, 자유표면에서의 $\sigma_{31} =-(\mu b/2\pi)\{x_2/(l^2 + x_2^2)\}$만 생각하면 된다. 한편, 경상전위 B의 자유표면에서의 응력장은 $\sigma_{31} = (\mu b/2\pi)\{x_2(l^2 + x_2^2)\}$ 양쪽의 응력의 합성은 표면에서는 확실히 0이 된다. 즉, 표면 부근의 나선전위 A의 응력장은 A와 B의 전위의 응력장의 중첩으로서 구하는 것이 가능하다. 이렇게 해서 얻은 자유표면 부근에서의 나선전위의 응력장을 그림 5.11에 나타내었다.

단위길이의 전위 A가 전위 B로부터 받는 힘을 생각해보자. 전위 A에 작용하는 힘은 $f = (\sigma_{32}b,\ -\sigma_{31}b,\ 0)$이다. 한편, 거울대칭전위 B가 만드는 응력장은 전위 A의 위치에서, $\sigma_{32} =-\mu b/4\pi l$, $\sigma_{31} = 0$이기 때문에, 0이 아닌 힘은

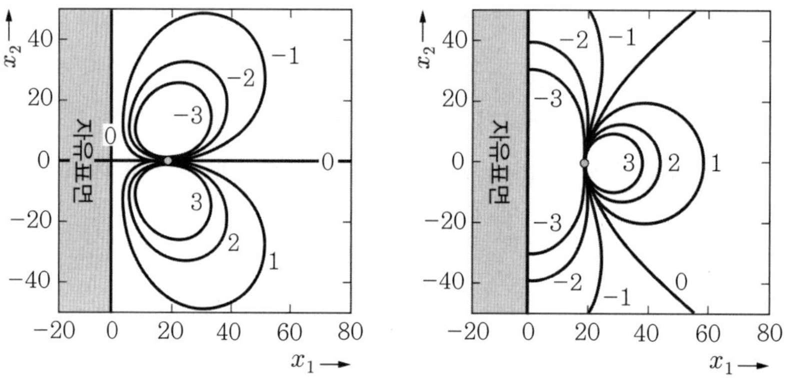

| 그림 5.11 | 자유표면 $(x_1 = 0)$ 부근에서 나선전위의 응력장. 전위는 x_3축에 평행하고, $x_1 = 20b$, $x_2 = 0$ 위치에 있다. 응력은 $\mu/(200\pi)$를 단위로 하고, x_1, x_2는 b을 단위로서 나타내고 있다. 그림 4.2와 비교해보길 바란다.

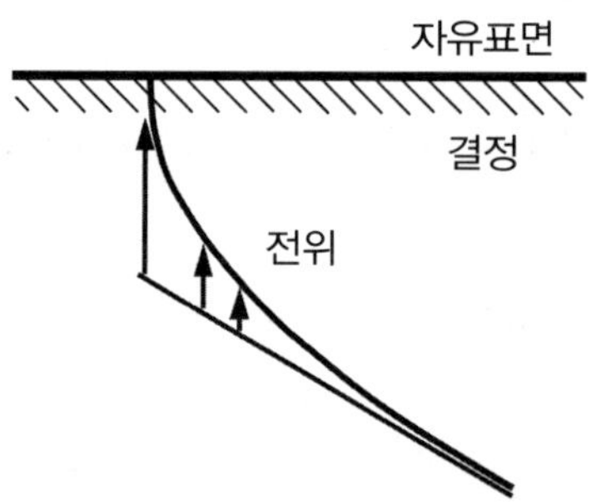

| 그림 5.12 | 자유표면에 가까울수록 전위를 표면에 끌어당기는 힘이 크다. 그 결과, 전위는 표면에 대해서 수직이 되려 한다.

$$f_1 = \frac{-\mu b^2}{4\pi l} \quad (5 \cdot 22)$$

이다. 이것은 음의 값이기 때문에, 전위 A는 표면에 가까이 가고자 하는 인력을 받는다. 더욱이, 인력의 크기는 표면으로부터의 거리 l에 반비례하기 때문에, 원래부터 표면에 평행하지는 않았던 전위가 있다면, 그림 5.12와 같이 전위는 표면에 가까워짐에 따라 표면에 수직이 되려고 할 것이다.

칼날전위의 경우는 단순히 거울대칭전위를 놓은 것만으로는 자유표면의 경계조건을 만족시킬 수 없다. 하지만, 약간 복잡한 해석을 하면, 칼날전위에서도 자유표면에 가까이 가고자 하는 힘이 작용하는 것에는 변함이 없다는 것을 알 수 있다.

(2) 이상(異相)경계부근에 있는 전위에 작용하는 힘

이번에는 그림 5.13(a)과 같이, 결정 내부의 이상경계 부근에 있는 나선전위A (버거스벡터 b)를 생각해보자. 이 전위가 존재하는 쪽의 강성률은 μ이고, 경계면을 사이에 둔 반대쪽의 강성률은 μ^*라고 하자. 이 경우의 경계조건은 경계면 ($x_1 = 0$)을 사이에 두고 면력과 변위가 연속이 되도록 하는 것이다. 이 중에서 면력의 연속성은 σ_{31}의 연속성으로 보증된다.

먼저 거울면 전위를 생각하는 것에 의해서 경계면의 오른쪽 편($x_1 > 0$)의 응력장을 기술해 보자. 왼쪽 그림 (b)와 같이 경계면 양쪽의 강성률이 μ로 같고, 전위A의 거울대칭위치에 버거스 벡터 b^*의 전위 B를 생각해보자. 이 경우, 경계면의 바로 오른쪽에 작용하는 전단응력은

$$\sigma_{31} = -\frac{\mu(b+b^*)}{2\pi}\frac{x_2}{l^2+x_2^2} \quad (5 \cdot 23)$$

이다. 다음으로, 계면의 왼쪽편 ($x_1 < 0$)의 응력장을 생각해보자. 그림 5.13(c) 와 같이 경계면 양쪽의 강성률이 μ^*로 같고, 전위 A의 위치에 버거스 벡터 b^{**}의 전위 C를 생각해보자. 이 경우, 경계면의 바로 왼쪽 편에 작용하는 전단응력은

$$\sigma_{31} = -\frac{\mu^* b^{**}}{2\pi}\frac{x_2}{l^2+x_2^2} \quad (5 \cdot 24)$$

로 표현될 수 있다. (5 · 23), (5 · 24)가 계면을 포함하여 연속이기 위해서는

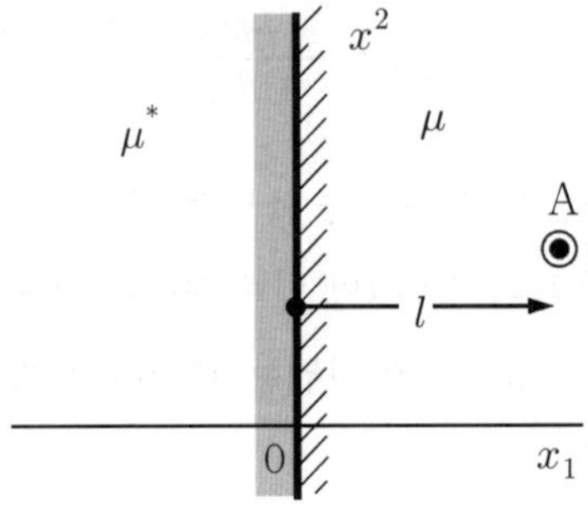

(a)

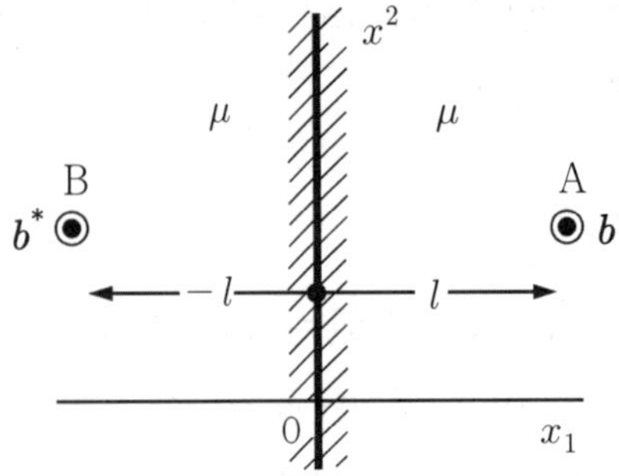

(b)

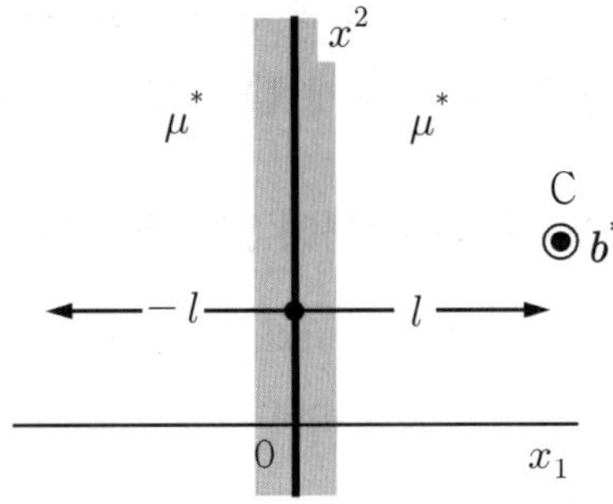

(c)

| 그림 5.13 | 이상경계부군의 나선전위 A와 그 경상전위 B와 C

$$\mu(b+b^*)=\mu^* b^{**}$$

가 성립하지 않으면 안된다.

다음으로, 변위의 연속성은 (4・1)이 계면에서 연속이면 보증된다. 계면 바로 오른쪽의 변위는 그림 5.13(b)에 의해,

$$u_3=\frac{b}{2\pi}tan^{-1}\left(\frac{x_2}{-l}\right)+\frac{b^*}{2\pi}tan^{-1}\left(\frac{x_2}{l}\right)=\frac{b^*-b}{2\pi}tan^{-1}\left(\frac{x_2}{l}\right)$$

계면의 바로 왼쪽의 변위는 그림 5.13(c)에 의해,

$$u_3=\frac{b^{**}}{2\pi}tan^{-1}\left(\frac{x_2}{-l}\right)=\frac{-b^{**}}{2\pi}tan^{-1}\left(\frac{x_2}{l}\right)$$

이므로, 변위가 계면에서 연속이기 위해서는

$$b = b^* + b^{**} \tag{5 · 26}$$

이 성립하지 않으면 안된다. (5 · 25), (5 · 26)에 의해, 거울면 전위B와 C의 버거스 벡터의 크기는

$$b^* = \left(\frac{\mu^* - \mu}{\mu^* + \mu}\right)b,\ b^{**} = \left(\frac{2\mu}{\mu^* + \mu}\right)b \tag{5 · 27}$$

가 된다.

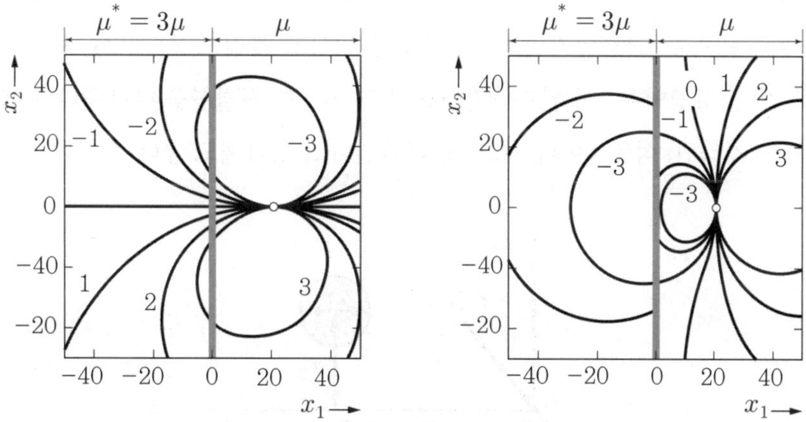

| 그림 5.14 | $x_1 = 0$의 위치에 있는 이상경계 (μ와 $\mu^* = 3\mu$)의 부근에서 나선전위의 응력장. 전위는 x_3축에 평행하고, $x_1 = 20b$, $x_2 = 0$ 위치에 있다. 응력은 $\mu/(200\pi)$을 단위로 하고, x_1, x_2는 b를 단위로 나타내고 있다. 입계를 사이에 두고 σ_{13}는 연속이지만, σ_{23}는 연속이 아니다.

위와 같이, 그림 5.13(a)의 전위A가 만드는 탄성장의 계면 오른쪽에서는 전위 A와 B에 의해, 왼쪽에서는 전위C에 의해 표현된다. (5 · 27)에 의해 $\mu^* \to 0$에서는 $b^* = -b$가 된다. 이것은 자유표면의 경우이다. $\mu^* \to 0$의 경우에 한하지 않고, 만약 $\mu^* < \mu$라면, b^*와 b의 부호가 다르기 때문에, 원래의 전위A는 거울대칭전위B와 인력형 상호작용을 갖는다. 즉, 자유표면의 경우와 같이 전위는 계면에 가까이 가고자 한다. 한편, $\mu^* > \mu$라면, 전위A는 계면으로부터 반발력을 받고, 계면으로부터 멀어지고자 한다. 그림 5.14에 $\mu^* = 3\mu$의 경우 나선 전위 A의 주위의 응력장을 나타낸다. 이 경우의 $\sigma_{23} (= \sigma_{32})$와 같이, 응력장은 반드시 계면에서 연속이라고는 할 수 없다 (연속인 것은 어디까지는 면력 및 변위이다). 예를 들어, 금속표면에 형성되는

녹 등의 금속산화물은 통상 모체의 금속보다 경하고, $\mu^* > \mu$가 성립한다. 따라서, 이것들의 산화물은 전위가 표면에 빠져나가는 것을 막는 방해물로서 작용하기 때문에, 산화물 표면상의 유무는 재료의 역학적 성질에도 영향을 미치게 된다.

5-5 전위와 다른 결함과의 상호작용

여기에서는 다른 결함으로서, $\varepsilon_{ij}^{II} = \varepsilon\delta_{ij}$라는 등방적인 eigen 변형률을 갖는 반경 r의 구영역을 생각해보자. δ_{ij}는 크로네커 델타 (부록B 참조)라고 불리고, $\delta_{11} = \delta_{22} = \delta_{33} = 1$, 그 외 δ_{ij}는 0이다. 이 구상영역은 r이 원자반경정도의 크기라면, 점결함을 나타낸다고 생각해도 좋다. 좀 더 큰 크기라면, 석출물이나 제2상을 나타낸다고 생각해도 좋다.

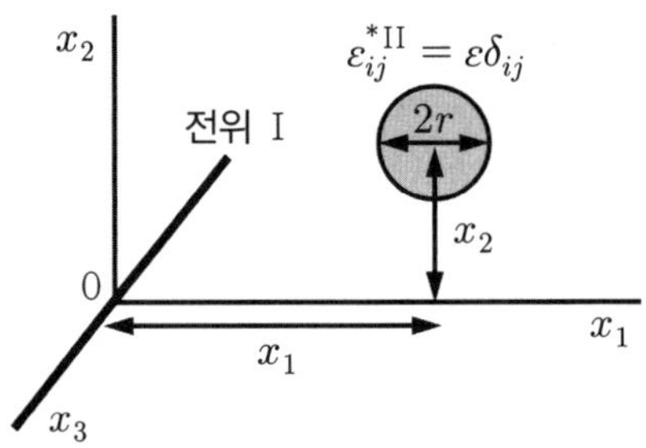

| 그림 5.15 | 등방적인 eigen변형률을 갖는 구영역과 전위와의 탄성상호작용을 구하기 위한 그림

그림 5.15와 같이, x_3축에 따라서, 전위I가 있고, $[x_1,\ x_2,\ 0]$의 위치에 구상영역의 중심이 있다고 하자. 구상영역이 만드는 응력장의 전위I의 위치에서의 값이 알려져있다면, 피치케라의 식으로부터 전위 I에 작용하는 힘이 구해지지만, 여기에서는 이 응력장을 아는 것이 아니라, 구상영역과 전위 I 과의 탄성상호작용에너지 E_{int}를 구해보자.

$(x_1^2 + x_2^2)^{1/2} \gg r$로 근사하면, 전위 I가 만드는 응력장 σ_{ij}^I는 구상영역의 중심에서 일정하다고 간주하는 것이 가능하다. 이 경우는 (2・26)이 사용된다. $\varepsilon_{ij}^{*II} = \varepsilon\delta_{ij}$이므로, Ω를 구영역의 부피로 하여,

$$E_{int} = -\,\Omega\,\sigma^I_{kl}\varepsilon^{*II}_{kl} = -\,\Omega\,(\sigma^I_{11}\varepsilon^{*II}_{11} + \sigma^I_{22}\varepsilon^{*II}_{22} + \sigma^I_{33}\varepsilon^{*II}_{33})$$
$$= -\,\Omega\,(\sigma^I_{11} + \sigma^I_{22} + \sigma^I_{33})\varepsilon$$

이 되지만, 이것은 전위 주위 작용하는 응력장 (4・3)식 또는 (4・7)에 의해

$$\left.\begin{aligned} &E_{int} = 0, && \text{(나선 전위)} \\ &E_{int} = -\,\Omega\,\mu b\varepsilon\frac{(1+\nu)}{\pi(1-\nu)}\left(\frac{x_2}{x_1^2+x_2^2}\right) && \text{(칼날 전위)} \end{aligned}\right\} \quad \textbf{(5・28)}$$

을 얻을 수 있다. 이것에 의해 나선전위는 등방적인 eigen 변형률을 갖는 구영역과는 상호작용을 갖지 않는 것을 알 수 있다. 한편, 칼날전위의 경우는 ε와 x_2의 부호에 의해서 인력형 또는 반발형의 상호작용을 갖는다.

전자기학과 전위론

표제의 2개의 학문분야는 서로 관련이 없어 보인다. 하지만 로렌츠 변환 (제4장), 쌍극자, 경상력 (제5장) 등의 개념은 전자기학에서 성립된 것과 일대일 대응하고 있다. 또 Eshelby의 타원체개재물 이론은 강유전체의 반전기장 및 강자성체의 반자기장이 타원체 영역에서는 일정하다는 것과 매우 닮아 있다. 전기장이나 자기장은 벡터량, 응력이나 변형률은 텐서량이라는 점에 차이는 있으나, 서로 완전히 다른 학문분야에도 실은 많은 공통점을 가진다는 사실은 전자기학과 전위론에 한정된 이야기만은 아닐 것이다. 「하나의 학문을 깊이 이해하면 자연스럽게 여러 학문으로의 시야가 넓어진다」라고 말한다. 때때로는 「얇고 넓게」 보다 「깊고 좁게」를 목표로 하고 싶다. 첫 스텝으로는 고전 열역학을 추천한다.

연습문제

5.1 그림5.1(a)의 구간 $[x_1, x_2]$에서 전위 (ii)의 형태가 $y = f(x)$로 주어지는 경우, 이 구간에서의 전위와 전위의 자기에너지(self energy)의 차이 ΔE는 얼마인가? 다만, 단위길이당 전위의 자기에너지는 전위의 종류에 상관없이 $\mu b^2/2$로 생각하라.

5.2 그림과 같이 서로 수직한 나선전위 Ⅰ($\boldsymbol{t}_{\mathrm{I}} = [0, 0, 1]$, $\boldsymbol{b}_{\mathrm{I}} = [0, 0, b_{\mathrm{I}}]$)와 칼날전위 Ⅱ ($\boldsymbol{t}_{\mathrm{II}} = [1, 0, 0]$, $\boldsymbol{b}_{\mathrm{II}} = [b_{\mathrm{I}}, 0, 0]$)가 d만큼 떨어져 존재하는 경우 양전위에 작용하는 힘을 구하라.

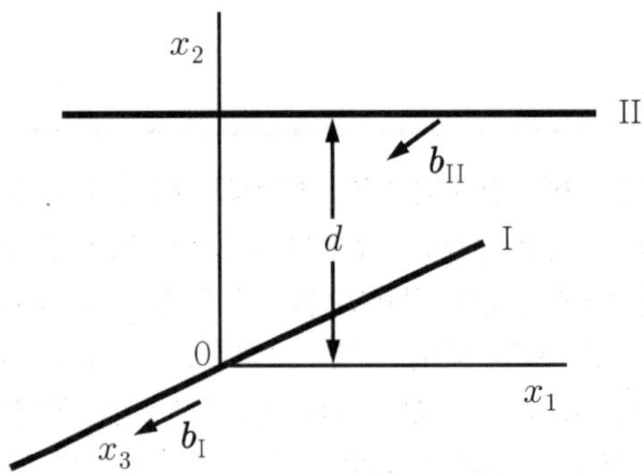

CHAPTER

06

전위의 증식, 상호교차와 집적

제1장에서 소성변형에 의해 전위밀도가 증가하는 것을 서술했다. 본장에서는 전위의 증식기구 및 증식한 전위의 운동과정 또 그들이 소성변형 중에 서로 자르거나 합쳐지거나 또는 퇴적하는 과정에 대해 공부하겠다. 또, 자르거나 합쳐진 후의 전위의 운동에는 슬립 운동 이외의 운동도 고려할 필요가 있다는 것도 배운다.

6-1 전위의 증식

먼저 소둔 열처리에 의해 연화된 금속을 생각해보자. 충분한 소둔 열처리에 의해서도 결정내에 전위를 완벽히 제거하는 것은 불가능하고, 통상 $\rho = 10^9 \sim 10^{11} m^{-2}$정도의 전위밀도를 갖는다. 일반적으로 이들 전위는 그물망 구조 (전위망)을 형성하고 있다. $\rho = 10^{10} m^{-2}$라 하면, 1개의 그물망의 크기는 $1/\sqrt{\rho} = 10\mu m$정도가 된다. 그림 6.1에는 그러한 전위망의 일부를 나타낸다. 외부전단응력을 가하면 전위망 중 주슬립면 위에 있는 전위절편 (이것을 그림 6.1의 선분 AB 부라 하자)은 운동하려고 하지만, 전위망의 끝단A, B는 전위운동의 고착점 (pinning point)으로 작용하기 때문에, 전위는 그림과 같이 AB부에서 호를 그리면서 이동하고자 한다. 여기서 휜 전위에 작용하는 힘을 생각해보자. 그림 6.2와 같이 곡률반경 r을 갖고 휜 전위선의 일부 ds에 주목하면, 그 부분에는 그림 5.1(b)에서 배운 것과 같이 양쪽 끝에서 선장력 T_L의 합력이 아래쪽으로 작용하고 있다. 그림 6.2에 나타낸 각도를 2θ라 하면, 양끝에서의 선장력의 합력은 곡률 중심C의 방향을 향하고, 그 크기는 θ가 작을 경우 $2T_L\sin\theta \cong 2T_L\theta$가 된다. 한편, 외부로부터 가해진 슬립 방향으로의 전단응력을 τ라 하면, 5.2절의 결과로부터 단위길이당 전위에 작용하는 힘은 항상 전위선에 수직으로 작용하고, 그 크기는 가 τb된다. 따라서, 길이 ds의 전위에는 $\tau b ds$의 힘이 작용한다. 이 힘은 윗방향으로 작용하고, 아래방향의 선장력의 합력과 평형을 이루고 있으면 전위는 휜 상태에서 안정하기 때문에, $ds = 2r\theta$에 의해

$$\tau b = \frac{T_L}{r}, \text{ 또는 } \tau = \frac{T_L}{rb} \approx \frac{\mu b}{2r} \qquad (6 \cdot 1)$$

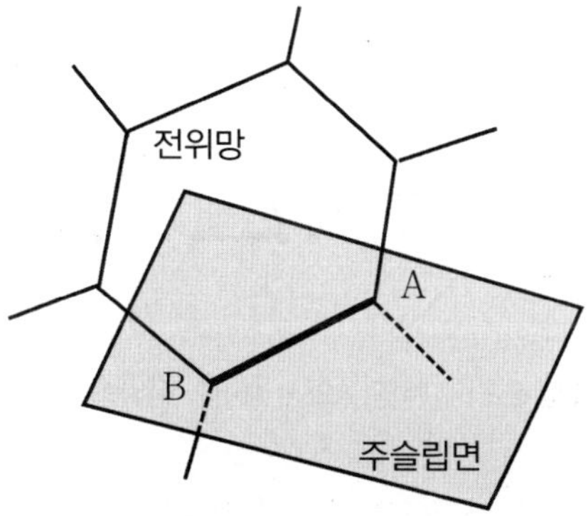

| 그림 6.1 | 전위망이 형성되어 있는 결정에 전단응력이 부가되면, 주슬립면 위에 있는 선분AB의 전위가 슬립면을 따라서 팽창된다.

을 얻을 수 있다. 여기서 (5 · 2) $T_L = \alpha\mu b^2$에서 α를 1/2로 두었다. 앞서 구한 식은 전위를 더욱 휘게하기 (r을 보다 작게 하는 것)위해서는 보다 큰 응력을 가하여야 하는 것을 의미한다.

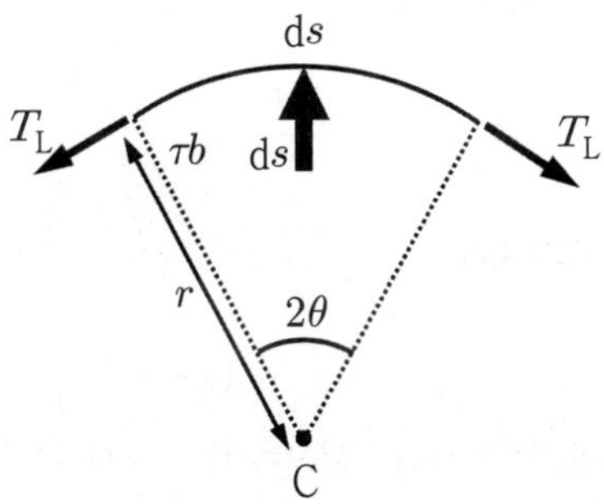

| 그림 6.2 | 휜 전위에 작용하는 힘

전A와 B를 간격이 d인 2개의 고착점이라 하자. 그림 6.1과 같이 전위절편AB가 휘는 상황을 생각해보자. 외부전단응력 τ이 증가하는 함에 따라 전위가 휘는 정도가 커지고, 그림 6.3의 $1 \to 1' \to 2 \to 2'$와 같이 진행한다. 앞서 구한 식으로부터 곡률반경이 최소의 경우 응력이 최대로 되지만, 각각의 단계에서 전위의 곡률반경을 비교하면, 단계2에서 최소인 것을 알 수 있다. 이것은 휜 전위가 이때 반원형이 되고 $2r_2 = d$일 때 성립한다. 반원형에 이르는 단계까지 전위가 휘는 것이 가능하기 위해서는 적어도 다음 식 τ_{FR}이상의 전단응력을 가할 필요가 있다.

$$\tau_{FR} = \frac{\mu b}{2r_2} = \frac{\mu b}{d} \qquad (6 \cdot 2)$$

즉, 이만큼의 응력을 가하게 되면, $1 \to 1' \to 2$까지 휘는 것이 가능해지고, 계속해서 $2 \to 2'$으로의 변형은 재차 곡률반경이 크게되는 방향이기 때문에 자발적으로 발생하게 된다.

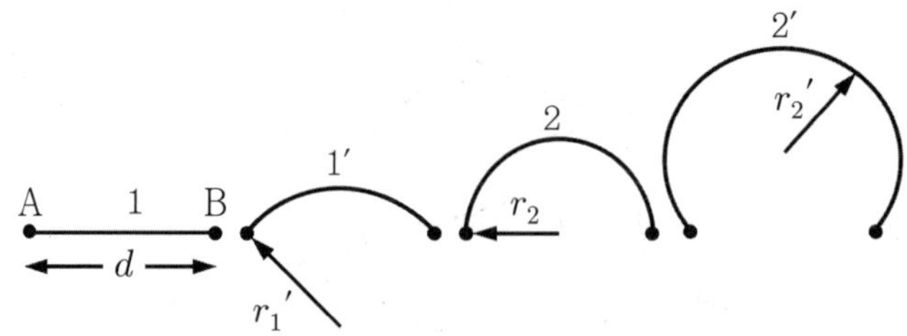

| 그림 6.3 | 고착점 A와 B 사이의 전위의 내밀어짐

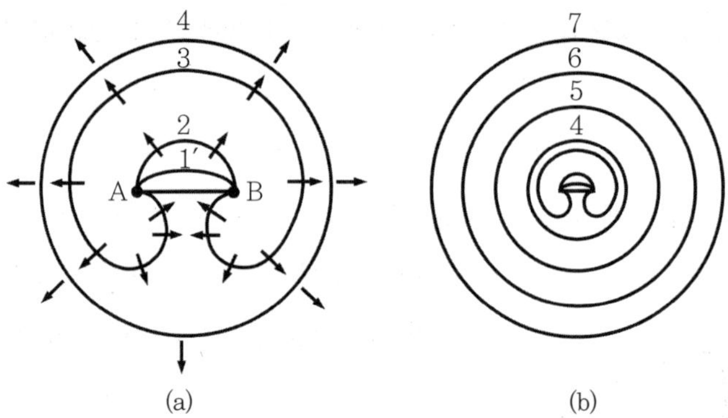

| 그림 6.4 | (a) 프랭크・리드원과 (b) 전위의 증식

그 후의 자발적인 과정에 대해 생각해보자. 그것은 그림 6.4(a)의 2 → 3 → 4과정과 같다. 단계4에서는 원래의 선분 (단계 1)에 원 (전위루프)4가 더해진 것이다. 선분AB는 다시 같은 과정을 반복하는 것이 가능하기 때문에 이 기구는 몇번이고 반복되고, 그림 6.4(b)의 4 → 5 → 6 → 7 → … 와 같이 전위는 점점 증식된다. 이 전위의 증식기구를 프랭크리드의 증식기구 (Frank-Read multiplication mechanism)라 부르고, 선분AB와 같은 증식의 근간이 되는 장소를 프랭크리드원 (Frank-Read source)이라 부른다.

프랭크리드기구를 작동시키기 위한 최소한의 전단응력은 (6・2)로 주어진다. 응력이 이 값을 넘어서면 전위는 원호상의 평형 형태를 취할 수 없고 장거리운동을 시작한다.

6-2 전위의 상호교차

어떤 슬립면위를 운동하는 전위는 필연적으로 그 슬립면 위에 없는 전위 (슬립면을 관통하고 있는 전위)를 만날 것이다. 만약 복수의 슬립면에서 프랭크리드 기구가 작동해서 전위밀도가 증가한다고 한다면, 프랭크리드원에 의해 증식되는 전위와 슬립면위에 없는 전위와의 만남은 빈번히 발생하고 있을 것이다. 이 경우 발생하는 전위간 상호작용에 대해서는 5.3절에서 배웠지만, 상호작용을 극복하는 데에 충분한 외력이 부가되고 있으면 전위는 서로 자르거나 합치거나 하는 현상이 발생한다. 여기서 슬립면을 관통하고 있는 전위를 수풀 전위 (forest dislocation) 또는 그러한 전위군을 전위숲 (dislocation forest)라 한다.

그림 6.5는 슬립면을 운동하고 있는 (a) 칼날전위 A와 (b) 나선전위 B가 수풀전위와 자르거나 합쳐지는 모습을 나타낸 모식도다. 수풀전위로서 칼날전위I과 나선전위II를 생각해보자. 그림의 짧은 화살표는 각각의 전위의 버거스 벡터를 나타내고 있다. 상호교차 후에는 모든 전위에 스텝이 생긴다. 이 스텝의 크기와 방향은 상호교차하는 상대 전위의 버거스 벡터와 동등하다라는 것을 전위의 운동과 슬립 변형의 관계로부터 명확히 알 수 있다. 스텝 중에서 원래의 슬립면에 놓여 있는 것을 킹크 (kink), 그렇지 않은 것을 조그 (jog)라 부른다.

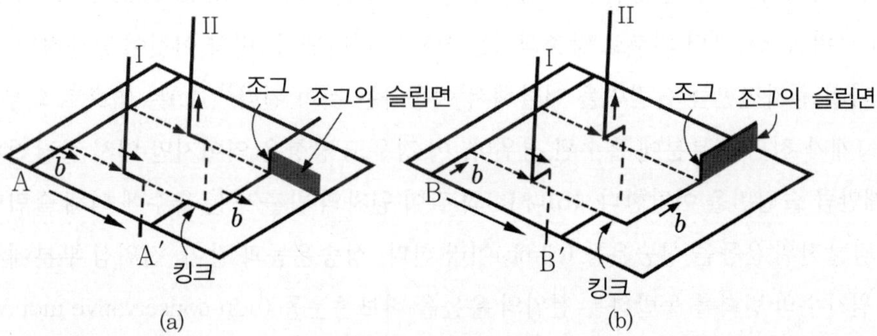

| 그림 6.5 | (a) 칼날전위 A와 (b) 나선전위 B가 수풀전위 I, II의 상호교차에 의해 생기는 킹크와 조그

먼저 그림 6.5(a)를 생각해보자. 칼날전위 A는 수풀전위와 상호교차 후 A′이 된다. A′에는 킹크나 조그가 생기지만, 버거스벡터의 보존법칙으로부터 킹크부나 조그부에도 원래의 A

전위와 같은 버거스 벡터를 갖는다. 따라서, A′ 위의 킹크부는 나선전위이고, 이것은 A′의 슬립 운동에 의해서 간단히 소멸된다. 한편, 조그부는 칼날전위이고, 그 슬립면은 조그부의 전위선 방향과 버거스벡터의 방향 양쪽을 포함하는 면으로 그림의 빗금칠한 부분에 해당된다. 이 면 위에서 조그부의 운동방향은 A′전위의 다른 부분의 운동방향과 평행하기 때문에 이 조그는 A′의 운동에 대해 강한 저항은 되지 않을 것이다.

다음으로 그림 6.5(b)를 생각해보자. 나선전위 B는 수풀전위를 자르거나 합쳐진 후에 B′이 된다. 여기에서는 킹크부 (나선전위)도 B′의 운동에 의해 쉽게 소멸한다. 하지만, 이번에는 조그부 (칼날전위)의 슬립면 (빗금을 넣은 면)과 그 위의 운동방향은 B′전위의 다른 부분의 운동방향과 평행하지 않다. 따라서, 이 조그부의 운동은 어렵고, B′의 강한 저항이 된다.

6-3 전위의 보존운동과 비보존운동

이상에서와 같이 나선전위에 생기는 조그는 원래의 나선 전위의 운동을 강하게 방해하는 효과를 갖는다. 이는 칼날전위에서는 슬립면이 결정되어 있기 때문이다. 여기서, 그림 6.6을 보자. (a)는 슬립면 위에 있는 칼날전위를 나타낸다. 버거스벡터 b는 그림의 화살표 방향이기 때문에 슬립운동은 수평한 슬립면 위에 국한된다. (b)는 전위심 (dislocation core) 부분의 원자1개가 전위심으로부터 외부로 방출되려는 상황을 나타낸다. 만약 이것이 발생하면, 칼날전위는 하나의 원자면만큼 슬립면을 이탈해서 이동하는 것이 된다[2]. (c)는 역으로 외부로부터 온 원자 1개가 전위심 부분에 흡수된 경우다. 이 경우도 방향은 역이지만 역시 칼날전위는 원자면 1개만큼 슬립면을 이탈한다. (b)나 (c)와 같이 원자의 방출 또는 흡수에 의해 슬립면을 이탈하는 칼날전위 운동을 상승운동 (climb)이라 한다. 상승운동과 같이, 전위심 부분에서 국부적으로 원자수의 변화를 동반하는 전위의 운동을 비보존운동 (non-conservative motion)이라 한다. 반대로 통상의 슬립운동은 보존운동 (conservative motion)이다. 나선 전위는 전위선의

2) 지면에 수직한 칼날전위 전부가 원자 1개의 면만큼 상승하기 위해서는 이러한 원자의 방출 (지면 위의 원자면 뿐만 아니라) 이 지면의 위아래 원자면 모두에서 1개씩 발생하지 않으면 안된다.

방향과 버거스벡터의 방향이 평행하기 때문에 슬립면이 정해지지 않는다. 따라서, 나선전위의 운동은 항상 보존운동이다.

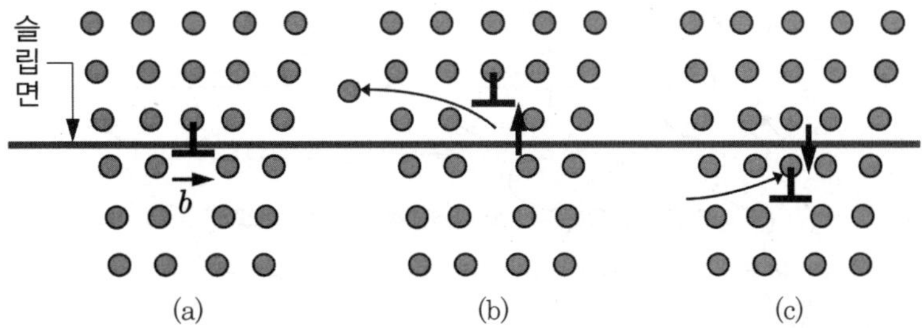

| 그림 6.6 | 칼날전위의 상승운동 (a), (b) 원자방출형, (c) 원자흡수형

비보존운동을 하기 위해서는 원자의 장거리 운동이 발생하지 않으면 안된다. 이것은 확산(diffusion)이 일어나기 위한 충분한 에너지를 필요로 한다. 일반적으로 고체내의 확산은 온도가 높을 수록 일어나기 쉽다. 따라서, 비보존운동도 확산이 용이한 고온이 되면 쉽게 발생한다.

6-4 나선전위의 조그의 비보존운동

6.2절에서 배운 조그를 포함하는 나선전위의 운동을 다시 생각해보자. 그림 6.5(b)의 B' 전위상의 조그가 그 슬립면 (빗금면) 위를 보존운동하면 부호가 서로 다른 조그는 합쳐져서 소멸되지만, 같은 부호의 조그는 합쳐져 거대화될 것이다. 그림 6.7(a)에서는 그렇게 거대화한 조그를 포함하는 나선전위를 나타내고 있다. 외부전단응력이 가해지면 거대화된 조그는 나선전위의 운동에 대해서 고착점과 같이 작용하고, 나선전위는 조그와 조그사이를 튀어나가고자 운동한다 (그림 6.7(b)). 조그부가 매우 크면 평행한 다른 슬립면 위를 튀어나온 전위부분끼리의 상호작용이 작고, 각각의 조그가 고착점이되어 프랭크리드원 (source)으로 작용할 것이다. 하지만 거대 조그라 해도 튀어나온 전위부분끼리의 상호작용이 무시할 수 있을 정도로 작지 않으면, 반원형으로 튀어나간 후의 전위부분이 상호작용을 일으킨다. 특히, 그림 6.7(c)의 화살표의 부분에는 부호가 서로다른 칼날전위대가 형성되어 있고, 이것들 사이에는

인력이 작용하기 때문에 (5.3절), 이 쌍극자는 안정한 배치가 된다. 이러한 칼날전위의 쌍극자는 변형된 금속에서 자주 관찰된다.

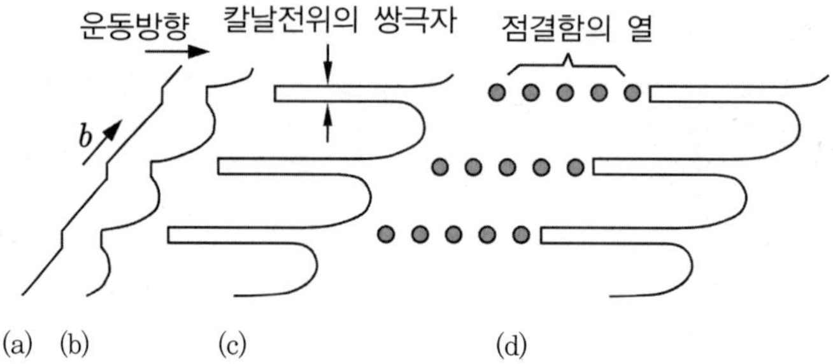

| 그림 6.7 | 조그를 포함하는 나선전위 (a)의 운동, 팽창 (b)에 의해, 칼날전위의 쌍극자 (c)의 형성 및 점결함의 열 (d)이 형성된다.

그림 6.7(c)와 같이 되면 조그는 크게 내밀어진 전위부분으로부터 끌려가는 힘을 받는다. 이 힘을 구동력으로 하여 조그부의 비보존운동 (상승운동)이 발생하면, 원래의 나선전위는 조그를 끌고가면서 운동한다. 비보존운동은 그림 6.6과 같이 원자의 흡수 또는 방출을 동반하기 때문에, 그 후에는 조그의 부호에 의존하고 점결함 (격자간원자 또는 원자공공)의 배열이 생긴다 (그림 6.7(d)). 다만, 일반적으로 원자공공을 형성하는 데에 필요한 에너지가 격자간원자를 형성하는 에너지보다는 훨씬 작기 때문에, 원자공공의 열이 생기기가 비교적 쉽다.

6-5 전위의 집적

프랭크리드 기구에 의해 증식된 전위는 전위숲 (dislocation forest)에 의해 칼싸움이나 조그에 의한 끌려가는 저항 등을 견디면서 부가응력에 의해 운동하지만, 결국 결정립계 등의 절대적인 장해물을 마주해 정지할 것이다. 선두전위가 결정립계에서 정지하면 동일 프랭크리드원으로부터 발생한 같은 슬립면 위를 운동하는 후속전위는 순차적으로 그 선두전위의 뒤에 퇴적된다. 그림 6.8은 결정립계에서 집적 (pile up)한 전위군을 나타내고 있다. 이들 전위는 모두 동일 부호의 버거스벡터를 갖기 때문에 전위와 전위 사이에 반발력이 작용한다(5.3절).

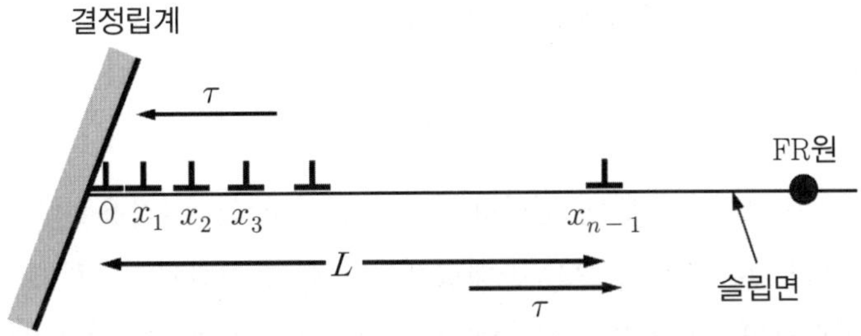

| 그림 6.8 | 결정립계에 퇴적된 전위군

위부전단응력을 τ, 퇴적전위의 수를 n이라 할 경우, 이들 전위간의 힘의 평형은 어떻게 될까? 이들 전위가 전부 칼날전위라 생각하고 이 문제를 접근해보자. 먼저, 각각의 전위에는 다른 전위로부터의 반발력과 외부응력이 작용하고 있다. 그림 6.8과 같이 선두전위를 0번째의 전위라하고, 그 위치를 원점 $(x_0 = 0)$로 둔 경우, i번째 전위 $(i \neq 0)$의 위치를 x_i로 나타내면 5.3(2)의 결과로부터 i번째 전위의 단위길이당 작용하는 힘의 평형은 다음과 같이 나타낼 수 있다.

$$\frac{\mu b^2}{2\pi(1-\nu)} \sum_{j=o, j \neq i}^{n-1} \frac{1}{x_i - x_j} = \tau b \tag{6・3}$$

이것을 첫번째의 전위로부터 $n-1$번째 전위에 대해서 모두 더하면,

$$\frac{\mu b}{2\pi(1-\nu)} \sum_{i=1}^{n-1} \sum_{j=o, j \neq i}^{n-1} \frac{1}{x_i - x_j} = (n-1)\tau \tag{6・4}$$

가 되고, 이 식의 좌변에서는 예를들어 $+\frac{\mu b}{2\pi(1-\nu)} \frac{1}{x_3 - x_2}$항과 $-\frac{\mu b}{2\pi(1-\nu)} \frac{1}{x_3 - x_2}$항이 한번씩 나타나므로 더해서 사라진다. 그 결과 (6・4)식은 다음과 같이 표현할 수 있다.

$$\frac{\mu b}{2\pi(1-\nu)} \sum_{i=1}^{n-1} \frac{1}{x_i} = (n-1)\tau \tag{6・5}$$

한편, 선두전위가 다른 전위와 외부응력 τ으로부터 받는 힘 (단위길이당) f_0는 다음과 같다.

$$f_0 = -\frac{\mu b^2}{2\pi(1-\nu)} \sum_{i=1}^{n-1} \frac{1}{x_i} - \tau b \tag{6・6}$$

01 02 03 04 05 06 07 08 09 10 11 12 해답 부록

그러므로, 다음과 같이 간략하게 표현이 가능하다.

$$f_0 = -n\tau b \tag{6 · 7}$$

즉, 선두전위에는 외력을 n배 한 집중응력이 작용하고 있다 (작용-반작용의 법칙에서 전위는 결정립계로부터 같은크기의 힘을 반대방향으로 받고 있다).

다음으로 n개의 전위가 퇴적된 후에 그들간의 상호간격과 전위군 전체의 폭 L을 생각해보자. 이 문제도 본질적으로는 (6 · 3)의 연립방정식을 풀면 되지만, 복잡하기 때문에 연속전위(continuous dislocations)의 분포의 생각을 적용해서 다뤄 보도록 하자.

같은 b를 갖는 n개의 칼날전위를 매우 작은 버거스벡터 b^*를 갖는 n*개의 칼날전위로 바꿔보자. 다만, 버거스벡터의 총합은 일정이다. 즉,

$$n^* b^* = nb \tag{6 · 8}$$

이다. $n^* \rightarrow \infty$ 의 극한을 생각하면 $b^* \rightarrow 0$이 되고, 무한히 작은 버거스벡터를 갖는 무한개의 전위를 생각하는 것이 된다. 여기서 슬립면 위의 점 x와 $x+dx$의 사이에 있는 미소전위의 버거스벡터의 총합을 $D(x)dx$라 쓰자. 이 $D(x)$를 연속전위의 분포함수 (distribution function)라 부른다. 이 경우 (6 · 8)식은 다음과 같이 표현할 수 있다.

$$\int_0^L D(x)dx = nb \tag{6 · 9}$$

또, (6 · 3)을 대신하는 식으로

$$\frac{\mu}{2\pi(1-\nu)} \int_0^L \frac{D(x')}{x-x'} dx' = \tau \tag{6 · 10}$$

을 얻을 수 있다. (6.9)식을 만족시키는 (6 · 10)의 해는 다음과 같다 (연습문제 [6.2] 참고)

$$\left.\begin{aligned} D(x) &= \frac{2nb}{\pi L}\left(\frac{L-x}{x}\right)^{1/2} \quad (0 < x < L) \\ D(x) &= 0 \quad (x \le 0,\ L \le x) \\ L &= \frac{n\mu b}{(1-\nu)\pi\tau} \end{aligned}\right\} \tag{6 · 11}$$

(6.11)과 같이 L은 n에 비례하고, τ에 반비례한다. 나선전위의 경우는 $(1-v)$인자를 뺀 것과 같다.

선두전위로부터 i번째의 전위까지의 거리를 구해보자. x_0로부터 i번째의 전위의 위치는 x_i까지 포함되는 전위의 버거벡터의 총합 ib이기 때문에,

$$\int_0^{x_i} D(x)dx = ib \tag{6 · 12}$$

가 성립한다. (6.11)을 여기에 대입할 경우 $x = L\sin^2\theta$라는 치환을 하면 계산이 편해진다. 즉,

$$\int_0^{x_i} D(x)dx = \frac{2nb}{\pi L}\int_0^{sin^{-1}\left(\frac{x_i}{L}\right)^{1/2}} \left(\frac{L - L\sin^2\theta}{L\sin^2\theta}\right)^{1/2} (2L\sin\theta\cos\theta)dx$$

$$= \frac{4nb}{\pi}\int_0^{sin^{-1}\left(\frac{x_i}{L}\right)^{1/2}} \cos^2\theta d\theta = ib \tag{6 · 13}$$

로 나타낼 수 있고, x_i를 구하면 된다. (옮긴이: x_i의 계산과정 추가)

$$\int_0^{sin^{-1}\left(\frac{x_i}{L}\right)^{1/2}} \cos^2\theta d\theta = \frac{\pi i}{4n}$$

$$\left[\frac{1}{2}\left(\theta + \frac{1}{2}\sin 2\theta\right)\right]_0^{\sin^{-1}\left(\frac{x_i}{L}\right)^{1/2}} = \frac{\pi i}{4n}$$

$$\frac{1}{2}\left[\sin^{-1}\left(\frac{x_i}{L}\right)^{1/2} + \frac{1}{2}\sin 2\left\{\sin^{-1}\left(\frac{x_i}{L}\right)^{1/2}\right\}\right] = \frac{\pi i}{4n}$$

$x_i \ll L$의 경우 근사적으로 생각하면,

$$\sqrt{\frac{x_i}{L}} = \frac{\pi i}{4n}$$

$$x_i = \left(\frac{\pi i}{4n}\right)^2 L$$

$$x_i = \left(\frac{\pi i^2}{4n}\right)\frac{n\mu b}{(1-\nu)\pi\tau}$$

$$x_i \approx \frac{\pi i^2 \mu b}{16(1-\nu)n\tau'}(x_i \ll L) \qquad (6 \cdot 14)$$

된다. 즉, 전위와 전위 사이의 간격은 i가 증가하는 것에 따라 증가한다.

전위가 집적되면 후속전위의 운동이 보다 어려워지기 때문에 변형응력은 증가한다. 이 효과를 통해 전위의 집적은 거시적인 항복응력의 증대 및 가공경화의 원인이 된다. 이것에 대해서는 추후 다시 한번 다루도록 하겠다.

전위밀도

$1cm^3$ 크기의 금속결정 속에 어느정도의 전위가 포함되어 있는지 생각해보자. 전위밀도가 $\rho = 10^{10}m^{-2}$와 $\rho = 10^{15}m^{-2}$인 금속을 예로 들면, 전자는 $10km$, 후자는 10^6km가 된다. 후자는 지구에서 달까지 거리의 배수가 되는 방대한 거리이다. 각설탕 크기의 결정 속에 이 정도의 전위가 포함되어 있다니! 참고로 만약 전위 한개한개가 결정내에 등간격으로 균일하게 존재한다고 하면, 대략 $1/\sqrt{\rho}$로 전위간의 간격은 전자에서는 약 $10\mu m$, 후자에서는 약 $30nm$가 된다.

연습문제

6.1 그림과 같은 슬립면 위의 칼날전위 A와 임입 (칼날)전위 I 의 서로 자르기에 의해 생기는 킹크, 조그 등을 그림으로 나타내고, 그들 각각의 전위의 운동에 장해가 되는지 아닌지에 대해 검토해보라.

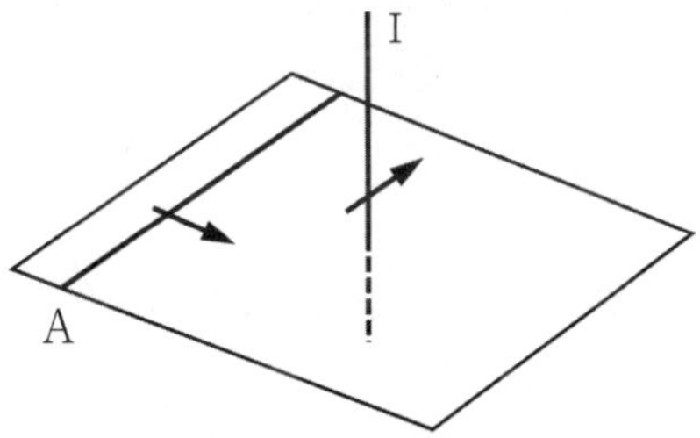

6.2 피적분함수 x(또는 x')를 $L\sin^2\theta$로 두는 것에 의해, (6.11)이 (6.9)를 만족하는 (6.10)의 해인 것을 보여라.

6.3 (6.14)는 근사한 것이지만, 실제로 n개의 전위의 집적에서는 i번째의 전위와 $i+1$번째의 전위 사이의 간격은 i가 커짐에 따라 넓어진다. 이 경우, 연속전위분포를 이용해서, n개의 집적전위의 중심위치를 구해보라.

CHAPTER

07

전위의 결정학

제4장에서 제6장까지는, 전위를 연속체 중에 존재하는 것으로 간주해왔다. 연속체적 접근은 매우 유용하지만, 그것만으로 설명할 수 없는 전위의 거동도 많다. 이 장에서는, 결정구조와 결정 내의 전위의 배열방법까지 생각한 경우, 슬립변형 및 전위의 결정학과 기하학을 배운다.

7-1 슬립계와 슈미트 인자

| 표 7.1 | 순금속의 대표적인 슬립계

결정구조	예 (상온)	슬립면	슬립방향
면심입방정(fcc)	Cu, Ni, Al, Au, Ag 등	$\{111\}$	$<110>$
체심입방정(bcc)	α-Fe, Mo, W, Cr, Na, K 등	$\{110\}$ $\{112\}$ $\{123\}$	$<111>$
조밀육방정(hcp)	Zn, Mg, Cd, Ti, Zr 등	(0001) $\{10\bar{1}1\}$ $\{10\bar{1}0\}$	$<11\bar{2}0>$

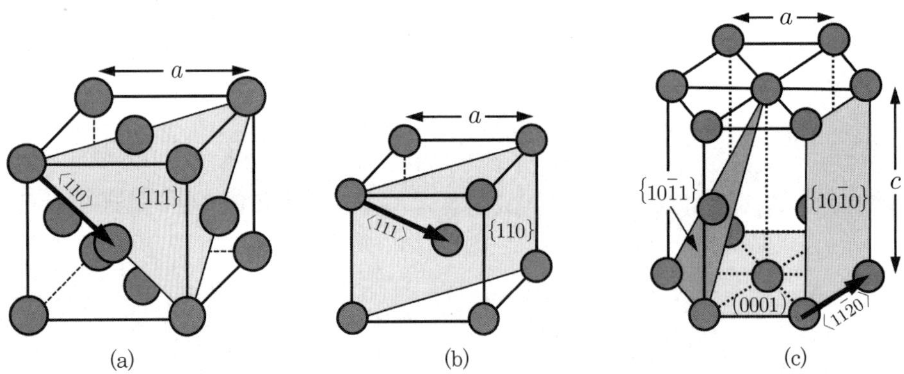

| 그림 7.1 | 대표적인 결정구조의 슬립면과 슬립방향의 모식도

표 7.1과 그림 7.1에는 금속에서 가장 대표적인 3개의 결정구조의 슬립면과 슬립방향 (합쳐서 슬립계 slip system이라 한다)을 나타낸다. 면과 방향을 나타내는 괄호는 같은 면과 방향을 나타낼 경우에는 각각 { }, < >를 사용하고, 개별의 것을 나타낼 때에는 ( )와 [ ]를 이용한다. 가장 대표적인 슬립면은 면간격이 가장 큰 최조밀면이고, 가장 대표적인 슬립방향은 최근접원자끼리를 연결하는 방향이라고 생각해도 틀리지 않다. 이 이유는 본장에서 명확히 설명된다.

예를들어 fcc에서는 결정학적으로 등가인 {1 1 1}면은 4개 있고, 각 {1 1 1}면 위에는 <1 1 0> 방향은 3개가 있기 때문에, 표 7.1의 {1 1 1}<1 1 0> 슬립계의 수는 $4 \times 3 = 12$ 개 이다. 결정을 소성변형시켰을 경우에 이들 12개의 슬립계가 전부 움직이는 것은 아니다. 조건에 따라서는 단 1개의 슬립계만 작동하는 것도 있다. 12개 중 어느 특정 슬립계가 작동하는가를 알기 위해 다음과 같은 고찰을 한다.

그림 7.2와 같이, 원통형 단결정시료의 단축인장시험을 고려한다. 인장력 F의 방향과 슬립면의 법선 n과의 이루는 각을 θ, 인장방향과 슬립방향 d가 이루는 각을 ϕ라 한다. n과 d가 이루는 각은 90°이다. 하지만 F, n, d방향은 일반적으로는 동일평면상에는 놓여있지 않기 때문에, $\theta + \phi$는 반드시 90° 는 아니다. 시료의 단면적을 A, 인장력의 크기를 F라 하면 인장응력 σ는 $\sigma = F/A$이다. 한편, 인장력의 슬립방향 d로의 성분은 $F\cos\phi$이고, 슬립면의 면적은 $A_s = A/\cos\theta$이기 때문에, 이 슬립계에 분해된 전단응력 (분해전단응력 resolved shear stress) τ는

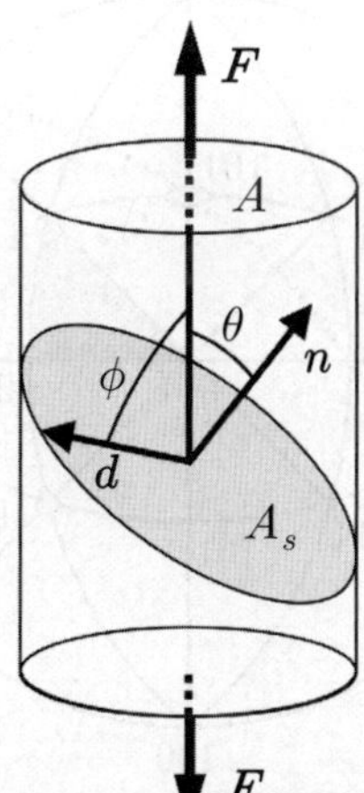

| 그림 7.2 | 슈미트 인자를 구하는 방법

$$\tau = \frac{F\cos\phi}{A_s} = \frac{F}{A}cos\theta\cos\phi = \sigma\cos\theta\cos\phi \tag{7 · 1}$$

가 된다. 이것에 의해 인장응력 σ가 주어진 경우, 어떤 슬립계에서의 분해전단응력 τ은 $S_F \equiv \cos\theta\cos\phi$의 값(의 절대값)이 클수록 커지는 것을 알 수 있다. 이 방위인자 S_F를 슈미트 인자 (Schmid factor)라 한다. 절대값이 가장 큰 슈미트 인자를 갖는 슬립계를 주슬립계 (primary slip system)이라 한다. 이것이 가장 먼저 작동한다고 생각해도 좋다. 간단한 기하학적 고찰에서 알 수 있듯이 슈미트 인자가 가질 수 있는 최대값은 $\theta = \phi = 45°$의 경우 0.5이다.

그림 7.3은 스테레오 투영도 (stereographic projection)라고 불리는 것으로 만일 인장 (압축)방향이 그림에서의 경사면에 표시한 삼각형 (표준 스테레오 삼각형)의 안에 표시할 수 있다면 주슬립계는 $(111)[\bar{1}01]$가 된다. 삼각형의 변과 같은 스테레오 투영도 내의 실선 위에 인장방향이 있는 경우는 몇 개의 슬립계가 같은 값의 슈미트 인자를 갖고 이것들이 동시에 작용하여 다중슬립 (multiple slip)을 발생시킨다.

단결정시료에서 주슬립계만이 활동하는 경우를 생각해보자. 같은 결정립에서 항복응력은 인장방향에 따라 다르지만, 만약 슬립변형 (전위의 운동)에 대한 저항이 같다면 항복응력을 주슬립계에 분해한 임계분해전단응력 (critical resolved shear stress, 줄여서 CRSS)은 인장방향에 의존하지 않을 것이다. 이것을 슈미트의 법칙 (Schmid's law)라 부르고, fcc나 hcp에서

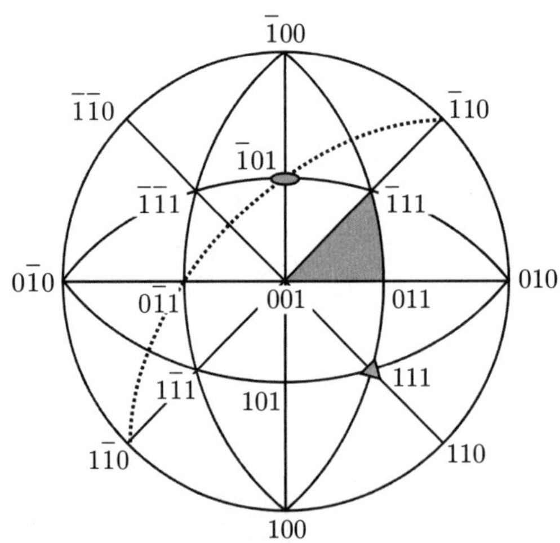

| 그림 7.3 | 입방정의 $[001]$ 스테레오 투영도. fcc금속을 그림의 색칠한 부분의 스테레오 삼각형 내부에 존재하는 방향으로 인장하면, 주슬립면은 (111), 주슬립방향은 $[\bar{1}01]$이 된다. 점선의 원호는 (111)면을 나타낸다.

잘 성립한다. 한편, 다결정의 경우는 다양한 방위를 갖는 결정립이 다수존재하기 때문에, 단결정처럼 간단하게 임계분해전단응력을 알 수 없다 (9.4절 참고).

7-2 완전전위와 초전위

제1장에서 배웠듯이 슬립변형이 발생해도 결정구조 그 자체는 변하지 않는다. 따라서, 슬립전위의 버거스벡터 b는 결정격자의 병진벡터의 하나와 일치하지 않으면 안된다. 더욱이 b는 슬립방향과 평행하다. 한편, 제4장에서 배웠듯이 전위는 μb^2에 비례하는 단위길이당 자기에너지 (self energy)를 갖는다. 따라서, 가능한한 작은 버거스벡터를 갖는 쪽이 에너지적으로 유리하다. 위와 같은 이유로 전위의 버거스벡터는 그림 7.1에 두꺼운 화살표로 표시한 벡터와 같이 최접근원자를 연결하는 벡터가 된다.

fcc나 bcc 등 입방정의 격자정수를 a라 하면 버거스벡터는 다음과 같이 나타내는 것이 가능하다.

$$b = \frac{a}{2} < 110 > \text{(fcc)}$$

$$b = \frac{a}{2} < 111 > \text{(bcc)}$$

hcp의 경우 격자정수가 a와 c 2개가 필요하지만, 그림 7.1에 나타낸 슬립방향에 대한 버거스벡터는 a만을 이용해서 아래와 같이 표현할 수 있다.

$$b = \frac{a}{3} < 11\bar{2}0 > \text{(hcp)}$$

이들 전위와 같이 그 버거스 벡터가 결정격자의 병진벡터의 하나와 일치하는 전위를 완전전위 (perfect dislocation)라 한다.

지금까지는 1종류의 원자로 이루어진 결정만 고려했지만 2종류 이상의 원자로 이루어진 금속 중에는 규칙합금 (ordered alloy)이라든지 금속간화합물 (intermetallic compound)처럼, 이

종원자가 초격자 (superlattice)를 이루고 있는 것도 있다. 그림 7.4에는 2종류의 원자가 규칙적으로 위치하고 있는 결정의 2가지 예를 나타내었다. 만약 원자가 전부 동일하던지 또는 서로 다른 원자라도 완전히 불규칙적으로 (랜덤으로) 배치되고 있다면, (a)는 fcc (b)는 bcc이다. 하지만 두 종류의 원자가 그림과 같이 규칙적으로 배치되어 있다면, 그림의 화살표와 같이 각각 fcc, bcc의 경우보다 2배 긴 버거스벡터를 생각하지 않으면 완전전위가 되지 않는다. 이와 같이 일반적으로 규칙합금내의 완전전위는 순금속이나 불규칙금속의 완전전위의 정수배의 길이를 갖는다. 이것을 초격자전위 (superlattice dislocation) 또는 간략히 초전위 (superdislocation)이라 부른다.

7-3 규칙합금 내의 부분전위와 역위상경계

만약 버거스벡터가 결정의 병진벡터의 하나와 같지 않다면, 그 전위가 운동한 슬립면 위에는 반드시 국소적인 결정구조의 변화가 생긴다. 이와 같은 전위를 부분전위 (partial dislocation) 또는 불완전전위 (imperfect dislocation)이라 한다.

예를 들어 그림 7.4(b)의 B2형 규칙합금을 생각해보자. 여기에서의 완전전위 (초전위) $b = a[1\ 1\ 1]$는 2개의 초부분전위 (superpartial) $b^{\mathrm{I}} = (a/2)[1\ 1\ 1]$와 $b^{\mathrm{II}} = (a/2)[1\ 1\ 1]$)로 분해할 수 있다. B2형 구조는 규칙화되어 있지 않다면 bcc이고 b^{I}와 b^{II}의 초부분전위는 bcc 중에서는 완전전위이다. b가 b^{I}와 b^{II}로 분리하는 것을

(a) $L1_2$형 (b) B2형

| 그림 7.4 | 규칙합금에서의 초전위. ●와 ○는 다른 원자를 나타낸다.

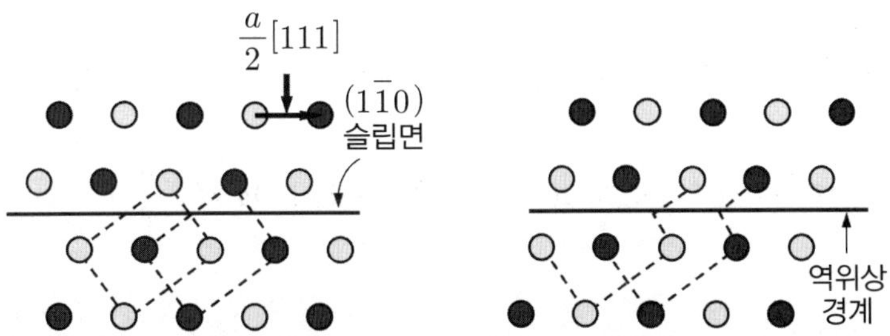

| 그림 7.5 | B2형구조 내의 1개의 초부분전위의 운동에 의해 생기는 역위상경계. 초부분전위의 운동에 의해 슬립면보다 위의 결정의 ●와 ○의 원자배치가 바뀌고, 결정의 주기성에 흐트러짐이 생긴다.

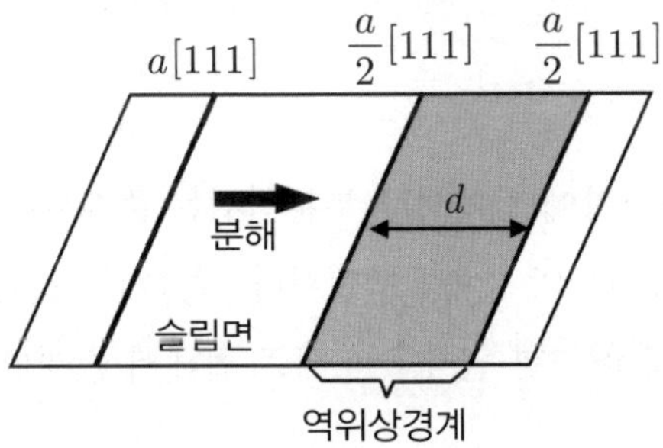

| 그림 7.6 | B2형구조 중의 초전위가 2개의 초부분전위로 분해하는 것에 의해 발생하는 역위상경계

$$\boldsymbol{b} \rightarrow \boldsymbol{b}^{\mathrm{I}} \rightarrow \boldsymbol{b}^{\mathrm{II}} \text{ 또는 } a[1\ 1\ 1] \rightarrow \frac{a}{2}[1\ 1\ 1] + \frac{a}{2}[1\ 1\ 1] \tag{7 · 2}$$

과 같은 전위반응식으로 표현할 수 있고, 분해한 후의 초부분전위 중 1개만이 운동한 경우에는 국소적으로 결정구조가 변화한 부분이 생긴다 (그림 7.5). 이 부분을 역위상경계 (antiphase boundary, 줄여서 APB)라 부른다.

2개의 초부분전위는 같은부호이기 때문에 일반적으로 이들 사이에는 반발력이 작용하여 서로 떨어지려고 한다 (제5장 참고). 하지만 동시에 이들 초부분전위의 사이에는 APB가 형성된다 (그림 7.6). APB는 면결함의 일종이고 면적에 비례하는 자기에너지를 갖기 때문에 초부분전위끼리는 서로 떨어지면 APB의 에너지가 커져 불안정해진다. 그렇기에 어떤 평면거리 d 만큼 떨어진 초부분전위대가 되어 안정적으로 존재하게 된다. 이러한 2개의 초부분전위와 그 사이의 APB를 포함해서 확장전위 (extended dislocation)라 부르고, 초전위가 확장전위로 되는 것을 초전위가 확장했다고 표현한다. B2형에 국한되지 않고 규칙합금 내의 초전위는 사이에 APB를 끼운 2개의 초부분전위로 확장하고, 외력하에서는 초부분전위대와 APB가 함께 운동한다.

역위상경계까지 고려해서 전위분해반응을 표현하고 싶은 경우는 이하와 같이 된다.

$$b \to b^{I} + APB + b^{II} \text{ 또는 } a[1\ 1\ 1] \to \frac{a}{2}[1\ 1\ 1] + APB + \frac{a}{2}[1\ 1\ 1] \qquad (7 \cdot 3)$$

7-4 쇼클리의 부분전위와 적층결함

(1) 쇼클리의 부분전위

규칙합금이 아닌 단원자격자에 있어서도 부분전위는 존재한다. 여기서는 대표적인 예로서 fcc를 다뤄보자. 그림 7.7은 fcc의 강체구모델이다. 구 1개는 원자를 표현하고 fcc의 강체구모델에서 < 1 1 0 >방향으로 배열한 원자구는 서로 접해서 존재한다. 그림 7.7(b)에서 알 수

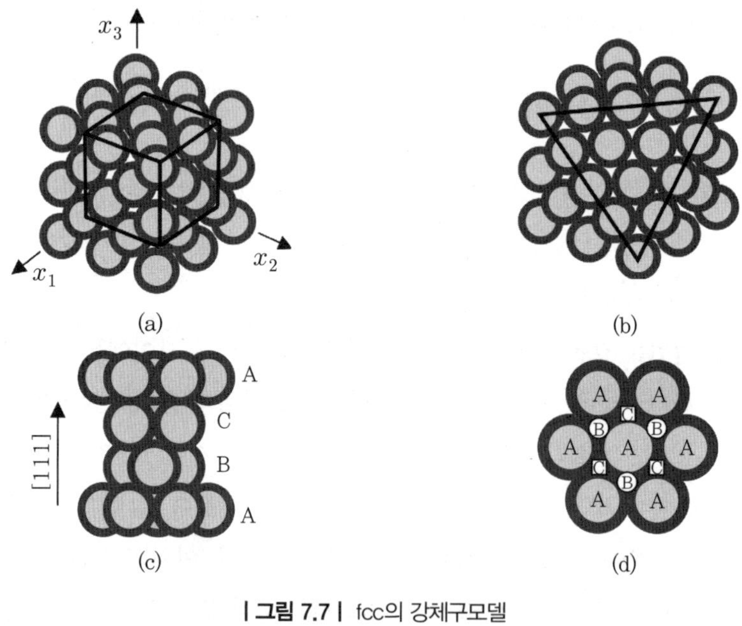

| 그림 7.7 | fcc의 강체구모델

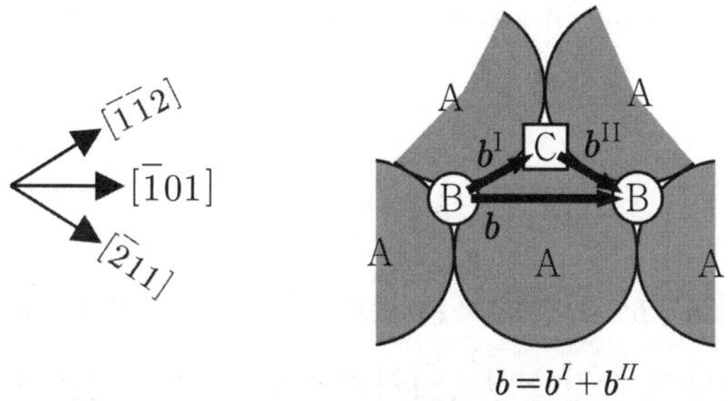

| 그림 7.8 | 강체구모델에 의한 완전전위의 분해의 설명도

있듯이 슬립면인 {1 1 1}면은 이 이상 원자를 빽빽하게 채울 수 없는 최조밀면 (close packed plane)로 이루어져있다. 그림 7.7(c)는 (1 1 1)면을 옆으로 본 것으로 fcc에서 최조밀면의 원자의 겹쳐쌓으면 (적층 stacking이라한다) ABCABC가 된다. 즉, 그림 7.7(d)와 같이 위에서 보면 A면의 위는 B면이 그 위에는 C면이 겹쳐쌓여있는 적층으로 되어 있다.

여기서 (1 1 1)면 위의 완전전위 $\boldsymbol{b}=\left(\frac{a}{2}\right)[\bar{1}\ 0\ 1]$을 생각해보자. 이 완전전위가 A면과 B면의 사이의 슬립면을 작동시키면, $\boldsymbol{b}$만큼의 어긋남이 슬립면 위아래의 결정에서 발생하고, 그림 7.8과 같이 왼쪽의 B위치의 원자가 오른쪽의 B위치로 이동한다. 완전전위의 운동이기 때문에, 슬립 전후에서 원자위치가 B인 것에는 변함이 없고, … ABCABC … 라는 fcc적층에는 어떠한 변화도 생기지 않는다. 하지만, 만약 부분전위 $\boldsymbol{b}^I=\left(\frac{a}{6}\right)[\bar{1}\ \bar{1}\ 2]$가 움직이면 fcc 적층에 변화가 생긴다. 강체구모델을 생각하면 그림 7.8과 같이 (1 1 1)면에서 $\boldsymbol{b}=\left(\frac{a}{2}\right)[\bar{1}\ 0\ 1]$라는 변위가 한번에 생기는 것보다도 먼저 $\boldsymbol{b}^I=\left(\frac{a}{6}\right)[\bar{1}\ \bar{1}\ 2]$(그림 7.8의 왼쪽의 B→C) 다음으로 $\boldsymbol{b}^{II}=\left(\frac{a}{6}\right)[\bar{2}\ 1\ 1]$(C→ 오른쪽의 B)라는 2단계의 변위가 발생하는 쪽이 강체구의 접하는 골짜기를 지날 수 있기 때문에 쉬울 것을 예상할 수 있다. 실제로 fcc 결정내에서 완전전위는

$$\boldsymbol{b}\rightarrow\boldsymbol{b}^I+\boldsymbol{b}^{II} \text{ 또는 } \frac{a}{2}[\bar{1}\ 0\ 1]\rightarrow\frac{a}{6}[\bar{1}\ \bar{1}\ 2]+\frac{a}{6}[\bar{2}\ 1\ 1] \qquad \textbf{(7 · 4)}$$

와 같이 2개의 부분전위로 분해하고 있다. 여기서 $\left(\frac{a}{6}\right)<\bar{1}\ \bar{1}\ 2>$형태의 부분전위를 쇼클

리의 부분전위(Shockley's partial dislocation)이라 부른다. 제4장에서 배운 것과 같이, 전위의 자기에너지는 b^2에 비례하기 때문에,

$$|b|^2 > |b^I|^2 + |b^{II}|^2 \tag{7·5}$$

전위 b는 2개의 전위 b^I, b^{II}로 분해하는 쪽이 에너지적으로 유리하다. (7.2)나 (7.4)의 전위의 분해반응식은 반드시 이 조건을 만족시키기고 있다. 이와 같이 버거스벡터의 크기의 2승값을 고려해 분해가능여부를 조사하는 것을 프랭크 규칙 (Frank's rule)이라 한다.

(2) 적층결함과 확장전위

규칙합금에서 역위상경계가 생긴 것처럼 2개의 쇼크레 부분전위 사이에는 적층결함이 존재한다. 이것을 적층결함 (stacking fault)이라 한다. 또, 규칙합금 내의 초전위와 같이 2개의 쇼클리 부분전위와 그 사이의 적층결함을 포함해서 확장전위라 하고, 완전전위가 확장했다고 한다. 그림 7.9는 확장전위의 운동을 동반하는 (1 1 1)면 적층의 변화를 나타낸다. 확장전위의 통과 전에는 완전한 fcc 적층이지만, 통과 중 (1개의 부분전위 b^I만이 슬립면을 통과한 상태)에서는 슬립면 부분에서 국소적으로 fcc적층에 변화를 생성한다. 이것이 적층결함이다. 당연한 이야기지만 통과후 (2개의 부분전위 b^I, b^{II}가 함께 슬립면을 통과한 경우)에는 다시 원래의 fcc적층이 되어 있다. 슬립면의 바로 위의 원자배치가 그림 7.8과 같이 $B \rightarrow C \rightarrow B$로 변하고 있다는 것을 확인해줬으면 한다.

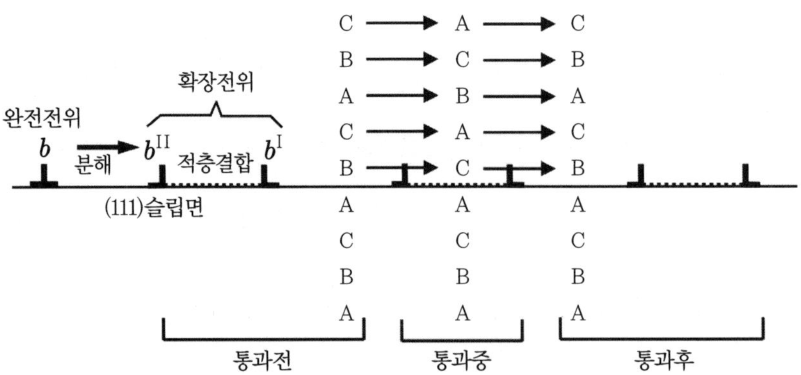

| 그림 7.9 | 확장전위의 운동과 적층의 변화

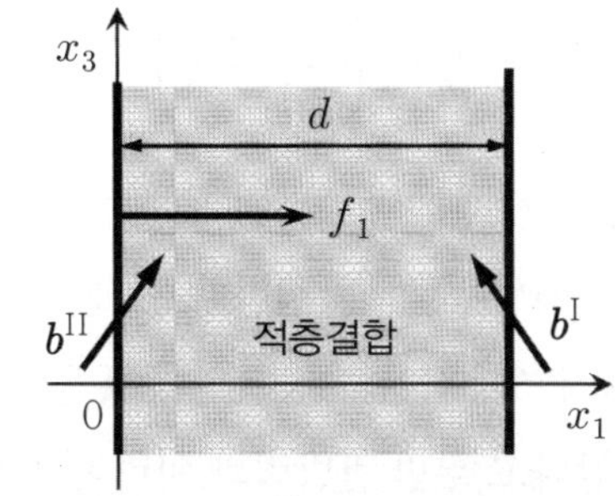

| 그림 7.10 | 확장전위의 폭의 계산설명도

| 표 7.2 | 적층결함에너지 값

단위: $\mathrm{mJ/m^2}$

Ag	Cu	Ni	Al	Fe	Mo
20	40	80	200	950	1840

적층결함은 역위상경계와 같은 면결함의 일종으로 면적에 비례하는 적층결함에너지(stacking fault energy)를 갖고 있다(표 7.2). 그 때문에 확장전위의 폭은 적층결함에너지가 클수록 작게 된다. 그림 7.10과 같이 x_3방향으로 평행한 나선전위의 확장을 생각해보자. 확장전위의 전위선방향을 x_3, 슬립면법선을 x_2방향으로 둔 좌표계를 이용하고, 확장전위의 폭 (적층결함의 폭이라 말해도 좋다)을 d로 두자. 각각의 쇼크레 부분전위는 혼합전위이고 버거스 벡터는 이 좌표계에서 $b^{\mathrm{I}} = \left(-\dfrac{a}{2\sqrt{6}},\ 0\dfrac{a}{2\sqrt{2}}\right)$, $b^{\mathrm{II}} = \left(\dfrac{a}{2\sqrt{6}},\ 0\dfrac{a}{2\sqrt{2}}\right)$로 나타내어진다. 여기서 x_1성분은 칼날성분, x_3성분은 나선성분를 타나낸다. 전위선에 평행한 단위벡터는 양쪽 모두 $t = [t_1,\ t_2,\ t_3] = [0,\ 0,\ 1]$이다. b^{II}전위가 b^{I}전위의 위치에 만드는 응력장 $\sigma_{ij}^{\mathrm{II}}$은 나선성분은 (4.3), 칼날성분은 (4.7)에 $x_1 = d$, $x_2 = 0$을 대입하고 얻을 수 있다. 피치・코힐러 식의 결과인 (5.11), (5.12)에 의해 단위길이의 b^{I}전위가 b^{II}전위에 의해서 받는 x_1방향의 힘 f_1은

$$f_1 = \sigma_{12}^{\mathrm{II}} b_1^{\mathrm{I}} + \sigma_{32}^{\mathrm{II}} b_3^{\mathrm{I}}$$

로 표현할 수 있다. 여기서 이미 알려진, $\sigma_{12}^{\mathrm{II}}$와 b_1^{I}를 대입하면

$$f_1 = \frac{\mu a^2}{16\pi d}\left\{\frac{2-3\nu}{3(1-\nu)}\right\} \tag{7·6}$$

를 얻을 수 있다. 이것은 양의 값이기 때문에 쇼클리 부분전위끼리는 반발력에 의해 서로 멀어지고자 한다. 따라서, 완전전위의 분해가 발생한다. 한편, 단위면적당 적층결함에너지를 Γ_{SFE}라 하면, 단위길이당 전위에 작용하는 확장전위의 폭을 줄이고자하는 힘은 Γ_{SFE} 그 자체이기 때문에 이것과 (7.6)을 같다고 두면 반발력과 인력이 평형을 이룬 곳에서 평형의 확장전위폭 d_{eq}를 다음과 같이 구할 수 있다.

$$d_{eq} = \frac{\mu a^2}{16\pi \Gamma_{SFE}}\left\{\frac{2-3\nu}{3(1-\nu)}\right\} \tag{7·7}$$

즉, 평형의 확장전위폭과 적층결함에너지는 서로 반비례의 관계에 있다. (2・23)에 Cu의 물성치를 대입하면 $d_{eq} \approx 1.5nm$ 정도가 된다. 칼날전위의 경우에도 같은 반비례관계에 놓여 있지만, d_{eq}는 (7.7)보다 2배 정도 큰 값이 된다.

7 5 확장전위의 수축과 교차슬립

나선전위에서는 버거스벡터 $\boldsymbol{b}$와 전위선방향 $\boldsymbol{t}$가 평행하기 때문에, 전위가 주어져도 슬립면은 특정되지 않는다. 즉, 슬립면은 $\boldsymbol{b}$를 포함하는 면만 있으면 되고, 만약 전위의 진행방향에 방해물 등이 있으면, 나선전위는 적당히 슬립면을 바꿔서 운동하는 것이 가능하다. 이렇게 나선전위가 슬립면을 바꾸어서 운동하는 과정을 교차슬립 (cross slip)이라고 한다.

만약 완전전위의 나선 전위가 확장전위가 되어버리면, 적층결함을 포함하는 면이 슬립면으로 특정되어버리기 때문에 이미 교차슬립이 불가능하게 된다. 확장전위가 교차슬립을 일으키기 위해서는 적어도 국소적으로는 일단 완전나선전위로 돌아갈 필요가 있다. 이것을 확장전위의 수축 (constriction)이라 한다. 이 모습을 그림 7.11에 나타내었다. 확장전위가 수축하기 위해서는 에너지가 필요하고, 적어도 그 일부에는 원자의 열진동의 에너지가 이용된다. 열진동 에너지는 고온일수록 크기 때문에 교차슬립도 고온일수록 발생하기 쉽다.

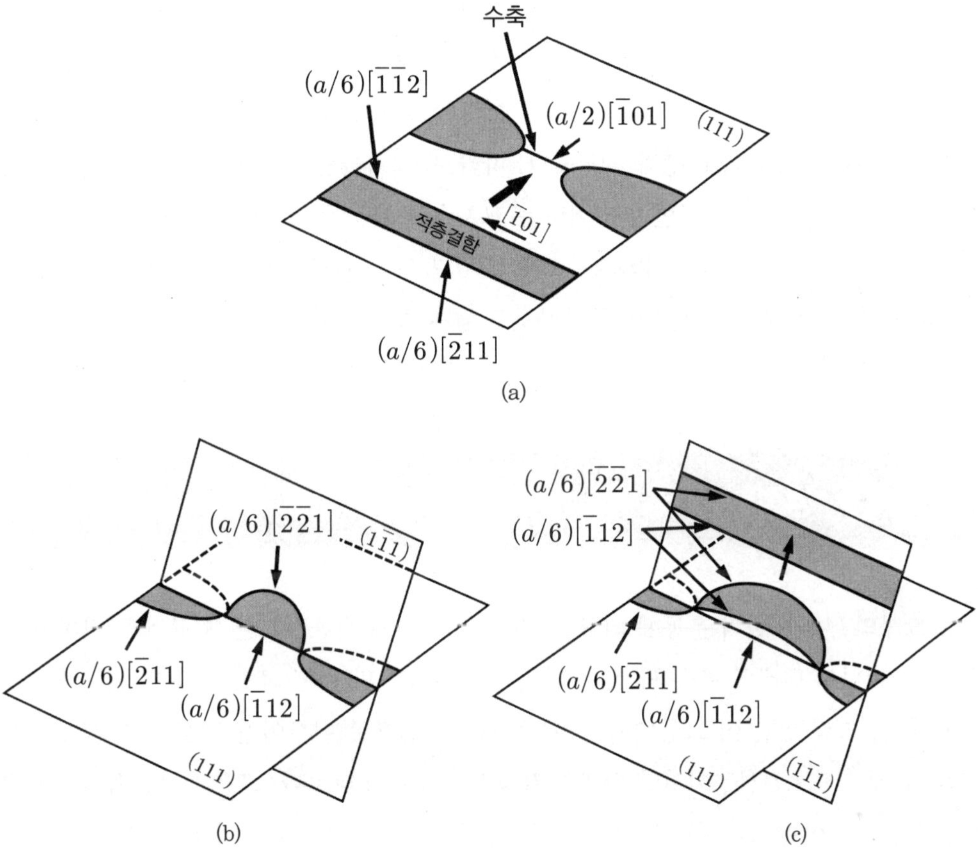

| 그림 7.11 | (a) fcc의 (111)면 위에 존재하는 확장 나선 전위의 국소적 수축, (b), (c) 수축부의 $(1\,\bar{1}\,1)$면으로의 교차슬립

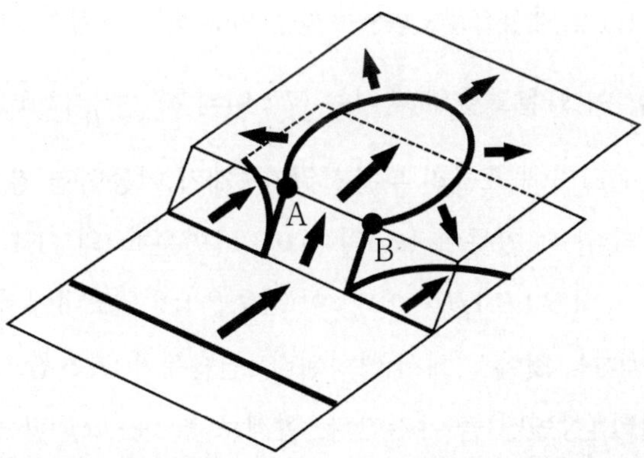

| 그림 7.12 | 이중교차슬립에 의한 전위의 증식기구. 점 A, B가 고착점이 된다.

01
02
03
04
05
06
07
08
09
10
11
12
해답
부록

(7・7) 식에서 결정되는 확장전위의 폭이 넓다면 수축에는 보다 큰 에너지가 필요할 것이다. 따라서, 적층결함에너지가 작은 재료에서는 큰 재료에 비해서 교차슬립이 곤란하다. 표 7.2와 같이 철이나 몰리브덴과 같은 bcc금속에서는 일반적으로 적층결함에너지가 크고 전위가 거의 확장하지 않는다고 생각해도 좋다. 따라서, 교차슬립은 fcc금속에서 비해 훨씬 쉽게 일어난다. bcc금속에서는 빈번히 일어나는 교차슬립 때문에, 소성변형에 의해 생긴 표면의 슬립선은 직선성이 좋지 않고 심하게 물결치고 있다. 또, 그림 7.12와 같은 이중교차슬립과 프랭크리드원의 조합에 의한 전위의 증식기구도 쉽게 발생한다.

7-6 쌍정형성 및 fcc → hcp 상변태

쇼크레의 부분전위의 운동에 의한 fcc의 {1 1 1}면의 적층변화는 몇 층에도 걸쳐서 규칙적으로 일어나면 원래의 결정구조와는 다른 결정영역을 만든다. 그림 7.13은 fcc의 (1 1 1) 쌍정 (twin)의 그림이다. 이 그림에서는 3층의 (1 1 1)면으로 이루어진 쌍정이 형성되고 있다. 쌍정의 부분도 또 fcc 결정이지만 원래의 결정과는 방위가 다르다. 그림내 오른쪽의 적층으로부터 알 수 있듯이 동그라미로 표시한 쌍정경계상의 A면을 사이에 둔 쌍정영역과 원래의 결정은 대칭적인 적층구조로 이루어져 있다. 쌍정이란 이렇게 원래의 결정과 경면대칭 관계에 있는 결정을 말한다. 그리고 그 경면을 쌍정경계 또는 쌍정면이라 한다.

그림 7.13내에서 $[\bar{1}\,\bar{1}\,2]$방향으로 그은 두꺼운 화살표는 쌍정형성에 필요한 원자의 전단이동을 나타내고 있다. 이 화살표들의 벡터는 (7・4)의 $b^{II} = \frac{a}{6}[\bar{1}\,\bar{1}\,2]$ 의 정수배의 크기를 갖는다. 따라서, 각 (1 1 1)면에 쇼클리 부분전위가 1개가 이동하면 쌍정이 형성되는 것을 알 수 있다. 그림 7.1로부터 알 수 있듯이, hcp의 (0 0 0 1)면은 fcc의 {1 1 1} 면과 같이 최조밀원자면이지만 그 적층은 $\cdots ABABAB \cdots$ 이다. 이 적층은 fcc 구조내에서 쇼크레부분전위가 원자 1개면 간격으로 이동하는 것에 의해서 형성된다 (연습문제 [7.2] 참조). 이 경우는 쌍정과는 다르고 결정구조의 변화 (상변태)를 야기한다. 실제로 $fcc \rightarrow hcp$ 마르텐사이트변태는 이와 같이 쇼클리 부분전위의 운동에 의해서 발생하는 것이 확인된다.

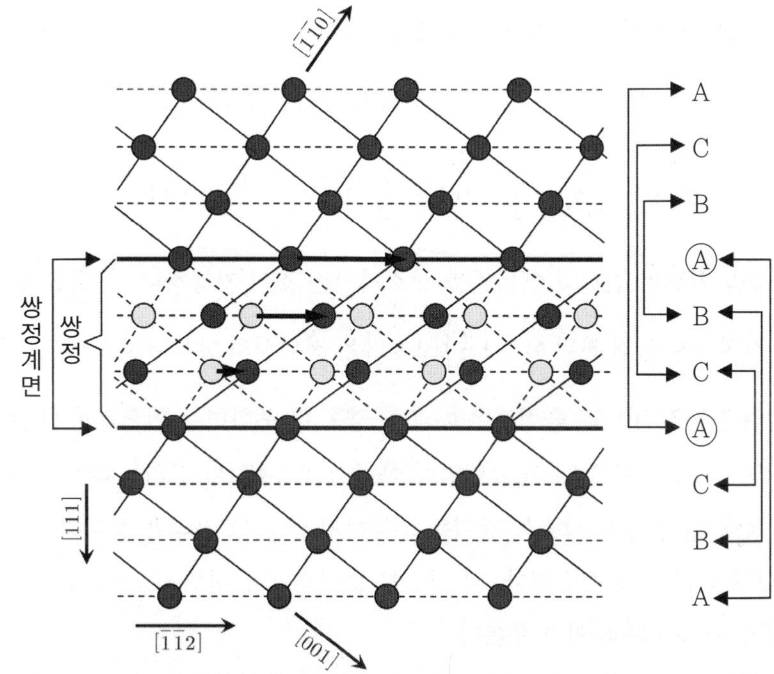

| 그림 7.13 | $[1\bar{1}0]$방향에서 본 fcc의 (111)쌍정

7-7 그 밖의 중요한 전위반응

(1) 로머의 부동전위와 로머코트렐의 부동전위

결정을 비대칭성방위로부터 당긴 경우와 같은 특별한 경우을 배제하면 통상의 결정에서 소성변형은 2개 이상의 슬립계가 동시에 활동하는 다중슬립인 경우가 많다. 예를 들어, fcc 결정을 생각해보자. $(1\,1\,1)$과 $(\bar{1}\,1\,1)$의 2개의 슬립면 위에서 슬립이 동시에 생기는 경우를 생각해보자. 각각의 슬립면위에서는 서로 다른 버거스벡터를 갖는 완전전위가 3종류씩 (부호까지 생각하면 6종류씩)있지만, 그들의 전위 사이의 반응을 전부 검토하면 프랭크 법칙을 만족시키지 않는 것이나 쌍소멸 (対消滅)하는 것도 있는 것을 알 수 있다. 한편, 프랭크 법칙을 만

족시키고, 쌍소멸을 하지 않는 하나의 예로서는 $\boldsymbol{b}_1 = \frac{a}{2}[\bar{1}\,0\,1]$과 $\boldsymbol{b}_2 = \frac{a}{2}[1\,0\,1]$가 거론된다. 이 2개의 전위는 그림 7.14(a)와 같이 2개씩의 슬립면의 교선 $[0\,\bar{1}\,1]$ 위에서 만나면

$$\boldsymbol{b}_1 + \boldsymbol{b}_2 \rightarrow \boldsymbol{b}_3 : \frac{a}{2}[\bar{1}\,0\,1] + \frac{a}{2}[1\,1\,0] \rightarrow \frac{a}{2}[0\,1\,1] \tag{7·8}$$

라는 반응을 일으켜 전위의 에너지를 감소시키는 것이 가능하다 (프랭크 법칙을 만족시킴). 반응의 결과로서 생긴 전위 $\boldsymbol{b}_3 = \left(\frac{a}{2}\right)[0\,1\,1]$는 전위선의 방향이 슬립면의 교선과 평행한 $\boldsymbol{t}_3//[0\,\bar{1}\,1]$의 칼날전위이고, 슬립면은 $\boldsymbol{b}_3$와 $\boldsymbol{t}_3$ 양쪽 다 포함하는 면으로서 $(1\,0\,0)$면으로 결정된다. 하지만, $(1\,0\,0)$면은 fcc의 슬립면이 아니기 때문에, $\boldsymbol{b}_3$ 전위는 완전전위로는 존재하지만 슬립운동을 할 수 없다. 즉, $\boldsymbol{b}_3$ 전위는 운동하지 않고 그 자리에 정지해버리고 후속전위의 운동에 대해서 큰 장해물이 된다. 이 전위를 로머의 부동전위 (Lomer sessile dislocation) 또는 로머고착 (Lomer lock)이라 부른다.

이상은 완전전위끼리의 반응이었지만 만약 각각의 완전전위 $\boldsymbol{b}_1$, $\boldsymbol{b}_2$가 쇼클리 부분전위로 분해되고 있다면

$$\boldsymbol{b}_1 \rightarrow \boldsymbol{b}_4 + \boldsymbol{b}_5 : \frac{a}{2}[\bar{1}\,0\,1] \rightarrow \frac{a}{6}[\bar{1}\,\bar{1}\,2] + \frac{a}{6}[\bar{2}\,1\,1]$$
$$\boldsymbol{b}_2 \rightarrow \boldsymbol{b}_6 + \boldsymbol{b}_7 : \frac{a}{2}[1\,1\,0] \rightarrow \frac{a}{6}[1\,2\,\bar{1}] + \frac{a}{6}[2\,1\,1]$$

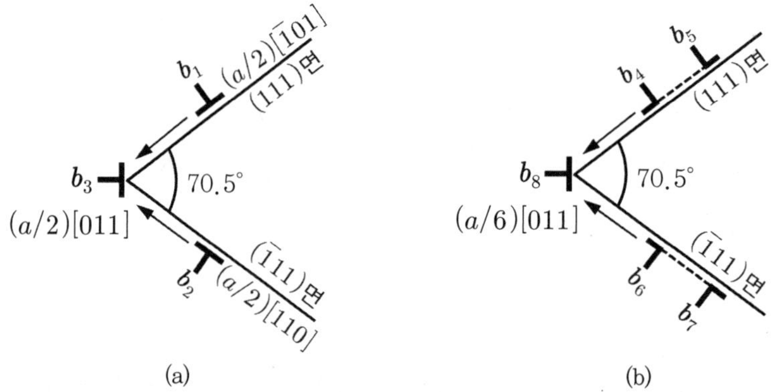

| 그림 7.14 | (a) 로머의 부동전위 $\boldsymbol{b}_3$와 (b) 로머 · 코트렐의 부동전위 $\boldsymbol{b}_8$

로 된다. 각각의 선두의 부분전위 b_4, b_6이 두개의 슬립면의 교선 $[0\ \bar{1}\ 1]$위에서 만나면

$$\boldsymbol{b}_4+\boldsymbol{b}_6 \rightarrow \boldsymbol{b}_8 \ : \ \frac{a}{6}[\bar{1}\ \bar{1}\ 2]+\frac{a}{6}[1\ 2\ \bar{1}] \rightarrow \frac{a}{6}[0\ 1\ 1] \qquad \mathbf{(7 \cdot 9)}$$

라는 반응에 의해 $\boldsymbol{b}_8=\left(\frac{a}{6}\right)[0\ 1\ 1]$ 라는 전위가 생긴다 (그림 7.14 (b)). 이 전위 (부분전위)도 $\boldsymbol{b}_3$ 전위와 같이 부동전위이고, 이것을 로머코트렐의 부동전위 (Lomer-Cottrell sessile dislocation) 또는 로머코트렐 고착 (Lomer-Cottrell lock)이라 부른다.

로마 고착 또는 로머코트렐 고착이 후속전위의 장해물로 되고 후속 전위의 퇴적을 발생시키기 때문에, 일반적으로는 다중슬립이 발생하면 단일 슬립에 비교해서 가공경화는 현저히 크다. 이것에 대해서 제9장에서 다시 다룬다.

(2) 프랭크의 부동전위

프랭크의 부동전위 (Frank sessile dislocation)은 연습문제 [1.2]에서 취급한 프리즈머틱 (prismatic) 전위 루프로서 존재한다. 여기에서도 fcc의 $(1\ 1\ 1)$면을 생각한다. 그림 7.15에는 $(1\ 1\ 1)$면 적층을 나타내고 있다. (a)와 같은 이 면에 원자공공이 집합하면 1층의 적층결함을 동반하는 전위루프 (intrinsic형 루프라 한다)가 생기고, (b)와 같이 격자간원자가 집합하면 2층의 적층결함을 동반하는 루프 (extrinsic 형 루프라 한다)가 형성된다. 이들의 루프는 순수한 칼날전위루프이고, 이 버거스벡터는 $\pm\left(\frac{a}{3}\right)[1\ 1\ 1]$ 형으로 된다. 이 버거스벡터도 fcc의 슬립면 위에 없기 때문에 이 전위루프는 슬립운동 할 수 없는 부동전위가 된다. 프랭크의 부동전위

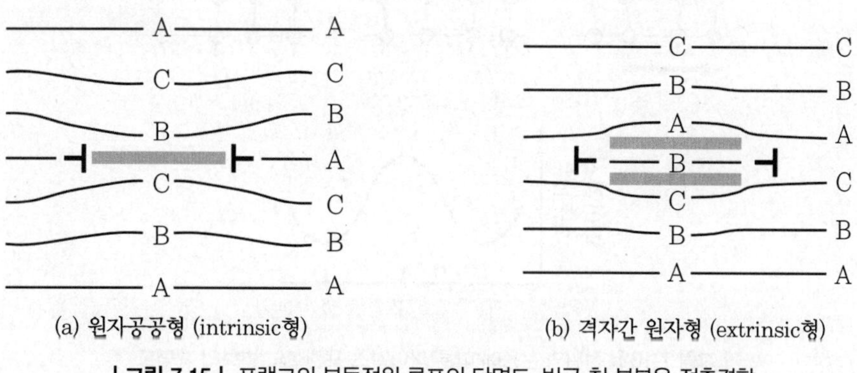

(a) 원자공공형 (intrinsic형) (b) 격자간 원자형 (extrinsic형)

| 그림 7.15 | 프랭크의 부동전위 루프의 단면도. 빗금 친 부분은 적층결함.

(또는 프랭크의 루프 Frank loop라고도 한다)는 부분전위이고 fcc결정을 급냉한 경우, 전자선이나 중성자선 조사한 경우 과도한 조사로, 원자공공이 생성된 경우, 또는 격자간원자가 집합해서 형성될 수 있다.

7-8 결정 내의 전위의 운동저항

(1) 파이얼스 응력 (Peierls stress)

결정 내에서 전위의 운동에 요하는 전단응력은 완전결정을 소성변형시키기 위해서 필요한 응력보다 훨씬 작다고 제1장에서 서론했다. 그러면, 어느정도의 응력을 가하면 전위는 운동할 수 있을 것인가?

간단히 설명하기 위해서 순물질 단결정내의 1개의 전위를 생각해보자. 이 경우는 전위의 운동에 대한 장해물은 아무것도 없다고 생각할지도 모른다. 여기서 그림 7.16의 모식도를 보자. 전단응력을 구해서 그림의 칼날전위를 슬립운동시킬 경우 최초의 (a)의 상태와 단위 슬립양 (버거스벡터의 크기 b에 동등함)만이 미끄러진 (c)의 상태에서는 전위 주위의 원자배열은

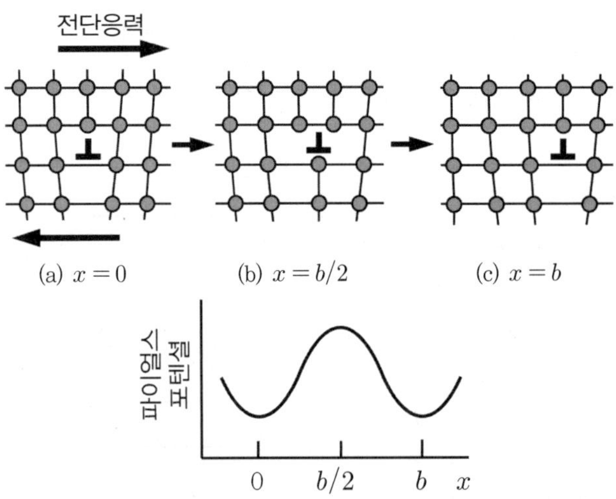

| 그림 7.16 | 전위의 운동에 따른 파이얼스 포텐셜의 변화의 개념도

무엇도 변하지 않았다. 하지만, 그 중간의 $b/2$만큼 운동한 상태 (그림의 (b))는 확실히 전위 주위의 원자배열이 (a)나 (c)와는 다르다. 전위 주위의 원자배열 차이는 전위의 포텐셜에너지의 차이라고 생각할 수 있다. 만약, (b)의 상태의 포텐셜에너지가 (a)나 (c)의 상태보다 크다면, (b)의 상태를 넘어서는데에 필요한 에너지를 외력이 공급하지 않으면, 전위는 $b/2$ 이상의 거리를 운동할 수 없다.

이와 같이 원자가 주기적으로 배열한 결정 내에서 전위가 운동할 경우 전위는 원자의 배열 주기와 동일한 주기를 갖는 포텐셜장 내에서 운동한다. 물론 (전위의 근방을 제외한), 먼곳에서는 그림 7.16의 (a), (b), (c)의 어떠한 상태에서도 제4장에서 계산한 것과 같이 탄성장은 동일 할 것이다. 따라서, 이 포텐샬장은 탄성론이 적용되지 않는 전위심 부분의 에너지 변화에 유래하고 있다는 것을 알 수 있다.

이상에서 생각한 주기적 포텐셜을 파이얼스 포텐셜 (Peierls potential)이라 부르고, 파이얼스 포텐셜을 넘는데에 필요한 전단응력을 파이얼스 응력 (Peierls stress)이라 부른다. 잘 소둔된 금속결정은 작은 응력에서 쉽게 소성변형 할 수 있지만, 세라믹이나 다이아몬드를 소성변형시키기 어려운 것을 우리는 상식으로서 알고 있다. 이것은 후자의 재료에서는 파이얼스 응력이 전자의 것보다 큰 것을 의미하고 있다.

결정학적으로 슬립면의 간격을 a, 버거스벡터의 크기를 b라고 하면, b/a의 크기가 작을수록 파이얼스 응력이 작은 것이 알려져 있다. 따라서, 통상의 슬립은 파이얼스 응력이 가장 작게 되는 최조밀원자면 (a가 큰)위에서 발생한다. 일반적으로 순금속결정의 구조는 b/a가 작아 파이얼스 응력이 작지만, 그림 7.4의 규칙합금과 같이 보다 복잡한 결정구조를 갖는 결정일수록 b/a가 크고 그 결과 파이얼스 응력이 커진다.

b/a의 크기 이외에도 파이얼스 응력의 크기를 결정하는 인자를 생각해보자. 이것을 정량적으로 평가하기 위해서는 먼저는 원자끼리 작용하는 상호작용에너지나 힘 (결합력)을 생각하지 않으면 안된다. 공유결합결정에서는 원자결합이 강한 방향성을 갖기 때문에, 전위심 원자배열의 작은 변화에도 큰 파이얼스 포텐셜의 변화가 생긴다. 또, 이온결합결정에서는 원자배열의 변화에 따른 이온 사이에 작용하는 쿨롱 힘이 크게 변화한다. 따라서, 이것들 결정의 파이얼스 포텐샬은 전위심의 원자배열의 변화에 의해서 크게 변화하기 때문에, 그 구배에서 결정되는(3.6절 참조) 파이얼스 응력은 크게 될 것이다. 한편, 금속결정에서는 자유전자의 구름내 원자끼리의 결합의 방향성은 약하기 때문에, 원자배열의 변화에 동반하는 파이얼스 포

텐셜의 변화가 작고 이 이유에 의해서도 금속결정의 파이얼스 응력은 별로 크지 않다고 생각할 수 있다.

(2) bcc결정 내의 나선전위

하지만, 금속결정에서도 예외가 있다. 그것은 bcc 결정이다. 그림 7.17(a)에 $[1\ \bar{1}\ 1]$ 방향으로부터 본 bcc의 원자배열을 나타낸다. 이 그림에서는 $(1\ 1\ 1)$면은 지면에 수직이고, 그 적층은 1층의 간격을 $(a/6)[1\ 1\ 1]$로서 $\cdots 0(b/3)(2b/3)0(b/3)(2b/3)\cdots$ 라는 3층 주기를 갖는다. 여기서는 b는 bcc의 슬립전위의 버거스벡터 $(a/2)[1\ 1\ 1]$의 크기이고, 3층 주기의 간격과 같다. 그림 7.17(b)는 $(1\ 1\ 1)$면을 지면(종이면)에 평행하게 본 것으로 $[1\ 1\ 1]$원자열은 지면에 수직이 된다.

여기서 버거스벡터가 $(a/2)[1\ 1\ 1]$이고 지면에 수직인 전위선을 갖는 나선전위를 생각해 보자. 이 나선전위는 그림 7.17(b)에서 전위의 주위에 반시계 방향으로 격자점을 이은 회로를 취하면, 회로를 한 바퀴 돌 때마다 지면에 수직방향으로 $\boldsymbol{b} = (a/2)[1\ 1\ 1]$만큼 변위하는 것을

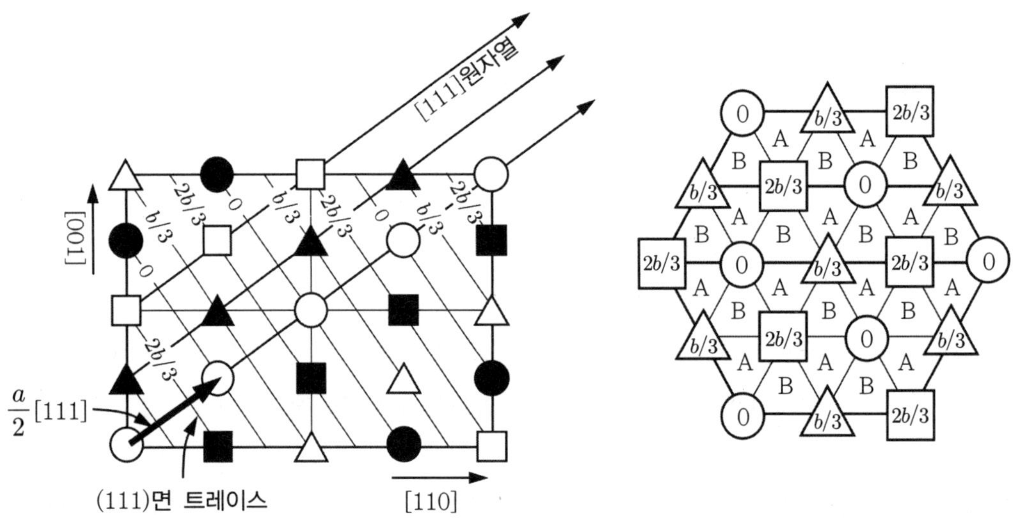

(a) (b)

| 그림 7.17 | (a) bcc의 $[1\bar{1}0]$방향으로 본 (111)면의 적층. 흰색 원자는 종이면(교재의) 위의 $(1\bar{1}0)$면. 검정색 원자는 종이면 바로 위 또는 밑의 $(1\bar{1}0)$면의 원자. (111)면 적층은 세 층의 주기를 갖고, 동그란 원자를 제1층 (0)이라 하면, 삼각형은 제2층 $(b/3)$, 사각형은 제3층 $(2b/3)$의 순으로 적층된다. (b) bcc의 (111)면의 원자 배치도. 원자위치를 나타내는 원, 삼각형, 사각형은 (a)와 대응하고 있다.

생각할 수 있다. 이 변위는 B위치 주위의 3개의 [1 1 1]원자열의 변위를 반시계 방향으로 생각한 것 (○ → △ → □ 의 순으로 $0 \rightarrow b/3 \rightarrow 2b/3$)과 같다.

따라서, 나선전위의 중심이 B의 위치에 있을 경우 그 주위의 3개의 [1 1 1]원자열의 변위는 원래의 B위치에서의 변위와 나선전위에 의한 변위를 더한 것이 되고, 반시계방향으로

$$
\begin{aligned}
&(\bigcirc+\bigcirc) \rightarrow (\triangle + \triangle) \rightarrow (\square + \square) \\
&= (0+0) \rightarrow (b/3 + b/3) \rightarrow (2b/3 + 2b/3) \\
&= 0 \rightarrow 2b/3 \rightarrow 4b/3 = 0 \rightarrow 2b/3 \rightarrow b/3 \\
&= \bigcirc \rightarrow \square \rightarrow \triangle
\end{aligned}
$$

가 되고, 국소적으로는 A위치 주위의 3개의 [1 1 1]원자열의 변위와 같은 것이 된다 (그림 7.18(a)). 이 경우는 나선전위가 존재해도 결정의 에너지변화는 작다.

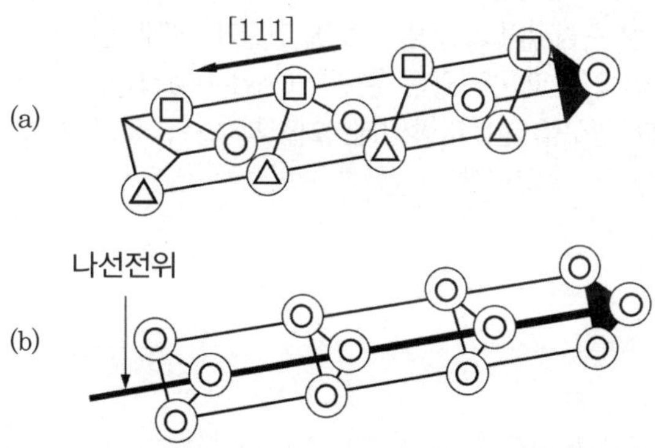

| 그림 7.18 | 그림 7.17(b)의 A위치 주위의 3개의 [1 1 1] 원자열의 배치. (b) A위치에 나선전위 ($b = (a/2)[111]$)의 중심이 있을 때 [1 1 1] 원자열의 배치.

한편, A의 위치에 나선전위의 중심이 있는 경우는

$$
\begin{aligned}
&(\bigcirc+\bigcirc) \rightarrow (\square + \triangle) \rightarrow (\triangle + \square) \\
&= (0+0) \rightarrow (2b/3 + b/3) \rightarrow (b/3 + 2b/3) \\
&= 0 \rightarrow b \rightarrow b = 0 \rightarrow 0 \rightarrow 0 \\
&= \bigcirc \rightarrow \bigcirc \rightarrow \bigcirc
\end{aligned}
$$

가 되고, 3개의 [1 1 1]원자열의 높이는 완전히 같아져버린다 (그림 7.18(b)). 이 경우는 매우 높은 에너지를 갖는다. bcc결정 내에서 나선전위가 운동하는 경우는 반드시 A위치도 관통하지 않으면 안되기 때문에, 결과적으로 나선전위의 파이얼스 응력은 항상 크게 된다.

결정의 원자위치를 같은 방식으로 기하학적으로 조사해보면 알 수 있지만, fcc나 hcp 더욱이는 같은 bcc라도 칼날전위에서는 이상의 것과 같은 상황이 생기지 않는다. 따라서, bcc결정의 나선전위의 운동에 대한 파이얼스 응력은 매우 크고, bcc 금속의 역학적 성질에 현저한 영향을 주고 있다.

하이덴라이히 · 쇼크레의 부분전위

쇼크레의 부분전위는 1948년에 R.D. Heidenreich와 W. Shockley의 공저논문으로 세상에 나왔다. 예전의 책에서는 반드시 하이덴라이히 · 쇼크레의 부분전위라고 쓰여져 있었으나, 최근에는 [쇼크레의 부분전위]라 하는 것이 보통이 되어버렸다. Shockley는 반도체분야에서 노벨물리학상 수상자이고, 유명한 탓에 그렇게 되어버린 것일까? 혹은 Heidenreich라는 이름이 부르기 어렵기 때문이었던 걸까? Heidenreich는 그 후 Al박막의 전자현미경관찰 등에서 중요한 연구를 한 사람인데, 왠지 납득이 가지 않는다.

연습문제

7.1 (a) fcc금속단결정을 $[\bar{1}\ 4\ 9]$방향으로부터 인장할 경우, 주슬립계에 대한 슈미드 인자를 구하라.

(b) 주슬립계의 완전전위가 2개의 쇼크레 부분전위로 분해하고 있는 경우, 각각의 부분전위에 대한 슈미드 인자를 구하라.

(c) 인장방향을 $[\bar{1}\ 2\ 3]$로 한 경우는 어떻게 되는가? 또, 2개의 쇼크레 부분전위에 대한 슈미드 인자의 대소관계가 확장전위의 폭을 변화시킨다고 생각할 때, 인장응력의 유무로 확장전위의 폭은 어떻게 변화하는가?

7.2 fcc의 평행한 $(1\ 1\ 1)$면의 1층마다 1개씩 쇼크레 부분전위에 의해 슬립이 발생하면, hcp구조가 만들어지는 것을 보여라.

7.3 fcc의 $b = (a/2)[1\ 1\ 0]$ 형의 나선전위에 대한 파이얼스 응력은 bcc의 $b = (a/2)[1\ 1\ 1]$ 형의 나선전위에 대한 파이얼스 응력에 비해 훨씬 작다. 이것을 7.8(2)절에서와 같이 기하학적 고찰에 의해 생각해보라.

CHAPTER

08

전위의 열활성화 운동

제7장에서 파이얼스 응력을 넘어서지 못하면 전위는 소성변형을 일으킬 수 없다는 것을 배웠다. 그러면 파이얼스 응력 이하의 응력에서 결정의 소성변형은 불가능할 것인가? 절대영도에서는 맞는 이야기라 할 수 있지만, 유한온도에서는 그렇지 않다. 유한온도에서 결정을 구성하는 각각의 원자는 격자점을 중심으로 열운동하고 있다. 따라서, 결정의 소성변형 (전위의 운동)에는 외력에 의한 일뿐만 아니라 원자의 열진동 에너지도 이용될 수 있다. 그로 인해 유한온도에서의 임계분해전단응력은 파이얼스 응력보다 작을 것으로 예상된다. 본장에서는 결정의 소성변형에 있어서 열진동 에너지의 기여를 배운다.

8-1 전위의 운동에 대한 장해물

(1) 힘–거리 곡선

파이얼스 포텐셜은 물론이거니와 순물질이 아닌 통상의 결정내에서는 이것 이외에도 전위의 운동에 대한 다양한 장해물이 있다. 일반적으로 표 1.1에서 거론했듯이 결정결함의 대부분은 이와 같은 장해물이 될 수 있다. 여기서 그림 8.1(a)와 같이, 슬립면 위에 분포하는 여러 개의 장해물이 있으며 이 중 1개의 장해물에 관여하는 전위의 길이를 L이라 하자. 전위의 운동을 방해한다는 의미에서는 이것들 장해물은 내부응력에 의한 저항력으로서 표현할 수 있다. 그림 8.1(b)는

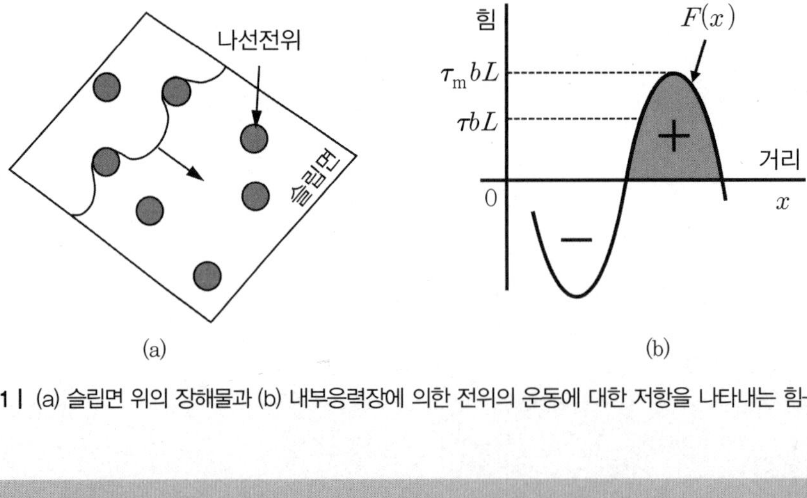

| 그림 8.1 | (a) 슬립면 위의 장해물과 (b) 내부응력장에 의한 전위의 운동에 대한 저항을 나타내는 힘–거리 곡선

전위의 운동방향 x를 가로축에 두고, 내부응력이 길이가 L인 전위부분에 작용하는 힘 $F(x)$를 세로 축으로 둔 장해물의 모식도이다.

그림 8.1(b)에서 외부전단응력 τ가 가해지고 전위가 왼쪽에서 오른쪽으로 움직이는 경우를 상정해보자. 이 경우 길이 L의 전위부분에 작용하는 외력은 피치・코힐러 식으로부터 τbL이 된다. 내부응력이 전위에 미치는 힘$F(x)$에는 장소에 따른 양과 음의 부분이 있지만, 그 중 $F(x)$가 양의 저항력을 나타낸다고 하자. 종종 $F(x)$가 음인 전위는 운동을 도움받아 단거리 이동하지만, $F(x)$가 양이 되고 그 크기가 τbL와 같아지는 위치에서 정지한다. 그림 8.1(b) 장해물의 장벽을 전위가 넘어서서 진행하기 위해서는 적어도 τ_m 이상의 외부전단응력을 가해서 길이 L의 전위부분에 $\tau_m bL$의 힘을 가해야 한다.

이상에서 $F(x)$가 양인 저항의 산을 넘어서기 위한 에너지 (빗금친 부분 면적)는 전부 외력에 의한 일로 조달된다고 가정하고 있다. 이것은 절대영도의 경우에 해당한다. 절대영도보다 높은 유한온도에서는 원자의 열진동의 에너지도 장벽을 넘는 데 이용될 수 있다. 따라서, 외부전단응력 τ_m보다 작아도 해결된다. 원자의 열진동에너지는 온도에 비례해서 커지기 때문에, 일반적으로는 온도의 상승에 따라서 재료의 항복강도나 변형강도는 감소한다.

(2) 장거리장해물과 단거리장해물

그림 8.2에서는 그림 8.1(b)와 같이 힘-거리곡선을 장거리장해물 (long-range obstacle)과 단거리장해물 (short-range obstacle)에 대해서 예시하고 있다. 장거리장해물로서는 다른 전위와의 상호작용 비교적 큰 제2상이나 게재물, 결정립계 등이 거론될 수 있다. 또, 단거리장해물로서는 파이얼스 포텐셜, 수풀전위와의 자르고 합침 (상호교차), 조그에 의한 저항, 고용원자, 미세한 석출입자 등이 있다. 실제 재료내의 전위의 운동에 대한 저항이 되는 다양한 장해물은 이와 같이 2종류로 크게 구분되고 (물론 중간적인 것도 있다), 그들이 혼합한 경우는 그림 8.2(c)와 같은 형태의 힘-거리곡선으로도 생각할 수 있다.

01 02 03 04 05 06 07 08 09 10 11 12 해답 부록

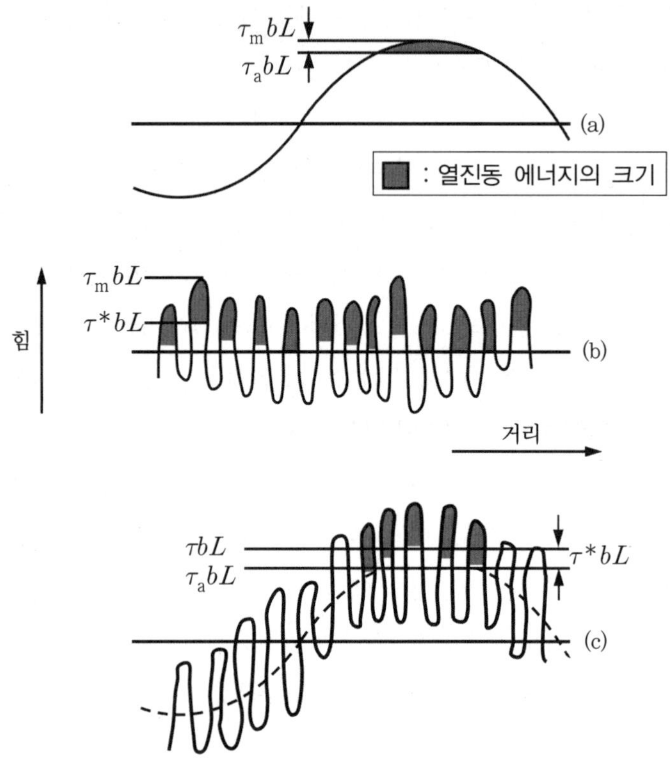

| 그림 8.2 | (a) 장거리장해물과 (b) 단거리장해물의 힘–거리 곡선 및 (c) 둘 다 공존할 경우의 힘–거리 곡선

어떤 유한온도에서 그림 8.2의 정사각형의 면적에 동등한만큼의 에너지가 1개의 장해물의 산을 넘는 과정에서 원자의 열진동에너지로부터 공급된다고 생각해보자. (a)와 같이 장거리장해물의 산의 경우, 이 면적은 산의 면적의 극히 작은 부분에 지나지 않는다. 따라서, 나머지에너지는 여전히 외력에 의해 일을 공급해야 한다. 즉, 장거리장해물의 경우는 유한온도라고 할지라도 장벽을 넘는데에 필요한 외부전단응력 τ_a는 본질적으로는 τ_m와 같다. 한편, (b)와 같이 단거리장해물의 산의 각각에서는 열진동에너지가 장벽의 면적에서 꽤나 많은 부분을 차지한다. 따라서, 외력에 의한 일은 확실히 적어도 되고, 단거리장해물의 장벽을 넘는 데에 필요한 외부전단응력 τ^*는 $\tau^* < \tau_m$이다.

이상으로부터 일반적으로 소성변형에 필요한 응력τ은 다음과 같이 표현할 수 있는 것을 알 수 있다.

$$\tau = \tau_a + \tau^*(T,\ \dot{\gamma}) \qquad (8 \cdot 1)$$

τ_a은 장거리장해물에 의한 것으로 온도에 의존하지 않는다 (엄밀히는 탄성정수의 온도의 존성으로 인해 약하게 온도에 의존한다). 이것을 비열적응력 (athermal stress)라 한다. τ^*는 단거리장해물에 의한 것으로 원자의 열진동에너지의 기여를 반영해서 온도에 강하게 의존하고 유효응력 (effective stress)이라 불린다. 다음에서 배우겠지만 τ^*는 온도만이 아니라, 변형속도 (공학전단변형속도로서 $\dot{\gamma}$라 표현하자)에도 의존하는 것이기 때문에 통상 $\tau^*(T,\ \dot{\gamma})$로 적는다.

그림 8.2(c)와 같이, 실제 재료에서는 장거리장해물의 산의 정상 부근에 단거리장해물의 산이 다수 존재하는 형태로 2종류의 장벽이 서로 겹쳐서 있을 것이다. 이 경우 (8.1)와 같이 표현한 τ^*은 다수의 단거리장해물의 장벽 (높이도 형태도 조금씩 다를 수 있다)의 각각에 대해서 유효응력의 어떠한 평균적인 값을 취한다고 생각할 수 있다.

8-2 전위의 열활성화운동의 기본과정

(1) 활성화에너지와 활성화체적

원자의 열진동 에너지의 도움을 빌려서, 전위의 단거리장해물을 넘어서서 진행하는 과정을 전위의 열활성화운동 (thermally activated motion)과정이라 부른다. 그림 8.3과 같이, 유효응력 τ^*의 작용하에서 길이 2L의 부분전위1이 크기 d^*의 단거리장해물을 열활성화에 의해 넘어서서 전위 2의 상태가 되었다고 하자. 전위 2에서 전위 3까지는 장해물이 없기 때문에 전위3까지 내밀어지는 데에는 충분한 크기의 전단응력이 작용하고 있는 경우 2→3의 전위의 운동은 쉬울 것이다. 따라서, 이 열활성화의 단위과정이 일어났을 때에 전위가 쓸어가는 면적 S_0은 전위1과 전위3에 둘러싸인 부분의 면적이 된다. 한편, 운동전위의 밀도를 ρ라 한다면 그림 8.3과 같이 열활성과정이 발생해 얻을 수 있는 (운동전위의) 단위체적당 수는 N_0은 $N_0 \approx \dfrac{\rho}{L}$로 되고, 1회의 열활성화가 이들 전영역에서 발생했을 경우 생기는 소성 공학전단변형률 γ은

(1.3)에 의해

$$\gamma = N_0 b S_0 \tag{8.2}$$

로 표현할 수 있다.

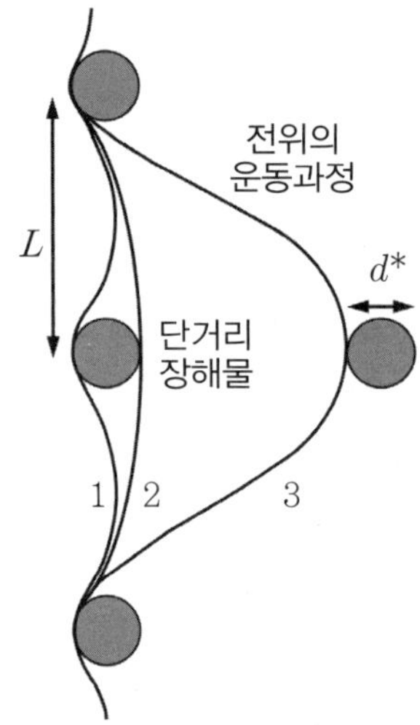

| 그림 8.3 | 전위의 열활성화 운동의 기본 단위 과정

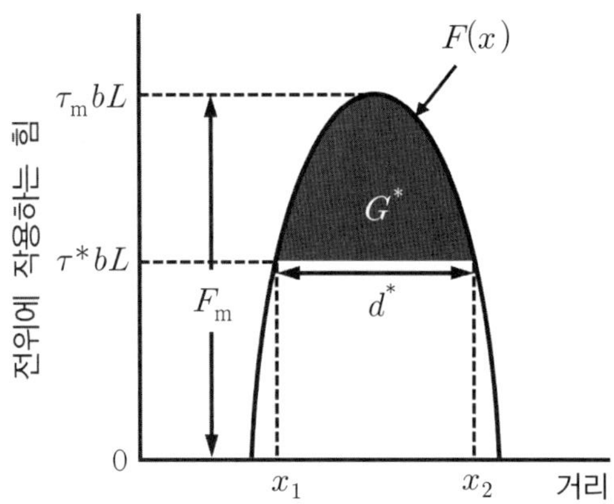

| 그림 8.4 | 단거리 장해물의 힘–거리 곡선

그림 8.4는 그림 8.2(c)의 단거리장해물 1개의 평균적인 산을 나타낸 것이다. 이 산의 형태를 $F(x)$, 높이를 F_m라 표현한다. 유효응력 τ^*가 부가된 경우, 그림의 빗금부분의 면적 G^*에

상당하는 에너지가 원자의 열진동에너지에 의해 주어진다면 전위는 이 장해물을 넘어설 수 있다. 그림에 의해,

$$G^* = \int_{x_1}^{x_2} \{F(x) - \tau^* bL\} dx = \Delta G - \tau^* v^* \quad \textbf{(8.3)}$$

가 된다. 다만, $\Delta G \equiv \int_{x_1}^{x_2} F(x)dx$, $v^* \equiv bLd^*$로 두었다. 이 G^*을 활성화에너지 (activation energy)라 한다. v^*는 활성화체적 (activation volume)이라 불리고, 물리적으로는 그림 8.3의 전위1과 전위2로 둘러싸인 부분의 면적 (Ld^* 정도로, 활성화면적 activation area라 불린다)에 전위의 버거스벡터의 크기를 곱한 것이다. d^*을 활성화거리 (activation distance)라 부른다.

이상에서는 암묵적으로 일정온도, 일정유효응력 τ^*의 하에서 일어나는 열활성화 과정을 고려하고 있다. 따라서, 여기에서의 활성화에너지 G^*란 열역학적으로는 깁스에너지라고 간주해야하는 것이다 (3.3절 참조).

(2) 유효응력의 온도와 변형속도의존성

원자의 열진동수를 $v_D(10^{12} \sim 10^{13} s^{-1}$ 정도의 크기로 생각한다)로 두면, 길이 L의 전위 절편의 진동수 v는 현의 진동과의 닮음로부터 $v = v_D(b/L)$ 정도가 된다. 따라서, 활성화 에너지가 G^*인 경우 단위시간당 이 열활성화과정이 일어나는 빈도 p는 ν에 볼츠만 인자 $\exp(-G^*/kT)$를 곱하는 것에 의해

$$p = \nu \exp(-G^*/kT) = \nu_D(b/L)\exp(-G^*/kT) \quad \textbf{(8.4)}$$

표현할 수 있다. 여기서는 k는 볼츠만 정수, T는 온도이다. (8.2), (8.4)에 의해 변형률 속도 $\dot{\gamma}(\equiv d\gamma/dt)$는

$$\dot{\gamma} = N_0 bS_0 p = N_0 bS_0 \nu_D(b/L)\exp(-G^*/kT) \quad \textbf{(8.5)}$$

가 된다.

그림 8.4와 같이 장해물의 산$F(x)$을 간단히 표현하기 위해 폭 d^*, 높이$\tau_m bL(=F_m)$의 네모로 근사하면, (8.3)은

$$G^* = \int_{x_1}^{x_2} \{F(x) - \tau^* bL\} dx = \tau_m bLd^* - \tau^* bLd^*$$

$$= \tau_m bLd^* \left(1 - \frac{\tau^*}{\tau_m}\right) = \Delta G \left(1 - \frac{\tau^*}{\tau_m}\right) \qquad \textbf{(8.6)}$$

가 된다. 여기서, τ_m는 절대영도에서의 임계분해전단응력을 ΔG는 $F(x)$와 x축으로 둘러싸인 부분의 면적(외력이 0인 경우의 활성화에너지)을 의미한다. 장해물의 산이 사각형이 아닌 좀 더 일반적인 경우를

$$G^* = \Delta G \left\{1 - \left(\frac{\tau^*}{\tau_m}\right)^p\right\}^q \quad (0 \le p \le 1,\ 1 \le q \le 2) \qquad \textbf{(8.7)}$$

와 같이 표현해보자. 어쨌든 G^*는 유효응력 τ^*의 감소함수일 것이다. 더욱이 G^*를 kT단위로 하여

$$G^* = mkT \ \ (m : \text{비례정수}) \qquad \textbf{(8.8)}$$

와 같이 표현하자. 극저온을 제외하면 원자의 열진동에너지는 온도에 비례하는 것이기 때문에 이 표현은 합리적이다. 여기서 m의 값은 단거리장해물의 종류에 의해 다르지만, 실험에 의하면 장해물이 고용원자인 경우는 $m \approx 20 \sim 25$ 정도이고, 파이얼스 응력장의 경우 $m \approx 26$ 정도라 보고되고 있다.

(8・7), (8・8)에 의해, 유효응력 τ^*와 온도 T의 관계식이 얻어질 수 있다.

$$\tau^* = \tau_m \{1 - (mkT/\Delta G)^{1/q}\}^{1/p} \qquad \textbf{(8・9)}$$

이 관계식은 유효응력의 온도의존성을 표현하는 것으로 온도상승에 동반하는 유효응력은 확실히 감소하고 있는 것을 알 수 있다. 또, 실험결과로부터 p나 q를 어림잡아서 단거리장해물의 종류 등을 고찰하는 것도 가능하다.

(8・5)이 성립한다면, 일정 온도에서 변형률 속도 $\dot{\gamma}$를 상승시키는 경우 우변의 다른 인자는 변하지 않기 때문에 G^*가 감소할 것이다. 한편, G^*는 τ^*의 감소함수이기 때문에 G^*의 감소는 τ^*의 증가를 초래한다.

이것을 고려해서 임계분해전단응력 τ_y의 온도, 변형속도 의존성을 모식적으로 표시한 것

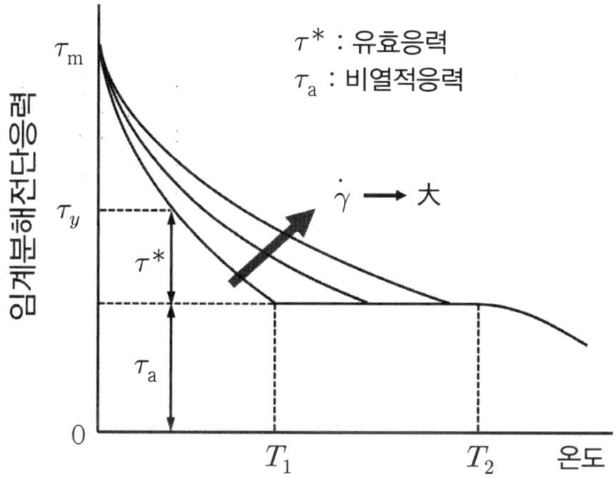

| 그림 8.5 | 임계분해전단응력의 온도 및 변형률 속도 의존성을 나타낸 모식도

이 그림 8.5이다. 이것을 보면, 변형속도로 결정되는 어떤 온도 T_1 이상에서 유효응력 τ^*이 0이 되지만, 이것은 (8 · 9)에서 $\Delta G = mkT$의 상황이 만족되었기 때문이다.

앞서 서술한 바와 같이, 비열적응력 τ_a의 약한 온도의존성은 탄성정수(강성률)의 온도 의존에 의한 것이지만, T_2 이상의 온도에서 τ_a가 현저히 감소하는 것은 원자의 확산이 중요해지는 고온변형 (절대온도에서 측정한 융점의 절반 정도 이상의 온도에서의 변형)의 영역에 들어갔기 때문으로, 이 경우는 여기에서 했던 열활성화과정의 논의와는 다른 논의가 필요하다.

8-3 활성화엔트로피와 활성화엔탈피

위에서 서술한 바와 같이, 활성화에너지 G^*는 깁스에너지의 일종이기 때문에 3.3절에 의해 독립변수는 온도와 응력 (여기서는 유효응력)이다. 이것을 $G^*(T,\ \tau^*)$로 표시한다. 이것을 전미분 취하면,

$$G^*(T,\ \tau^*) = \left(\frac{\partial G^*}{\partial T}\right)_{\tau^*} dT - \left(\frac{\partial G^*}{\partial \tau^*}\right)_T d\tau^*$$

$$\equiv -S^*(T)dT - v^*(\tau^*)d\tau^* \qquad (8 \cdot 10)$$

로 된다. 열역학적으로 이 식에서 활성화엔트로피 (activation entropy) $S^*(T)$나 활성화체적 $v^*(\tau^*)$이 정의된다. (8・5)를 지수항의 앞의 인자를 $\dot{\gamma}_0$로 두고 식을 다시 쓰면,

$$G^* = -kT\ln(\dot{\gamma}/\dot{\gamma}_0) \text{ 또는 } -k\ln(\dot{\gamma}/\dot{\gamma}_0) = \frac{G^*}{T} \tag{8・11}$$

가 된다. 이것과 식(8・1) 및 (8・10)의 활성화체적의 정의로부터 다음 식을 얻을 수 있다.

$$v^* \equiv -\left(\frac{\partial G^*}{\partial \tau^*}\right)_T = kT\left\{\frac{\partial \ln(\dot{\gamma}/\dot{\gamma}_0)}{\partial \tau^*}\right\}_T = kT\left\{\frac{\partial \ln(\dot{\gamma}/\dot{\gamma}_0)}{\partial \tau}\right\}_T \tag{8・12}$$

더욱이, (8・11)의 양변을 $1/T$로 편미분해서 다음식을 얻을 수 있다.

$$-k\left\{\frac{\partial \ln(\dot{\gamma}/\dot{\gamma}_0)}{\partial(1/T)}\right\}_{\tau^*} = G^* + \frac{1}{T}\left\{\frac{\partial G^*}{\partial(1/T)}\right\}_{\tau^*} \tag{8・13}$$

한편,

$$\left\{\frac{\partial G^*}{\partial(1/T)}\right\}_{\tau^*} = -T^2\left(\frac{\partial G^*}{\partial T}\right)_{\tau^*} \equiv T^2 S^*$$

이기 때문에, (8・13)은

$$-k\left\{\frac{\partial \ln(\dot{\gamma}/\dot{\gamma}_0)}{\partial(1/T)}\right\}_{\tau^*} = G^* + TS^* \equiv H^* \tag{8・14}$$

가 된다. 여기서 깁스에너지의 ($G \equiv H - TS$, H : 엔탈피)정의를 사용했다. (8・14)의 H^*는 활성화엔탈피(activation enthalpy)로 불린다. 더욱이 (8・1)에서 비열적응력 τ_a은 온도에 거의 의존하지 않는다고 생각한다면, (8・13), (8・14)에서 τ^*를 일정하다고 둔 편미분을 τ를 일정하다고 둔 편미분으로 생각해도 상관없다.

8-4 전위의 열활성화 운동과정의 물리량을 실험적으로 구하는 방법

온도와 변형속도가 일정한 인장시험을 생각해보자. 이 시험 중에 그림 8.6(a)과 같이 변형률 속도를 $\dot{\gamma}_1$에서 $\dot{\gamma}_2$까지 급변시키면, 변형응력이 τ_1에서 τ_2로 급변한다고 하자. (8・12)와 이 실험으로부터 열활성화체적이 다음과 같이 구해진다.

$$v^* = \frac{kT\ln(\dot{\gamma}_2/\dot{\gamma}_1)}{\tau_2 - \tau_1} \qquad (8 \cdot 15)$$

같은 방식으로 생각하여, 고온변형에서의 크립 시험과 같은 응력이 일정한 변형시험이 가능한 경우에는 변형중에 시험온도를 T_1에서 T_2로 급변에 따른 변형속도의 $\dot{\gamma}_1$에서 $\dot{\gamma}_2$로의 변화를 알면 활성화엔탈피 H^*를 (8・14)을 변형시킨 다음의 식에 의해 구하는 것이 가능하다 (그림 8.6(b)).

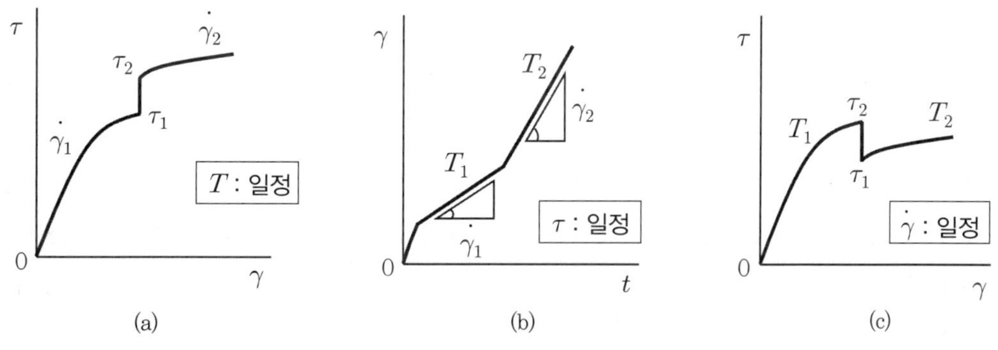

| 그림 8.6 | 소성변형의 열활성화과정에 포함되는 열역학적 인자를 구하는 실험법. (a) 온도 일정 조건하에서의 변형률 속도 급변시험, (b) 응력 일정 조건하에서의 온도 급변시험, (c) 변형률 속도 일정 조건 하에서의 온도 급변시험

$$H^* = k\left\{\frac{kT\ln(\dot{\gamma}_1/\dot{\gamma}_2)}{(1/T_2) - (1/T_1)}\right\}_{\tau} \qquad (8 \cdot 16)$$

하지만, 저온에서의 인장실험과 같이 응력 일정조건에서 소성변형의 신행이 곤란한 경우

는 (8・16)이 적용되지 않는다. 그 경우는 다음과 같이 해서 H^*를 구한다. (8・14)를 편미분의 공식을 이용해서 다시쓰면,

$$H^* = -k\left\{\frac{\partial \ln(\dot{\gamma}/\dot{\gamma}_0)}{\partial(1/T)}\right\}_\tau = kT^2\left\{\frac{\partial \ln(\dot{\gamma}/\dot{\gamma}_0)}{\partial T}\right\}_\tau$$

$$= -kT^2\left\{\frac{\partial \ln(\dot{\gamma}/\dot{\gamma}_0)}{\partial \tau}\right\}_T\left(\frac{\partial \tau}{\partial T}\right)_{\dot{\gamma}} = -Tv^*\left(\frac{\partial \tau}{\partial T}\right)_{\dot{\gamma}} \qquad \textbf{(8・17)}$$

로 된다. 여기서, v^*는 (8・15)로 구해진다. 그리고 변형속도가 일정한 변형시험중에 시험온도를 T_1에서 T_2로 급변시켜, 그 경우의 변형응력 τ_1에서 τ_2로의 변화를 구하면, (8・17)에서

$$H^* = -Tv^*\frac{\tau_2 - \tau_1}{T_2 - T_1} \qquad \textbf{(8・18)}$$

를 얻는 것이 가능하다 (그림 8.6(c)). 실험적으로 우변의 T에는 T_1과 T_2의 중간온도를 취하는 것이 좋을 것이다.

여기서 한가지 주의를 해두자. 실험적으로는 (8・16)이나 (8・18)을 이용해서 얻은 에너지를 종종 활성화에너지라든지 겉보기의 활성화에너지로 칭해버리는 경우가 있다. 이것은 관례로서는 상관없을 지 모르겠지만, 위에서 쓴 바와 같이 열역학적으로는 활성화 엔탈피라고 알아두자.

엄밀한 활성화에너지 G^*를 구하는 것은 쉽지 않지만, 만약 열활성화엔트로피 S^*가 강성률 μ의 온도의존성에만 유래한다고 가정을 두면, 아래와 같이 얻을 수 있다. 이 가정과 (8・3)을 사용하면,

$$S^* \equiv -\left(\frac{\partial G^*}{\partial T}\right)_{\tau^*} = -\left(\frac{\partial \Delta G}{\partial T}\right)_{\tau^*} = -\left(\frac{\partial \Delta G}{\partial \mu}\right)\left(\frac{\partial \mu}{\partial T}\right) \qquad \textbf{(8・19)}$$

로 쓸 수 있다. 여기서, ΔG와 $F(x)$에 의존하지만, $F(x)$는 어떠한 저항력을 나타내고 뒷장 (예를 들어 식(11.9))에서 설명하듯이, μ에 비례한다고 생각하는 것이 가장 합리적이다. 여기서는 ΔG도 μ에 비례한다고 생각해도 좋고, (8・19)는 다음과 같이 쓸 수 있다.

$$S^* = -\frac{\Delta G}{\mu}\left(\frac{\partial \mu}{\partial T}\right) \tag{8 · 20}$$

이것과 (8 · 3)에 의해

$$G^* \equiv H^* - TS^* = H^* + T\frac{\Delta G}{\mu}\left(\frac{\partial \mu}{\partial T}\right) = H^* + T\left(\frac{G^* + \tau v^*}{\mu}\right)\left(\frac{\partial \mu}{\partial T}\right)$$

을 얻을 수 있고, 이것을 변형시키면,

$$G^* = \frac{H^* + \dfrac{T\tau v^*}{\mu}\left(\dfrac{\partial \mu}{\partial T}\right)}{1 - \dfrac{T}{\mu}\left(\dfrac{\partial \mu}{\partial T}\right)} \tag{8 · 21}$$

로 얻을 수 있다. 이상과 같이 S^*이 $F(x)$의 온도의존성에 유래하는 경우에는 (8 · 21)은 합리적인 식이다.[3)]

파이얼스 응력

R. Peierls에 의한 파이얼스 응력에 관한 논문은 1940년에 발표되었다. 이것은 E. Orowan의 의뢰에 의한 계산결과였다. 최초에는 이 논문이 전위론의 역사에 남을 것이라고는 Peierls 본인도 생각지 못했던 듯하다. 후에 그는 [Orowan도 공저자가 되어야 됐다고]고 회고하였다. 그 후, 1947년의 F.R.N. Nabarro의 논문에서 Peierls의 논문의 계산미스가 지적되었다. 그리하여 파이얼스 응력은 파이얼스–나바로 응력이라고도 불리어지게 되었다. 하지만, Nabarro자신은 [이것은 파이얼스–오로완 응력]이라고 불러야 한다고 말하였다.

3) (8 · 8)로부터 $S^* = -\partial G^*/\partial T = -mk$ 등으로 오해해서는 안된다. (8 · 8)은 어디까지나 G^*를 kT의 난위로서 표현할 것에 지나지 않는다.

연습문제

8.1 (8.3)에서 정의한 활성화체적 v^*과 (8.10)에서 정의한 $v^*(\tau^*)$이 같은 것임을 보여라.

8.2 어떤 fcc 고용체금속의 단결정을 이용해서 실온 (300K)에서 인장시험을 하였을 때, 다음과 같은 실험데이터를 얻었다. 아래의 질문에 답하라. 단, 비열적응력의 크기는 무시할 수 있다.

(a) 소성변형 중에 변형률 속도를 $2\times10^{-4}s^{-1}$에서 $2\times10^{-3}s^{-1}$로 급변시켰을 때, 변형의 전단응력이 4.0MPa에서 4.4MPa로 변하였다. 이 결과로부터 변형의 열활성화체적 v^*를 m^3 및 b^3를 단위로 구하라. 단, 버거스벡터의 크기는 $b=0.25nm$이다.

(b) 다음으로 변형률 속도를 으로 유지한 채로 온도를 300K에서 350K로 급변시켰을 때, 변형의 전단응력이 4.0MPa에서 3.3MPa로 변하였다. 이 결과로부터 변형의 활성화엔탈피 H^*를 J(줄)의 단위로 구하라.

(c) 이 단결정의 강성률의 온도에 따른 변화는

$$\mu = 4.5\times10^4[1-(T-300)\times3.5\times10^{-4}]\,\mathrm{MPa}$$

인 것이 알려져 있다. 이 경우, 300K에 있어서 변형의 활성화에너지 G^*를 J(줄)의 단위로 구하라.

(d) 위에서 얻은 H^*와 G^*의 크기는 어느정도 다른가?

(e) (8・8)과 같이, $G^*=mkT$로 둔 경우의 계수 m의 값은 얼마인가? 단, 온도는 300K이다.

CHAPTER

09

소성변형의 전위론

재료의 항복강도, 가공경화, 인장강도, 파단까지의 길이 등을 이미 알고 있는 상태에서 재료강도설계를 하는 경우, 굳이 전위의 개념까지 되돌아와 논의할 필요는 없을 것이다. 하지만, 전위론의 궁극적인 목적이 재료의 소성변형거동을 이해하는 것에 있다고 생각하는 사람도 많다. 상세한 이야기는 타서에 양도하고, 본서에서는 순물질에 이야기를 한정하여, 소성변형을 전위론의 입장으로부터 생각하는 경우에 대한 기초적사항을 서술한다.

9-1 완전결정의 이상강도

전위를 포함하지 않는 완전결정 (perfect crystal)을 외부전단응력에 의해 슬립변형시키는 경우, 그림 9.1과 같이 A원자열에 대해서 B원자열을 포텐셜에너지의 안정한 위치로부터 불안정한 위치를 지나 다시 안정한 위치로 이동시킬 필요가 있다. 여기에서는 완전결정에서 원자열이 일제히 이동하는 것을 생각하고 있기 때문에, 이 포텐샬에너지의 변동은 그림 7.16의 전위를 포함하는 경우의 파이얼스 포텐셜의 변동보다도 훨씬 클 것이다. 한편, 단위 슬립량을 b라하면, 이 포텐샬에너지의 변동주기는 그림 7.16과 같이 b일 것이다. 포텐샬에너지의 미분에 의해 식 (3・20)에서 정의할 수 있는 힘의 역방향 힘이 포텐셜을 넘어서는데에 필요한 힘이 된다. 이 힘은 외부응력 τ에 비례하기 때문에, τ도 주기 b의 함수가 된다. 이것을 단순한 사인함수로 기술하면, B원자열을 A원자열에 대해서 상대적으로 x만큼 변위시키기 위해서 필요한 응력 τ는 어떤 정수 τ_m를 이용해서

$$\tau = \tau_m \sin\left(\frac{2\pi x}{b}\right) \tag{9・1}$$

로 쓸 수 있다. 이 경우, τ의 최대치 τ_m가 완전결정에 소성변형을 발생시키기 위해서 필요한 응력, 즉 완전결정의 이상강도 (ideal strength)이다.

x가 b에 비해서 작을 경우에는 완전결정은 탄성적으로 변형하고, 응력-변형률 관계는 공학탄성전단변형률 $\gamma = x/a$(a : A원자열과 B원자열의 간격)과 강성율 μ를 이용해서, 후크의 법칙에 의해 $\tau = \mu(x/a)$로 쓸 수 있을 것이다.

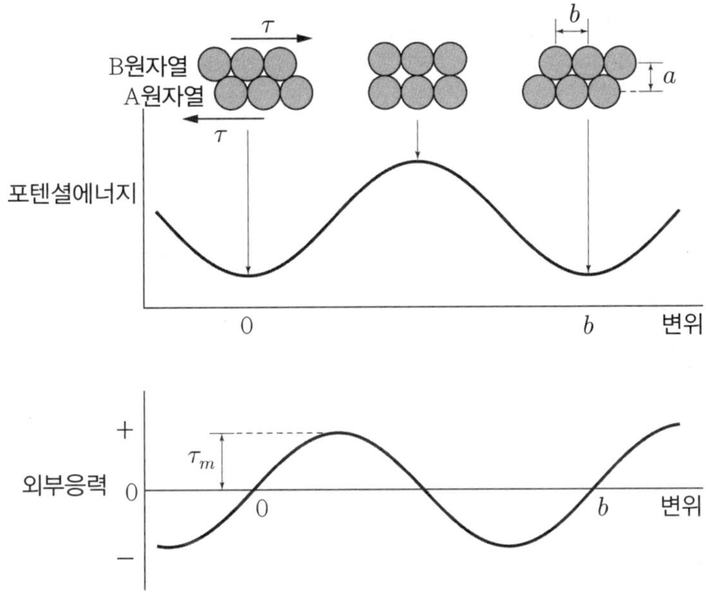

| 그림 9.1 | 완전결정의 슬립 변형에 따른 결정의 포텐셜에너지와 필요한 외부응력의 변화

이것과 (9・1)이 $x \lll b$의 경우 $\tau = \tau_m \sin\frac{2\pi x}{b} \approx \tau_m \frac{2\pi x}{b}$가 되는 것으로부터, 완전결정의 이상강도로서는 $\tau_m = \frac{b}{2\pi}\frac{\mu}{a}$를 얻을 수 있다. $a \approx b$라 하면, τ_m는 약 $\mu/10$정도의 단위 (order)가 되지만, 이 값은 실제의 결정 (고순도의 금속단결정)에서의 임계분해전단응력 (CRSS)의 실제값의 $10^4 \sim 10^5$배보다도 크다. 이미 배웠듯이 이 모순은 전위의 개념을 도입하지 않고서는 설명되지 않는다.

9-2 단결정의 항복

(1) 항복강도 구하는 법

결정 그 자체의 소성변형거동을 조사하기 위해서는 결정립계를 포함하지 않고, 1개의 결정이 이루는 단결정 (single crystal)을 대상으로 한 연구가 필요해진다. 그림 9.2는 단결정의 항복시 보여지는 다양한 응력-변형률 곡선의 모식도다. (a)와 같이 탄성변형과 소성변형이 명료하게 식별되는 경우는 항복응력을 쉽게 결정할 수 있지만, (b), (c)와 같이 항복응력을 결정하는 것이 곤란한 경우는 (b)에서는 하항복점 (lower yield point)에서의 응력을, (c)에서는 A점의 응력이나, 소성변형률 0.2%에서의 B점의 응력 (0.2% 내력, 0.2% proof stress)을 편의상의 항복응력으로 생각하는 것이 일반적이다. 또, (d)는 쌍정변형에 의한 항복이 일어나는 경우로, 이 경우는 항복직후에 그림과 같이 응력의 저하를 동반하는 경우가 있다. 쌍정변형에 의한 항복은 특수한 경우로, 어떠한 이유에서 전위의 슬립운동이 곤란한 경우에 한해서 나타난다. 더욱이 그림 9.2에서 세로축이 분해전단응력, 가로축이 전단변형이라면, 항복응력을 임계분해전단응력으로 생각해도 좋다.

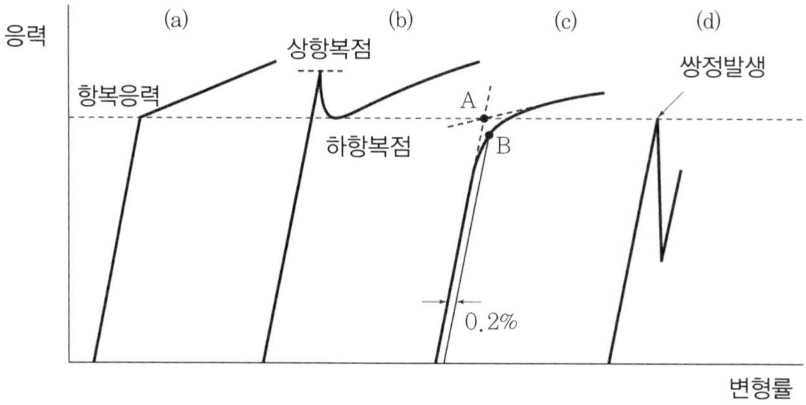

| 그림 9.2 | 단결정의 응력-변형률 곡선의 대표적인 예시

(2) 이동도 율속과 증식 율속

여기서, 그림 9.2의 (b)와 (c)의 항복하는 모습의 차이를 생각해보자. (b)와 같이 상항복점(upper yield point)과 하항복점을 갖는 이른바 항복점현상 (yield point phenomenon)이 나타나는 대표적인 금속결정은 bcc금속결정이다. 또, (c)는 fcc나 hcp금속결정에서 자주 관찰되는 항복의 형태다.

식(1・2)의 양변을 시간 t로 미분하는 것에 의해, 결정의 소성변형률속도 $\dot{\gamma}(=d\gamma/dt$, t는 시간)는 버거스벡터의 크기가 b인 전위의 평균이동속도 v를 이용해서

$$\dot{\gamma}=\rho bv \tag{9・2}$$

라고 쓸 수 있다. 통상의 인장시험은 $\dot{\gamma}$일정의 조건하에서 실시하기 때문에, 주어진 $\dot{\gamma}$에서는 ρ 또는 v 중에서 어느 쪽이 본질적인 역할을 하는 가에 의해 변형을 율속하는 인자가 결정된다. 이것을 기초로해서 두 종류의 경우를 생각해보자.

(i) ρ가 크고, v가 작은 경우 (전위의 이동도율속 mobility control)

(ii) ρ가 작고, v가 큰 경우 (전위의 증식율속 multiplication control)

bcc금속에서는 적층결함에너지가 크기 때문에 교차슬립은 쉽고, 그림 7.12와 같이 이중교차슬립에 의한 전위원의 발생과 활동도 쉽게 일어난다. 따라서, ρ는 충분한 크기를 갖는다고 생각할 수 있다. 한편, 제7장에서 배웠듯이, bcc 금속의 유한온도에서의 변형은 나선전위의 운동에 대한 파이얼스 응력이 크고, 전위는 1개 1개의 파이얼스 포텐셜을 열활성화과정에 의해 극복해나가면서 운동하기 때문에 v는 본질적으로 작다. 이렇게, bcc 금속에서는 (i)의 상황이 일어난다.

한편, fcc나 hcp 순금속에서는 단거리장해물로서의 파이얼스 응력이 작기 때문에, 전위는 장거리장해물에 만날때까지는 자유운동을 한다. 자유운동 중 전위의 속도 v는 크고, $1m/s$ 이상에도 달한다. 하지만, 이 금속에서는 적층결함에너지가 bcc금속에 비해서 작기 때문에 전위는 크게 확장하고, 교차슬립은 곤란하다. 거기서 새로운 전위원의 발생은 곤란하고, 일단 전위의 퇴적 등에 의해 전위원의 활동이 정지하면, 운동전위밀도 ρ는 작아진다. 이렇게, fcc나 hcp 금속에서는 (ii)의 상황이 발생한다.

(3) 존스톤길먼의 항복이론

그림 9.2(b)와 같이 bcc금속에서 대표되는 이동도율속의 항복거동을 존스톤길먼 (Johnston-Gilman)류의 항복이론에 의해 생각해보자. 전위의 에치 핏 (etch pit, 전위가 표면에 나타나고 있는 부분이 다른 곳보다 우선적으로 부식되기 때문에 생기는 구멍으로, 전위의 위치가 나타나는 마크 (Mark)가 된다) 관찰에 의한 실험결과에 의하면, 전위의 운동속도 v와 응력 (전단응력) τ의 사이에는 일반적으로 다음 식이 성립한다.

$$v \propto \tau^m \tag{9・3}$$

여기서 지수 m의 값은 결정에 의해 다르고, 반도체결정에서 1~2정도, LiF에서 25정도, Fe-Si 에서 40정도이다. 어느쪽이든 v는 의 τ증가함수이다.

우선, 처음에 어떠한 이유에서 전위가 고착되어 움직이기 어렵게 되었다고 가정해보자. $\dot{\gamma}$ 일정에서 응력을 가하면, 그림 9.2(b)의 상항복점에 달한 곳에서 전위원의 활동에 의한 급격한 운동전위밀도 ρ의 증가가 일어난다. 이 경우, (9・2)가 성립하기 위해서는 v의 감소가 일어나야 한다. (9・3)에 의해 v의 감소는 τ의 저하를 초래한다. 이것이 상항복점 후의 변형응력이 감소하는 이유이다. 하항복점에 달한 후에서는, 증식한 전위사이의 상호작용 (전위가 서로 운동하는 것을 방해하는 효과)이 커지고, 본질적으로는 운동전위밀도가 감소하기 때문에 변형률 증가와 함께 다시 변형응력이 증가한다.

이상과 같은 존스톤길먼 방식에 의하면, 소성변형전의 전위의 고착이 클수록 상항복점후의 변형응력의 저하량이 크다는 것이 예상된다. 이것이 타당하다는 것은 (5・28)의 상호작용을 통해 전위가 고착하는 효과가 큰 탄소나 질소 등의 고용원자를 철에 첨가해서, 응력-변형률 관계의 변화를 조사한 실험으로부터도 확인되고 있다 (연습문제 [9.1] 참조).

(4) 임계분해전단응력의 온도와 변형률속도 의존성

극저온과 실온부근에서 CRSS의 비는 fcc나 hcp의 순금속에서는 2배 정도에 지나지 않는다. 그런데, bcc금속에서는 온도의 저하와 함께 항복응력은 현저히 크게 되고, 저온영역에서는 실온에서의 값의 10배 이상 달하게 된다. 이미 7.8절과 8장에서 서술했듯이, 이 차이는 단거리장해물로서의 파이얼스 응력의 차이에 의한다.

그림 8.5에서 0 K에서의 CRSS인 τ_m는 변형률속도에 의존하지 않지만, 이것은 절대영도에

서의 열활성화과정이 일어날 수 없는 것으로부터 당연한 결과다. 그리고 순물질의 경우, 이 τ_m가 파이얼스 응력에 상당한다. 다만, 절대영도부근에서는 소성변형에도 양자효과가 나타나기 때문에, CRSS의 온도의존성이 달라지는 경우가 있다.

9-3 단결정의 소성변형

(1) 응력 – 변형률 곡선

항복후 전위의 슬립운동에 의해 소성변형이 진행해서 가는 경우 단결정의 전형적인 응력-변형률 곡선 (가공경화곡선이라 한다)은 그림 9.3에 나타나듯이, 세 단계로 나누어진다. 스테이지1은 항복 후의 가공경화율 (work hardening rate, 응력-변형률 곡선의 구배)이 작은 영역으로, 용이 슬립 (easy glide)영역이라고도 불린다. 스테이지 2는 소성변형 중 가장 큰 가공경화율을 나타내는 영역으로 직선경화 (linear hardening)영역이라고도 불린다. 스테이지3은 가공경화율이 감소하는 영역이고, 포물선 경화 (parabolic hardening)영역이라고도 불린다.

그림 9.3의 응력-변형률 곡선은 fcc 금속에서 가장 대표적인 것이지만, hcp 금속 (스테이지1이 극도로 길어진다)이나 bcc 금속 (비교적 고온에서의 변형)에서도 같은 형상을 나타내는 경우가 있기 때문에, 결정구조에 의존하지 않는 단결정에서의 본질적인 곡선이라고 생각해도 좋다.

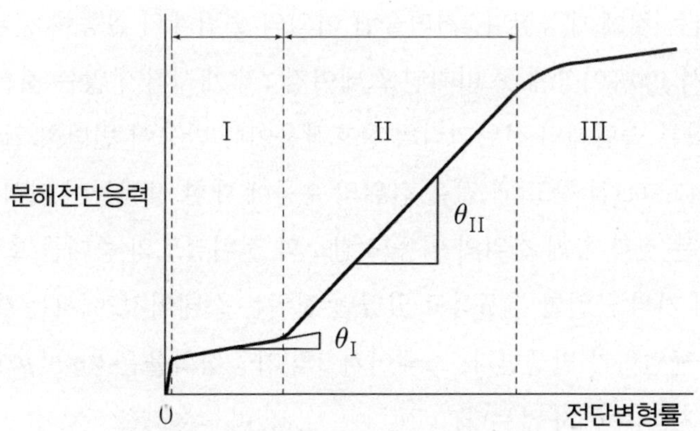

| 그림 9.3 | 단결정의 전형적인 가공경화 곡선

(2) 각 스테이지의 특징

그림 7.3의 표준삼각형의 중심부근과 같은 비대칭방위에서 인장시험을 하면, 스테이지 1의 개시는 주슬립계 (primary slip system)의 전위의 운동에 의해 일어난다. 이 단계에서는 전위는 원래 존재하는 수풀전위 (forest dislocation) 이외의 장해물과 그다지 만나는 것 없이 장거리운동을 일으킨다. 그 때문에, 스테이지1의 가공경화율 θ_I은 작고, $10^{-3}\mu$(μ : 강성율) 이하이다. 이 작은 가공경화율은 평행한 슬립면 위에서의 전위사이의 탄성적인 상호작용 (5.3절 참조)으로부터 설명되고 있다. 거리 d만큼 떨어진 평행한 슬립면 위에서 2개의 직선칼날전위를 서로 엇갈리게 하기 위해서 필요한 힘은 식(5・18)에서 주어지는 힘의 최대치이기 때문에 전위선의 단위길이당

$$f_{\max} = \frac{\mu b^2}{8\pi(1-\nu)d} \tag{9・4}$$

로 구하는 것이 가능하다. 한편, 소성변형의 진행과 함께 전위는 증식기구에 의해 그 밀도를 증가시키기 때문에, 운동전위가 놓여있는 평행한 활동 주슬립면의 평균간격은 소성변형량의 증대에 따라서 감소한다. 이것은 식(9・4)에서 d의 감소를 의미하는 것이기 때문에, $\tau b = f_{\max}$에서 얻을 수 있는 외부응력 τ을 크게할 필요가 있는 것을 알 수 있다.

단결정의 인장변형시에는 그림 9.4에 나타내는 것과 같이 슬립변형에 따른 결정의 회전이 일어나기 때문에, 스테이지1에서의 인장변형량이 증가하면 2차슬립계의 슈미트 인자가 서서히 커지기 때문에 주슬립계에 더해서 2차 슬립계도 활동하게 된다. 단계가 스테이지1에서 스테이지2로 이동하는 것에 대응한다. 저면슬립 이외의 슬립계의 활동이 곤란한 hcp금속에서는 전단변형량에서 100%이상에 못 미치면 스테이지 2가 개시하지 않는 것은 이 때문이다. 스테이지 2에서는 다른 슬립계의 전위끼리의 상호작용이나 반응이 빈번히 일어나기 때문에 로머・코트렐 고착 (7.7(1)절 참고)과 같은 전위의 운동에 대한 장해물이 서서히 형성되어 전위의 퇴적이 일어나는 것과 함께 전위의 이동도 감소와 전위밀도의 증대를 초래한다. 스테이지 1에서 결정내에서 거의 균일한 분포하고 있었던 전위는 스테이지2에서는 셀 (cell) 조직을 형성해서 분포의 불균일화가 발생한다. 스테이지 2의 가공경화율은 $\theta_{II} \approx \mu/300$ 정도이고, 온도나 방위에 그다지 의존하지 않는다.

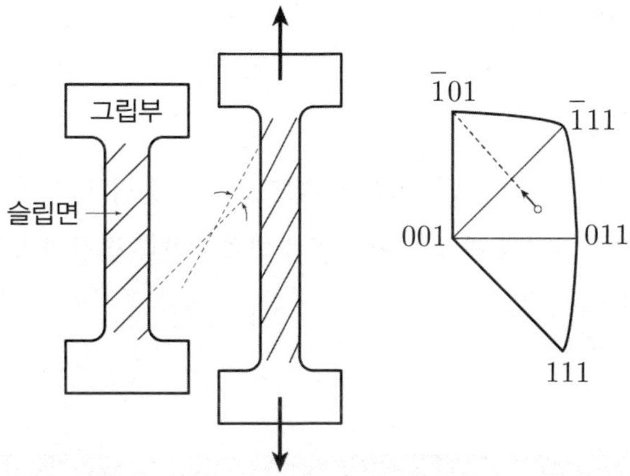

| 그림 9.4 | 인장시험 중 단결정시험편의 결정회전. fcc의 경우, 표준삼각형 내의 ○로 표시한 나타낸 초기인장방향은 변형 중 $[\bar{1}01]$ 슬립방향을 향해 회전한다.

스테이지3은 가공경화율이 감소하는 단계로 집적된 전위가 장해물로부터 벗어나는 동적 회복 (dynamic recovery)이 시작된다. 이 회복은 주로 나선전위가 교차 슬립 (7.5절 참소)에 의해 슬립면을 바꿔서 운동하고, 양과 음의 전위가 쌍소멸하는 것에 의해 발생한다고 생각되고 있다. 따라서, 스테이지3의 개시는 교차슬립이 쉽게되는 고온일수록, 또, 적층결함에너지가 큰 금속일수록 빠르다.

(3) 베일리허쉬의 관계

가공경화는 전위밀도의 상승에 의한 전위끼리의 상호작용 (서로 전위의 운동을 방해하고 만남)에 의해 일어난다. 일반적으로 단결정, 다결정을 불문하고, 전단변형응력 τ와 전위밀도 ρ의 사이에는

$$\tau = \tau_0 + \alpha\mu b\sqrt{\rho} \qquad (9 \cdot 5)$$

의 관계가 성립한다. 여기서 τ_0와 α(0.3부터 0.6의 값)는 정수이다. 이것을 베일리 · 허쉬 (Bailey-Hirsch)의 관계라 한다. 단결정의 스테이지2 이후에서는 제2항 중의 ρ가 커지기 때문에, 제1항의 τ_0을 무시해도 상관없다.

이 ρ를 주슬립계의 전위밀도라고 해야하는가 아니면 2차슬립계의 수풀전위밀도로 해석해야하는가에 대해서 과거에 큰 논쟁이 있었다. 하지만, 현재에서는 후자가 타당하다는 것이

거의 밝혀져있다. 스테이지2에 들어가서도 변형 그 자체는 주로 주 슬립계의 전위의 운동에 의해 이루어지지만, 수풀전위밀도도 급격하게 증대하고, 그것이 가공경화의 주된 요인이 다라고 이해할 수 있을 것이다.

스테이지 2 이후에서는 결정내의 전체전위밀도는 2차 슬립계의 수풀전위밀도와 같은 정도이기 때문에, 베일리・허쉬의 관계를 이용해서 변형응력과 결정내의 전체전위밀도의 관계를 근사적으로 계산할 수 있다.

9-4 다결정의 소성변형

실용재료의 대부분은 다결정 (polycrystal)체이다. 다결정의 응력-변형률 관계는 단결정과 같은 3단계 변형을 보이지 않고, 전체가 포물선형이 되는 것이 많다. 이는 단결정은 방위가 다른 많은 단결정 (결정립)으로 구성되어있기 때문에, 각각의 단결정의 응력-변형률 곡선을 평균화한 것 같은 곡선이 되기 때문일 것이다.

보다 상세히 설명하면, 다결정에서의 소성변형을 전위의 운동과 관련시켜서 이해하기 위해서는, 전위 운동의 장해물인 결정립계 뿐만 아니라 결정립계를 사이에 두고 인접하는 2개의 결정립내의 변위를 연속하기 위해 발생해야할 부가적인 변형을 생각해야 한다. 이 밖에 고온에서는 입계에서의 슬립도 고려할 필요가 있지만, 이것에 대해서는 여기서는 고려하지 않는다.

(1) 전위 운동에 대한 장해물인 결정립계

결정립계는 방위가 다른 결정 사이의 경계이고, 6.5절에서 배웠듯이 입내에서 전위의 운동에 대한 방해물이된다. 이것은 인접하는 결정립계의 전위의 버거스벡터가 결정학적으로는 등가라도, 슬립면이나 슬립방향이 평행하지 않기 때문이다. 따라서, 결정립계가 작을수록 다결정의 항복응력이나 변형응력이 높아지는 것은 예상하기 어렵지 않다. 실제로 다결정의 항복응력 σ_y와 결정립계 d의 사이에는 홀페치 관계(Hall-Petch relationship)라고 불리는 다음식이 잘 성립한다.

$$\sigma = \sigma_0 + k_y d^{-1/2} \tag{9·6}$$

여기서 σ_0와 k_y는 재료에 의해 다른 정수이고, 각각 마찰응력 (frictional stress), 홀페치 계수 (Hall-Petch coefficient) 라고 불린다.

홀페치의 관계는 경험식이라고 해야할 식이지만, 몇 개의 이론적인 설명도 시도되고 있다. 여기에서는 6.5절의 결과를 이용한 전위의 집적모델을 소개한다. 그림 6.8과 같이, 1개의 프랭크 리드 전위원으로부터 발생한 n개의 전위가 결정립계에 집적되고 있는 경우, 식 (6・7)과 같이 선두전위에는 외부전단응력 τ를 n배 한 집중응력이 작용되고 있다. 이 응력이 어떤 임계치 τ_c에 이르러, 인접하는 결정립내에 증식가능한 전위원을 만들 수 있다면 다결정은 거시적인 항복을 일으킬 것이다. 즉, 다결정에서의 항복조건으로서

$$n\tau = \tau_c \tag{9·7}$$

을 채용한다. 더욱이 식 (6・11)에 의해, n개의 전위의 집적거리 L은

$$L = \frac{n\mu b}{(1-\nu)\pi\tau} \tag{9·8}$$

여기서 L의 최대치는

$$L \approx \frac{d}{2} \tag{9·9}$$

정도로 어림잡을 수 있다. 식 (9・7)~(9・9)에 의해 n과 L을 소거하면

$$\tau = \left[\frac{2\tau_c \mu b}{(1-\nu)\pi}\right]^{1/2} d^{-1/2} \tag{9·10}$$

이 되고, 식 (9・6)으로부터 마찰응력의 항을 제외한 관계를 얻을 수 있다.

(2) 결정립계에서 전위의 연속성

다결정의 항복은 먼저 가장 변형에 유리한 방위를 갖는 결정립의 내부에서 극히 적은 소성변형이 일어나기 시작해, 그 후 변형응력의 상승과 함께 다결정전체에서의 소성변형이 일어나는 것이다. 하지만, 항복에 필요한 다결정전체의 소성변형은 각결정립의 주슬립계의 움직

임만으로는 충당할 수 없다. 어떤 외력의 아래에서 그 외력에 따른 소성변형이 다결정에 어떻게 일어나더라도 만약 개개의 결정립이 다결정전체의 소성변형과 같은 소성변형을 일으킨다면, 결정립에서의 변위의 연속성은 보장된다.

여기서 개개의 결정립이 임의의 형태로 소성변형하기 위해서 필요한 슬립계의 수를 생각해보자. 변형에는 6개의 독립된 성분만 있기 때문에 결정을 임의의 형태로 소성변형시키기 위해서는, 6개의 소성변형성분 ε_{ij}^*을 임의로 취할 필요가 있다. 하지만, 슬립변형은 체적변화를 동반하지 않는 전단변형이기 때문에, 슬립변형의 조합으로 소성변형을 일으키는 경우는 결정 전체의 체적이 변화하지 않는다는 조건, 즉,

$$\varepsilon_{ii}^* = \varepsilon_{11}^* + \varepsilon_{22}^* + \varepsilon_{33}^* = 0 \text{ (체적불변조건)} \tag{9・11}$$

을 만족하지 않으면 안된다. 이 때문에 독립적인 소성변형성분은 5개가 된다. 따라서, 결정을 임의의 형태로 변형시키는 것에는 적어도 5개의 독립적인 슬립계가 필요하다. 이것을 본 미세스의 조건 (von Mises's condition)이라 한다. 일반적으로 본 미세스의 조건을 만족시키지 않는 결정의 다결정재료에서는 파단까지의 연성이 작다.

fcc 금속에서는 {1 1 1}< 1 1 0 >슬립계는 합계 12개가 있고, 이것들은 5개의 독립적인 슬립계를 선택하는 데에 충분한 수이며, 이는 bcc 금속 (48개 존재)에도 해당된다. 따라서, 이 금속들에서는 다결정이 되어도 파단까지의 연성은 비교적으로 크다. 한편, hcp 금속에서 저면슬립만 한정하면, 합계 3개의 슬립계밖에 없고, 이 중 독립적인 슬립계의 수는 2개만 있다. 따라서, hcp금속다결정에서 결정립계에서 독립의 연속성을 갖기위해서는 저면슬립 이외의 비저면 슬립, 쌍정변형, 균열 등에 의한 부가적인 소성변형에 의존할 수밖에 없다. 이것들은 저면슬립처럼 쉽게 일어나지 않기 때문에, 일반적으로 hcp 금속다결정의 파단까지의 연성은 비교적 작다.

(3) 테일러 인자

위에서 설명했듯이, 다결정에서 거시적인 항복은 개개의 결정립에서의 다중슬립에서 일어날 필요가 있지만, 이 다중 슬립을 발생시키기 위해서 필요한 (평균적인) 임계분해전단응력 τ_y을 인장변형시 다결정의 항복응력 σ_y로부터

$$\tau_y = \sigma_y / M \quad (9 \cdot 12)$$

가 되는 식에서 어림잡기 위한 계수 M을 테일러 인자 (Taylor factor)라 한다. 간단히 말하자면, 슈미트 인자 (의 평균)의 역수에 대응하는 것이 테일라 인자라고 이해할 수 있다. 또, 테일라 인자 M은 다결정의 항복 후의 변형응력 σ으로부터 단결정의 (평균적인) 전단응력 τ을 $M=\sigma/\tau$로 어림잡아 계산하기 위해 이용된다.

테일러 인자의 값을 어림잡기 위해서는 그것만으로도 하나의 학문 분야가 될 정도의 방대한 내용이지만, 랜덤방위를 가지는 fcc 다결정에서는 $M=3.06$ 정도로 계산된다. bcc 다결정에서는 fcc에 비해서 슬립계가 많기 때문에, M의 값은 fcc 다결정의 것보다 보다 작으며, $M=2.0$을 사용한다. 한편, hcp 다결정은 저면슬립만으로는 테일러인자의 계산이 불가능하기 때문에, 비저면슬립의 효과를 넣는다고 해도 fcc나 bcc에 비해서 큰 값이 될 것이다.

버거스 형제

나선전위의 개념 및 버거스벡터의 개념은 J.M. Burgers에 의해 1939년과 1940년의 논문에서 발표되었다. J.M. Burgers는 항공역학의 전문가로 재료과학자인 동생W.G. Burgers와 잡담 중에 해당 개념에 관한 아이디어가 생겼다고 전해진다. 후에 동생은 형으로 자주 오해받았다고 회상하곤 했다. 동생은 늦은 나이에 오란다의 데루후토 공과대학에서 마르텐사이트의 변태의 격자변형기구를 연구했다. 본 책의 저자도 학생시대에 마르텐사이트 변태를 연구를 하였고, 본 저자가 학생시절 작성한 논문에W.G. Burgers가 주장한 변형기구를 인용하였으므로, W.G. Burgers에게 작성한 논문의 복사본을 보낸던 기억이 있다. 그 때, W.G. Burgers로부터 2페이지의 자필로 작성한 정중하고 친절한 편지를 받았다. 저자의 감격이 얼마나 컸는가는 쉽게 상상할 수 있을 것이다. 저자의 은사인 모리 츠토무 선생은 이것을 액자에 넣어 연구실에 걸어두었다.

연습문제

9.1 bcc철 내의 탄소나 질소는 전위를 고착하는 효과가 크다. 이것을 이들 원자와 전위와의 상호작용으로부터 고찰하라.

9.2 저탄소강 (bcc), 구리 (fcc), 마그네슘 (hcp)의 단결정 (각각 비대칭방위로 인장축을 갖는다고 하자) 및 다결정의 실온에서의 인장시험으로 얻을 수 있는 응력-변형률 곡선의 특징을 모식도를 그려라.

CHAPTER

10

외부응력 및 내부응력하에서의 전위의 형상

제8장에서 배웠듯이 소성변형중 전위는 다양한 장해물로부터 저항을 받는다. 그리고 이 저항력은 전위가 내부응력으로부터 받는 힘으로 바꿔 생각할 수도 있다. 외부응력 및 내부응력으로부터 힘을 받는 전위는 어떠한 형상을 취하고 있는 것일까? 전위의 형상을 아는 것은 다음 장의 강화기구를 이해하기 위한 기초가 되기 때문에, 본장에서는 5.1절에서 논의한 전위의 선장력 근사를 이용해서 이 문제를 생각해보자.

10-1 전위의 안정형상에 관한 일반론

(1) 깁스에너지 변화

어떤 외부응력 τ 및 τ_1의 존재하에서 전위에 작용하는 힘의 평형을 생각해보자. 여기서는 전위의 슬립운동만을 고려하므로, τ, τ_1 모두 슬립면 위에서의 분해전단응력으로 생각한다. 그림 10.1과 같이 슬립면을 $x-y$면으로 하고, τ, τ_1의 작용하에서 $P_1(x_1,\ y_1)$, $P_2(x_2,\ y_2)$의 두 점을 통하는 전위의 구간 $x_1 \leq x \leq x_2$에서의 모양을 $y=f(x)$라 하자. 더욱이, 임의의 기준이 되는 전위의 모양을 같은 구간에서 $y=y_1$로 주어지는 직선전위로 두고, 외부응력에 의해 전위는 y의 정방향으로 운동하고자 한다. 전위의 운동저항이 되는 내부응력은 슬립면 위에서 거리의 함수이고 이것을 $\tau_1(x,\ y)$라 나타낸다.

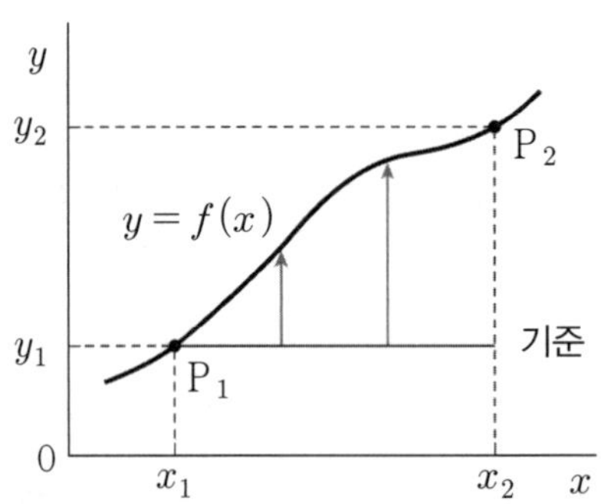

| 그림 10.1 | 외부응력과 내부응력이 공존할 때, 전위의 안정형상의 고찰도

기준 직선전위로부터 측정한 $y=f(x)$의 전위가 갖는 깁스에너지의 증가분 G는 식(3・12) 및 피치・코힐러 식으로부터 다음과 같이 표현할 수 있다.

$$G=E_0\left[\int_{x_1}^{x_2}\left\{1+\left(\frac{df(x)}{dx}\right)^2\right\}^{1/2}dx-(x_2-x_1)\right]+\int_{x_1}^{x_2}[V_I(x,\ f(x))-V_I(x,\ y_1)]dx-\int_{x_1}^{x_2}\tau b\{f(x)-y_1\}dx \quad \textbf{(10・1a)}$$

여기서 우변 제1항은 결정의 헬름홀츠 에너지의 변화를 표현하고, 전위의 길이 증가분 (E_0는 단위길이당 전위의 자기에너지)에 유래하는 자기에너지 증가분이다 (연습문제 [5.1] 참조). 제2항, 제3항은 포텐셜에너지의 변화분을 나타낸다. $V_1(x,\ y)$는 단위길이당 전위가 받는 내부응력포텐셜장이고, 제2항은 $y=y_1$의 전위가 $y=f(x)$까지 이동한 경우의 내부응력의 포텐셜에너지 변화, 제3항은 외부응력의 포텐셜에너지 변화이다.

(2) 전위에 작용하는 힘의 평형식

(10・1a)을 변형하면,

$$`G=\int_{x_1}^{x_2}\left[E_0\{1+(y')^2\}^{1/2}-E_0+\{V_I(x,\ y)-V_I(x,\ y_1)\}-\tau b(y-y_1)\right]dx \quad \textbf{(10・1b)}$$

로 된다. 여기서, $y=f(x)$, $y'=df(x)/dx$이다.

$y=f(x)$가 안정한 전위의 모양을 나타내기 위해서는, $y=f(x)$의 경우 G가 최소치를 가져야한다. (10・1b)의 [ ] 괄호 안의 피적분함수를 g로 두면, 부록D에 의해 g는 다음의 오일러의 미분방정식을 만족해야 한다.

$$\frac{d}{dx}\left(\frac{\partial g}{\partial y'}\right)-\left(\frac{\partial g}{\partial y}\right)=0 \quad \textbf{(10・2)}$$

(10・1b), (10・2)에 의해

$$\left(\frac{E_0y''}{\{1+(y')^2\}^{3/2}}\right)-\left(\frac{\partial V_I(x,\ y)}{\partial y}\right)+\tau b=0 \quad \textbf{(10・3)}$$

를 얻을 수 있다.

여기서 $y''/\{1+(y')^2\}^{3/2}$는 미분기하학에서 곡선(curvature)으로 불리는 것으로 이 역수가 곡률반경(radius of curvature)이다. 또, 휜 전위를 생각하고 있으므로, (10・3)의 E_0로 (5・2)의 T_L을 이용해야할 것이다. 이하에서는 E_0을 T_L로 치환하고, $T_L=\mu b^2/2$로 둔다.

(10・3)의 제2항은 단위길이당 전위의 내부응력포텐셜의 y방향으로의 미분이고, 이것은 (3・20)으로부터 단위길이당 전위에 작용하는 내부응력으로부터의 저항력이고, 외력과 역방향으로 작용하므로 부호를 고려하여

$$\frac{\partial V_I(x,\ y)}{\partial y}=\tau_1(x,\ y)b \tag{10・4}$$

로 표현하기로 한다. $\tau_1(x,\ y)$가 먼저 알려져 있는 경우는 오히려 (10・4)가 성립하도록 $V_I(x,\ y)$을 정할 수도 있다.

이상으로 부터 오일러의 미분방정식은

$$\frac{\mu b^2}{2}\frac{y''}{\{1+(y')^2\}^{3/2}}-\tau_1(x,\ y)b+\tau b=0 \tag{10・5}$$

와 같이 일반형이 된다. 이 식을 전위에 작용하는 힘의 평형 식이라 부른다. 좌변 제1항은 전위의 자기력 (self force)으로 불린다. 제2항은 전위의 운동에 저항이 되는 내부응력으로부터 받는 힘, 제3항은 전위의 운동을 돕는 외부응력으로부터 받는 힘이다. 제2항과 제3항의 부호가 다른 것은 전위의 운동을 방해하는가 돕는가의 차이로 이해해도 좋다. (10・5)의 미분방정식을 풀 수 있다면, τ, τ_1 공존 하에서 전위의 안정형상인 $y=f(x)$가 구해진다.[1] 이하에 (10・5)를 사용한 구체적인 고찰을 몇 가지 소개한다.

1) 엄밀히 말하면, 오일러의 미분방정식의 해는 (10・1)의 G의 최대치뿐만 아니라, 전체의 극값도 포함하므로, (10・5)의 해로서 전위의 안정형상 이외에 안장점(saddle point) 위치에 있는 준안정형상도 얻을 수 있다.

10-2 내부응력을 고려하지 않는 경우

내부응력이 없는 경우는 (10・5)는 이하와 같이 간단히 표현된다.

$$\frac{\mu b^2}{2}\frac{y''}{\{1+(y')^2\}^{3/2}}+\tau b=0 \tag{10・6}$$

전위의 구부러진 곳의 곡률반경을 r이라 하면 (10・6)은

$$\frac{\mu b^2}{2r}+\tau b=0 \tag{10・7}$$

이 된다. 이것은 r이 τ로 결정되는 일정치를 갖는 것을 의미하고 있고, 그림 10.2와 같이 전위는 원호상이 된다. τ가 양의 경우 r은 음의 부호를 갖지만, 이것은 그림 10.1에서 y의 정방향으로 운동하는 전위는 위에 볼록한 형태의 원호가 되는 것을 의미한다. 그리고 부호를 제외하면, (10・7)과 (6・1)이나 (6・2)와 등가이다. 즉, 6.1절에서 생각한 전위가 원호형의 형태를 취한다는 가정은 합리적인 것이 된다.

여기서, 프랭크 리드원을 다시 한번 생각해보자. 그림 6.3 및 그림 6.4(a)에서 전위 2까지의 원호 팽창은 그때그때의 응력레벨에서 (10・7)를 만족하는 안정형상이지만, 전위 2', 3, 4는 (6・2)에서 정해지는 최대응력 τ_{FR}에 의해서는 (10・7)이나 (6・2)로부터 얻을 수 없는 것이다. 따라서, 이들 전위의 형태는 τ_{FR}하에서 불안정하고, 실제로는 전위에 작용하는 힘의 평

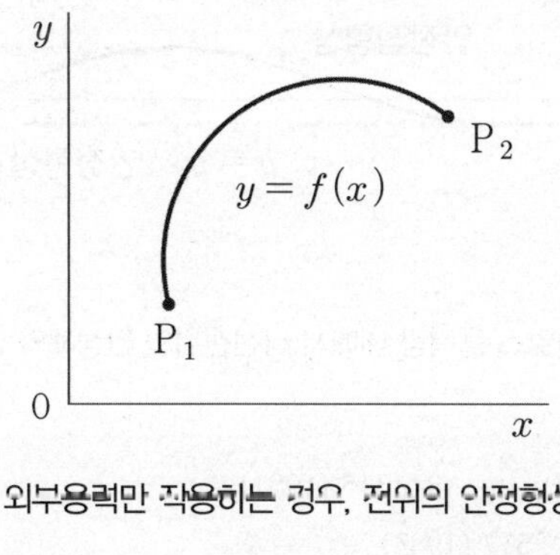

| 그림 10.2 | 외부응력만 작용하는 경우, 전위의 안정형상은 원호가 된다.

형을 만족하지 않고 장거리 운동했다라는 것은 거시적항복 (거시적인 소성변형의 개시)이 발생했다는 것과 다르지 않다. 즉, 주어진 환경조건의 하에서 전위에 작용하는 힘의 평형식 (오일러의 미분방정식)을 풀었을 경우, 어떤 응력 τ_m 이상에서는 어떠한 전위의 형태 $y = f(x)$를 선택해도 (10・7)을 만족하지 않게 되는 경우 이 τ_m을 임계분해전단응력이라고 생각할 수 있다.

10-3 내부응력이 존재하는 경우

(1) 1차원 주기적 내부응력[2)3)]

먼저 1차원의 주기적인 내부응력을 생각해보자. 내부응력이 전위의 운동방향인 y방향으로 주기적으로 변화하는 경우 (10・5)는 $\tau_1(x,\ y) = \tau_0 \cos(2\pi y/\lambda)$($\tau_0$: 주기적내부응력의 진폭, λ : 주기적내부응력의 파장)으로서 다음식과 같이 표현할 수 있다.

$$\frac{\mu b^2}{2} \frac{y''}{\{1+(y')^2\}^{3/2}} - \tau_0 b cos(2\pi y/\lambda) + \tau b = 0 \qquad (10 \cdot 8)$$

이 식에서 표현되는 내부응력장 중에 전위의 운동의 구체적인 예로서는 7.8절의 파이얼스 응력장 내에서 운동하는 bcc결정의 나선전위를 들 수 있다. 그림 7.17에서 bcc의 $(1\ \bar{1}\ 0)$ 슬립

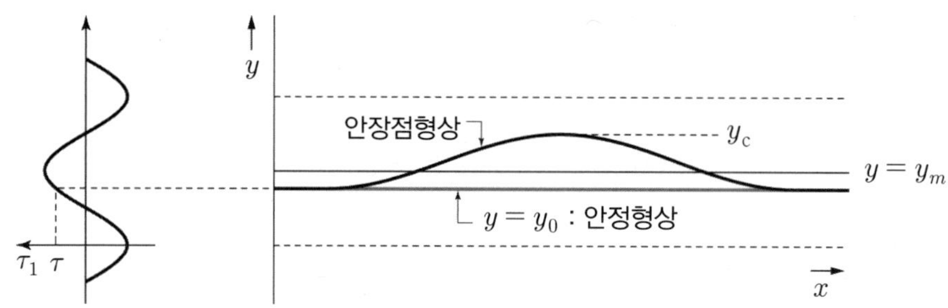

| 그림 10.3 | 파이얼스 응력장 내에서 나선전위의 안정해와 안정점해의 모식도

2) T. mori and M. Kato : Philos. Mag. A, 43, 1315 (1981).

3) M. Kato : Phys. Stat. Sol. (a), 79, 517 (1983).

면 위에 있는 $b=(a/2)[1\ 1\ 1](b=\sqrt{3}\,a/2)$의 나선전위의 운동방향 y는 $[1\ 1\ \bar{2}]$방향이 되고, 파이얼스장의 파장은 $\lambda=\sqrt{6}\,a/3\approx b$로 된다. 이하에서는 간단히 하기 위해서 $\lambda=b$로 둔다.

(10・8)의 안정해는 자명하고

$$y=y_0 \text{ 단, } \cos(2\pi y_0/b)=\tau/\tau_0 \qquad \textbf{(10・9)}$$

로 된다.

이것은 그림 10.3에 나타나 있는 것과 같은 직선이다. (10・9)에 의해 알 수 있듯이, 안정형상을 줄 수 있는 외부응력 τ의 최대값은 τ_0이 되고, 이것이 절대영도에서의 임계분해전단응력, 즉 파이얼스 응력이다. $\tau=\tau_0$의 경우 안정형상의 전위는 내부응력 τ_1의 산 (파이엘스 응력의 정점) 의 위치 (그림 10.3의 $y=y_m$)에 있는 직선이 된다.

앞 절의 각주와 같이 오일러의 미분방정식의 해에서는 깁스에너지의 극대치를 주는 안점형상 (준안정해)도 포함되고 있을 것이다. 이 안장점형상이 제8장에서 논의한 열활성화에 관한 것이고, 안장점형상과 안정형상 사이의 깁스에너지 차이가 활성화에너지 G^*에 상당하는 것이다.

열활성화는 국소적으로 일어나기 때문에 $x=\pm\infty$에서는 안장점형상은 안정형상과 일치한다(즉 안장점의 해도 $x=\pm\infty$에서 $y=y_0$로 된다)고 생각한다. 따라서, (10・8)을 풀기 위한 경계조건은 그림 10.1과 같은 고착점이 아니라,

$$x=\pm\infty \text{ 에서 } y=y_0 \text{ 및 } \frac{dy}{dx}=0 \qquad \textbf{(10・10)}$$

로 해야 한다. (10・10)을 이용해서 (10・8)의 미분방정식을 풀면 안장점형상이 구해지지만, (10・8)은 해석적으로 풀 수 없는 형태를 하고 있다. 컴퓨터에 의한 수치계산의 결과, 안장점형상으로 그림 10.3과 같은 킹크쌍 (kink pair)를 갖는 국소적 팽창 형상이 얻어질 수 있다. 이 경우 안장점형상과 안정형상에서 둘러싸인 부분의 면적에 버거스벡터를 곱한 것이 활성화체적이 된다.

위의 설명으로는 아직 이해가 쉽지 않으므로 특별한 경우에 대해서 (10・9)의 안장점형상을 근사적으로 수식화해보자. y_0가 τ_1의 산의 정상부근 ($y_0\cong y_m$)에 있는 경우, 즉 τ가 τ_0에 가까운 경우는 안장점형상의 내밀이점도 작게된다고 생각할 수 있고, $\lambda=b$로 인해 다음의 두

가지 근사가 적용될 수 있다.

$$\frac{y''}{\{1+(y')^2\}^{3/2}} \approx y''$$

$$\tau_0 b cos(2\pi y/b) \approx \tau_0 b\left\{1-\frac{4\pi^2}{b^2}\frac{(y-y_m)^2}{2}\right\} \tag{10 · 11}$$

제1의 근사는 전위가 그다지 휘어있지 않은 것, 즉 $|y'| \ll 1$을 의미하고, 제2의 근사는 여현곡선의 정상부근을 테일러 전개하여 포물선으로 근사한 것을 의미한다. 이것들의 근사를 이용하면 (10 · 8)은

$$\frac{\mu b^2}{2}\left(\frac{d^2y}{dx^2}\right)= \tau_0 b(1-\bar{\tau})-\frac{2\pi^2\tau_0}{b}(y-y_m)^2 \tag{10 · 12}$$

로 표현할 수 있다. 다만, $\tau/\tau_0 \equiv \bar{\tau}$로 두었다. 이것은 해석적으로 풀고, 이하의 안정 및 안장점 형상을 얻는다.

$$\text{안정형상} : y = y_0 = y_m - \left\{\frac{b^2}{2\pi^2}(1-\bar{\tau})\right\}^{1/2} \tag{10 · 13a}$$

$$\text{안장점형상} : y = y_c-(y_c-y_0)\tanh^2\left[\left(\frac{8\pi^2\tau_0}{3\mu b^3}\right)^{1/2}(y_c-y_0)^{1/2}\frac{x}{2}\right] \tag{10 · 13b}$$

$$\text{단}, y_c = y_0+3\left\{\frac{b^2}{2\pi^2}(1-\bar{\tau})\right\}^{1/2}$$

(10 · 4)의 관계로부터

$$V_1 = \frac{\tau_0 b^2}{2\pi}sin\left(\frac{2\pi y}{b}\right)+C\,(C : \text{적분상수}) \tag{10 · 14}$$

로 되기 때문에, (10 · 13a), (10 · 13b), (10 · 14)를 (10 · 1b)에 대입하면 안장점형상과 안정형상의 깁스에너지의 차이로서 활성화에너지가

$$G^* = \frac{12}{5}\frac{2^{1/4}}{\pi^{3/2}}(\mu b^6\tau_0)^{1/2}(1-\bar{\tau})^{5/4} \tag{10 · 15}$$

로 구해진다. 그림 10.4(a)와 같이, 일단 안장점형상의 킹크대가 형성되면, 그들은 쉽게 $\pm x$ 방향으로 운동하는 것과 함께 전위전체가 $\pm y$ 방향으로 운동한다. 그동안의 깁스에너지 변화는 그림 10.4(b)와 같이 된다. 이 과정은 반복해서 일어나므로, 열활성화에 의한 최초의 킹크대를 형성해서 포텐셜을 극복하는 기구를 파이얼스 기구 (Peierls mechanism)라 부른다.

순철을 이용한 실험에서는 약 $m = 26$ 로 둔 (8・8)이 성립한다고 알려져 있다. 이것과 (10・15)로부터

$$T = \frac{6}{65}\frac{2^{1/4}}{\pi^{3/2}}\frac{1}{k}(\mu b^6 \tau_0)^{1/2}(1-\bar{\tau})^{5/4} \qquad (10 \cdot 16)$$

를 얻을 수 있다.

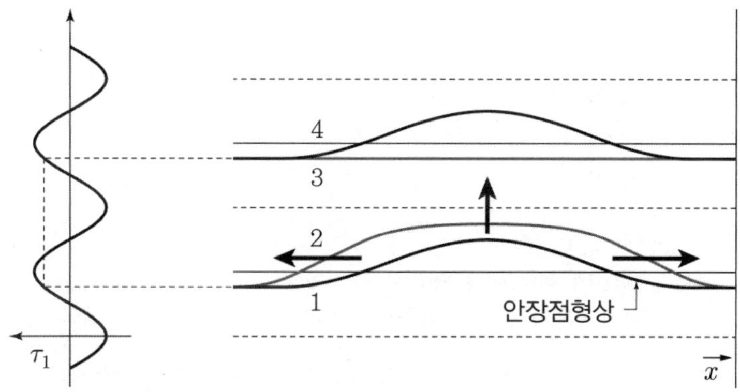

(a)

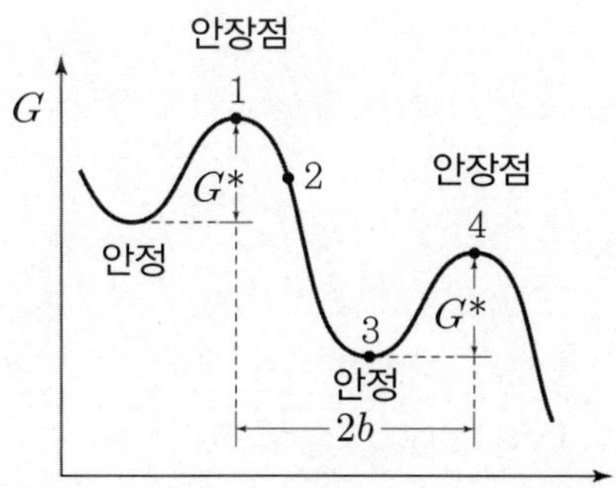

(b)

| 그림 10.4 | (a) 안장점형상의 킹크대가 형성되면 (1) $\pm x$방향으로의 킹크의 확장과 y방향으로 나선전위의 운동이 자발적으로 발생하고 (2) 1주기 운동해서 안정형상이 된다 (3) 그 후, 다시 열활성화과정에 의한 킹크대의 형성이 일어난다 (4) (b) 깁스에너지의 변화와 열활성화에너지 G^*

이것은 파이얼스 기구에 의한 임계분해전단응력 τ의 온도의존성을 나타내는 식이다. 그림 10.5는 다결정고순도철의 항복응력 (0.2% 내력)에 관한 온도의존성 실험데이터[4]지만, 50K이하의 데이터점을 매끄럽게 연결하면 그림 중에 나타냈듯이 $T \propto (1-\bar{\tau})^{5/4}$의 관계가 확실히 성립한다는 것을 알 수 있다.[5]

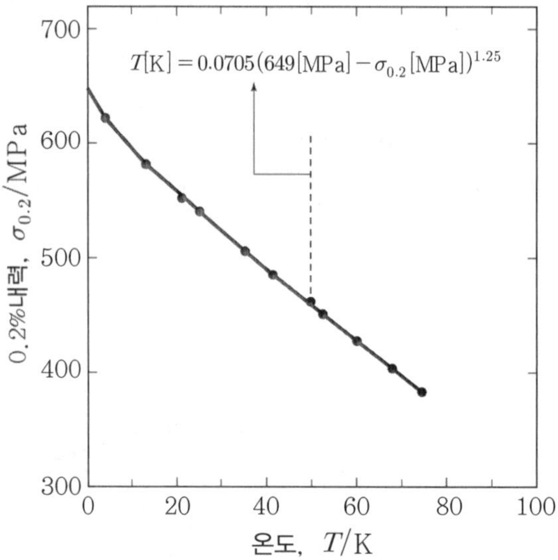

| 그림 10.5 | 다결정 고순도철에서 0.2% 항복응력의 온도의존성. 그림에서 데이터점은 Matsui[6] 그룹의 실험결과를 사용하였다. 50K 이하에서 온도의 데이터를 컴퓨터 커브 피팅한 결과를 실선으로 나타내었다.

4) H. Matsui, S. Moriya, S. Takaki and H. Kimura : Trans. JIM, 19, 163(1978).

5) (10・11)의 근사로 인해, (10・16)은 원래 절대영도부근의 저온에서 밖게 성립하지 않지만, 실제로는 $\bar{\tau}=0.6$ 정도까지는 꽤 괜찮게 근사가 된다.

6) H. Matsui, S. Moriya, S. Takaki and H. Kimura : Trans. JIM, 19, 163(1978).

(2) 2차원 주기적 내부응력[7]

슬립면 위에 x, y의 쌍방향에 주기적으로 바뀌는 내부응력을 갖는 경우의 전위에 작용하는 힘의 평형의 식은

$$\frac{\mu b^2}{2}\frac{y''}{\{1+(y')^2\}^{3/2}}-\tau_0 b\cos\left(\frac{2\pi x}{\lambda_x}\right)\cos\left(\frac{2\pi y}{\lambda_y}\right)+\tau b=0 \qquad \textbf{(10 · 17)}$$

로 된다. 이러한 형태의 내부응력장은 스피노달 분해 (spinodal decomposition)가 일어난 변간구조 (modulated structure)에서 관찰되며 변조의 진폭과 파장으로부터 부록 B에 나타낸 수법을 이용해서 구하는 것이 가능하다 (11.5절 참조). 그림 10.6에는 3개의 $<1\ 0\ 0>$방향으로 변조를 나타내는 fcc 스피노달합금내에서 $(1\ 1\ 1)$슬립면 위의 2차원 주기적 내부응력장을 나타낸다. 이 응력장내의 전위의 안정형상은 내부응력장의 주기와 일치하는 주기적인 모양이 될 것이다. 그림에는 3종류의 전위에 대한 안정형상을 나타내고 있다. 모든 전위에서 버거스 벡터는 같고, $b=\left(\frac{a}{2}\right)[\bar{1}\ 0\ 1]$이다. 이 중 전위선방향을 평균하여 칼날전위가 되는 전위 (이것을 칼날전위라 부른다)와 전위선방향을 평균하여 나선전위가 되는 전위 (나선전위라 부른다)는 내부응력장의 양과 음의 영역을 같은 전위 길이가 지나므로, 전위전체로서 보면 내부응력의 효과는 상쇄하는 움직임을 한다. 한편, 혼합전위는 양의 영역을 지나는 전위길이가 음의영역을 지나는 길이에 비해서 압도적으로 크기 때문에, 전위전체가 내부응력으로부터 받는 저항이 칼날전위나 나선전위에 비해서 훨씬 크다. 그러므로, 이 혼합전위가 거시적인 항복을 결정하고 있다고 생각할 수 있다.

혼합전위에 대해서 (10 · 17)을 풀면 전위의 안정형상이 얻어질 수 있지만, (10 · 17)은 (10 · 8)에 비해서 훨씬 복잡한 형태를 하고 있기 때문에 해석해를 구할 수 없다. 하지만, 컴퓨터 계산에 의하면 τ가 어떤 임계값 τ_m 이상이 되면 혼합전위는 이미 내부응력의 주기와 일치하는 듯한 주기적인 형태를 취할 수 없는 것을 알 수 있다. 그리고 이 임계치 τ_m가 변조구조를 나타내는 스피노달 합금에서의 임계분해전단응력이라고 생각한다면 (해석 결과가)실험결과를 설명할 수 있다. 이것에 대해서는 다음절과 다음장에서 다시 서술하겠다.

더욱이, 앞 절과 같이 (10 · 17)로부터 안장점형상도 구해지지만, 그것은 혼합전위 위의 거

7) M. Kato, T. Mori and L. H. Schwartz : Acta Metall., 28, 285 (1980).

대한 킹크쌍 형성되어 있고, 파이얼스 기구에 비해서 두 자리수 정도 큰 활성화에너지를 주고 만다[8)9)]. 이것은 열활성화로 형성되기에는 너무 크기 때문에, 실제로는 스피노달 분해의 변조 구조에 의한 내부응력장은 장거리방해물로서 작용한다.

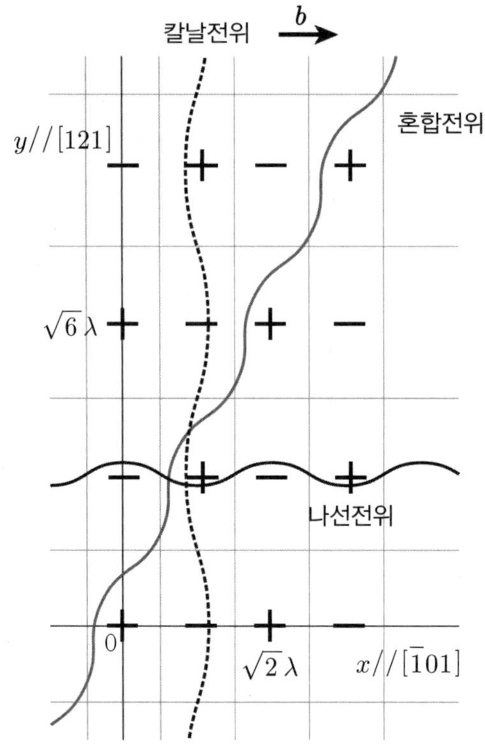

| 그림 10.6 | 3개의 ⟨100⟩ 방향으로 파장이 λ이고, 변조를 나타내는 fcc 스피노달 합금의 (111) 슬립면 위에서 주기적인 내부전단 응력분포와 3종류의 전위의 안정형상. 여기서 부호는 내부응력장의 부호를 나타낸다.

(3) 보다 일반적인 주기적 내부응력[10)]

(10・8)이나 (10・17)에서는 내부응력이 간단한 정현 (여현) 함수로 변화하는 경우를 생각했다. 일반적으로는 보다 복잡한 함수로 변화하는 것도 있을 것이다. 거기서 다시 (10・5)에 돌아와, $\tau_1(x,\ y)$를 x, y에 대해서의 일반적인 주기함수라 하자. 그림 10.7은 그러한 일반

8) M. Kato, T. C. Lee and S. L. Chan : Mater. Sci. Eng., 54, 145 (1982).

9) T. C. Lee, M. Kato and T. Mori : Mater. Sci. Eng., 62, 173 (1984).

10) M. Kato, S. Horie and T. C. Lee : Phys. Stat. Sol. (a), 98, 209 (1986).

적인 주기적 내부응력장 중의 전위의 안정형상이다. 안정형상이므로 전위는 내부응력의 주기와 일치하는 주기적인 형태를 갖는다. 간단히 하기 위해서 이 형태는 $y=f(x)$는 x에 대한 일대일 대응 함수라 하자. 또, 점 $(x_1,\ y_1)$와 $(x_2,\ y_2)$는 딱 1주기 만큼 떨어진 전위 위의 점으로 두고 이 점들을 전위선에 따라서 측정한 위치를 l_1, l_2로 한다.

(10・5)는 전위선의 각부분에서 성립하므로, 전위선에 따라서 l_1로부터 l_2까지 적분해서도 0일 것이다. 즉, 다음식이 성립한다.

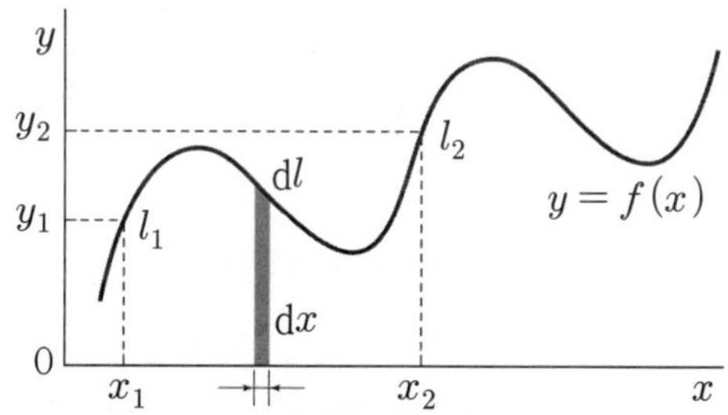

| 그림 10.7 | 주기적 내부응력하에서의 전위의 안정형상

$$\int_{l_1}^{l_2}\left[\frac{\mu b^2}{2}\frac{y''}{\{1+(y')^2\}^{3/2}}-\tau_1(x,\ y)b+\tau b\right]dl=0 \qquad \textbf{(10 · 18)}$$

여기서, 이 적분구간에서 정의할 수 있는 어떤 함수 $g(x,\ y)$의 평균치 $\langle g\rangle$를

$$\langle g\rangle\equiv\frac{1}{l_1-l_2}\int_{l_1}^{l_2}g(x,\ y)dl \qquad \textbf{(10 · 19)}$$

로 정의하면, (10.18)의 양변을 $\dfrac{1}{l_1-l_2}$배해서

$$<\tau_s>b-<\tau_1>b+\tau b=0 \qquad \textbf{(10 · 20)}$$

를 얻을 수 있다. 제1항은 전위의 자기력의 평균, 제2항은 내부응력의 평균, 제3항은 외부응력의 평균에 유래하는 항이고, 외부응력은 어디에도 일정하므로 $<\tau>=\tau$이다. 우선, (10・20)의 제1항을 생각해보자. 다만, 그림 10.7에 의해 $dl=\{1+(y')^2\}^{1/2}dx$임에 주의한다.

$$\begin{aligned} <\tau_s> b &\equiv \frac{1}{l_1 - l_2}\frac{\mu b^2}{2}\int_{l_1}^{l_2}\frac{y''}{\{1+(y'')^2\}^{3/2}}dl \\ &= \frac{1}{l_1 - l_2}\frac{\mu b^2}{2}\int_{x_1}^{x_2}\frac{y''}{1+(y')^2}dx \\ &= \frac{1}{l_1 - l_2}\frac{\mu b^2}{2}\left[\tan^{-1}(y')_{at\ x=x_2} - \tan^{-1}(y')_{at\ x=x_1}\right] \end{aligned} \qquad (10 \cdot 21)$$

x_1와 x_2는 딱 1주기 떨어진 등가인 점이므로, 우변은 0이 된다. 즉, $<\tau_s> b = 0$이다. 따라서, (10・20)은

$$\tau = <\tau_1> \qquad (10 \cdot 22)$$

로 간단히 표현할 수 있다. 이것은 외부응력 및 주기적인 내부응력의 공존하에서 안정한 전위의 경우 전위선에 따라서 측정한 내부응력의 평균값은 항상 외부응력과 같다는 것을 의미하고 있다. 그리고 내부응력의 평균치의 최대가 가능한 외부응력의 최대가 되고, 그것이 임계분해전단응력 τ_m로 된다. 즉,

$$\tau_m = <\tau_1>_{max} \qquad (10 \cdot 23)$$

이것을 앞절의 스피노달 합금에 적용시켜보자. 전위가 거의 휘어있지 않다고 가정하고 직선으로 근사하면, 그림 10.6에서 내부응력의 평균이 최대가 되는 것은 x방향과 60도를 이루는 혼합전위의 방향이고, 그림 10.8에 의해 그 경우의 내부응력의 최대평균치는

$$<\tau_1>_{max} = \frac{\tau_0}{2} \qquad (10 \cdot 24)$$

인 것을 알 수 있다. (10・24)에 의해 이것이 스피노달분해에 의한 강화의 양을 표현하는 것이 된다. τ_0의 내용에 대해서는 다음장에서 검토한다.

(10・24)는 전위가 휘지 않은 것으로 가정하고 얻은 것이다. 이 가정은 전위의 선장력이 크던가, 내부응력의 진폭 τ_0와 주기 λ가 작은 경우에 성립하고, 식으로 표현하면,

$$\frac{\tau_0 b\lambda}{2\pi T_L} = \frac{\tau_0\lambda}{\pi\mu b} \ll 1 \qquad (10 \cdot 25)$$

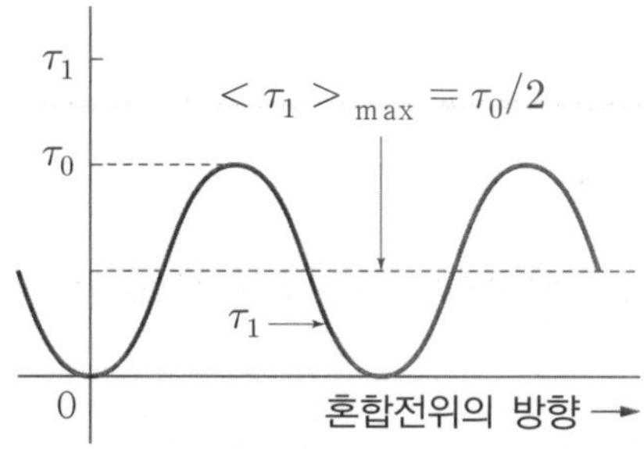

| 그림 10.8 | 그림 10.6에서 혼합전위의 형상을 직선으로 근사한 경우의 전위선의 내부응력 τ_1의 변화

로 된다. 스피노달분해에서는 이 조건이 성립하고 있다고 알려져 있다.

여기서 주의해야하는 것은 (10・23)은 (10・25)에 무관계로 성립하는 것이다. 다만, 내부응력의 평균은 어디까지나 전위선을 따라서 측정한 평균이므로, 크게 휜 전위의 경우는 전위선의 형태가 알지 못하면 $< \tau_1 >_{max}$도 구할 수 없다.

차원해석

식이 조금씩 복잡해질 때마다 차원해석에 의해 좌변과 우변의 차원이 확실히 같은지 아닌지 확인하는 습관을 갖기 바란다. 때로는 차원해석만으로 잊어버린 식을 생각해내는 경우도 있다. 예를 들어, 전위의 운동과 전단변형률 γ과의 관계에는 전위의 버거스벡터의 크기 $b[m]$와 전위의 운동거리 $x[m]$이 관여하는 것은 당연할 것이다. 대부분의 전위를 생각하면 운동전위밀도 $\rho[m^{-2}]$도 관여할 것이다. 이것만으로 예상이 가면 γ는 무차원이므로, 적어도 $\gamma \propto \rho bx$(1・2)가 얻어질 수 있다. 또, 단위길이당 전위의 탄성변형에너지 $E_0[\mathrm{J/m}]$에는 탄성정수인 강성률 $\mu[\mathrm{N/m^2}]$과 버거스벡터의 크기 $b[m]$가 관여하는 것을 예상하면 차원해석에 의해 $E_0 \propto \mu b^2$(4・11)를 얻을 수 있을 것이다. 무엇보다도 차원해석에 의해 잘못쓰는 경우나 오해를 방지하는 것이 가능하다.

연습문제

10.1 (10.10)을 경계조건으로 하여 (10.12)를 해석적으로 풀고, (10.13a), (10.13b)를 구하라.

10.2 그림과 같이 $V(x) = Ax^3 - Bx + C$(A, B, C는 양의 정수)로 표현되는 1차원 포텐셜 함수에서, 시간 $t = 0$에 $V(x)$의 극대점 P의 위치 x_p에 보다 바로 오른쪽에 있는 질량 m의 질점의 $t > 0$에서의 위치 x를 구하라.

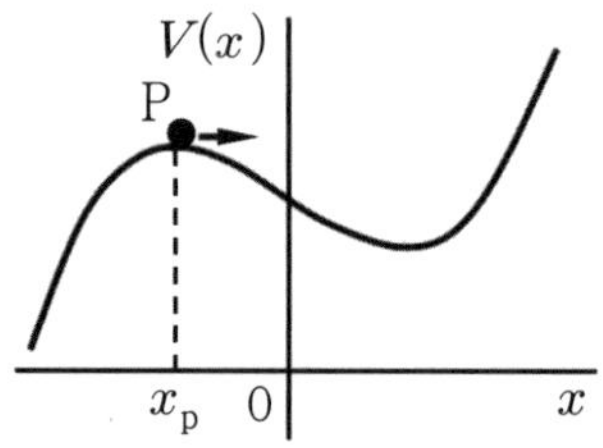

CHAPTER

11

강화기구

전위론의 발전은 재료의 강화기구의 이해에 본질적인 공헌을 해왔다. 한마디로 말하면 재료내에 전위의 운동에 대한 장해물을 분산시켜 놓으면 재료를 강화할 수 있다. 이미 제9장에서 배운 가공경화는 베일리-허쉬의 관계식(9・5)에 의해 기술되고, 전위 자신이 다른 전위의 운동을 방해한다는 것을 배웠다. 따라서, 이것을 전위강화로 부를 수 있을 것이다. 또, 홀-페치 관계식(9・6)은 결정립미세화강화로 부를 수 있다. 제10장에서는 장해물이 주기적인 내부응력장으로 표현되는 경우에 대한 취급을 배웠다. 이 장에서는 실용재료에서 널리 이용되고 있는 그 밖의 강화기구의 본질을 전위론을 이용해서 이해해 보도록 한다. 본장은 다양한 강화기구의 이론이 서로 관련해서 계통적으로 구축되어 있다는 것을 이해하는 것을 목적으로 한다.

11-1 강화기구이론에 공통된 생각

본장에서는 각종 강화법을 상세하게 설명하기 보다는 기본적인 개념에 대해 서술한다. 이하에서 서술하는 분산강화, 고용강화, 석출강화, 그리고 스피노달에 의한 강화에 있어서 장해물의 종류는 다르지만, 장해물 도입에 의해 거시적인 재료강화기구에 대해서도 통일적인 이해가 가능하다.

(1) 거시적 항복

소성변형을 담당하는 많은 전위 중 1개만 운동한다고 해도 그것에 의한 전단변형량은 극히 적기 때문에, 재료의 거시적인 항복은 일어나지 않을 것이다. 따라서, 재료의 거시적 항복응력 (임계분해전단응력)은 다수의 슬립전위가 다양한 장해물을 이겨내고 장거리 운동을 일으키는 데에 필요한 최소의 외부전단응력이라고 생각하는 것이 가능하다. 그렇다고 해도 수많은 전위의 거동을 통계적으로 해석하는 것은 용이하지 않고, 가공경화의 이론적해석을 곤란하게 하고 있다.

한편, 만약 다수의 슬립전위가 어느 것이나 재료내에서 비슷한 환경에 있는 경우에는 1개의 전위를 대표로 선택해 그것이 장거리 운동이 가능한지를 알면 그 재료의 소성변형이 일어날지 (항복할지) 알 수 있다. 항복의 이론에서는 대표적인 1개의 전위를 선택하는 것이 가능하므로, 가공경화의 이론에 비해서 훨씬 취급이 쉬워진다. 강화기구의 이론에서는 [강화]라는 단어를 항복응력의 상승과 거의 같다고 생각하는 경우가 많다. 본장에서는 이 입장을 취한다.

(2) 장해물의 강도와 전위의 형상

본장에서 취급하는 장해물 (단, 11.5절을 제외한다)은 슬립면 위에서 국소적이고 랜덤하게 분포하는 것이므로, 제10장에서 배운 전위에 작용하는 힘의 평형식과 같이 깔끔한 형태로 쓰는 것이 쉽지 않다. 그러므로, 예를 들어 (10・5)를 이용하여 문제를 풀지 않고, 별도의 수단을 생각해야 한다.

전위의 운동에 대해서 장해물이 그림 11.1과 같이 슬립면 위에 평균간격 L_0로 랜덤하게 분포하고 있다고 하자. 이 슬립면 위에 전단응력이 작용하고, 전위가 그림에서 두꺼운 화살표의 방향으로 운동하고자 하고 있는 경우인 2개의 특별한 경우를 생각해보자. 그림 11.1(a)는 전위가 유연하게 휘는 것이 가능한 경우이고, 이 경우는 전위상의 장해물간격은 L_0로 동일하다. 한편, (b)에서 전위는 강체와 같이 직선적인 경우로 이 경우 전위상의 상해물간격 L은 $L \gg L_0$이다. 전위가 직선형인가 크게 휘어있는가 어느 쪽이 실제에 가까운 지에 대해서 주기적 내부응력의 경우는 (10・25)를 판단기준으로 하였다. 한편, 장해물이 국소적이고 랜덤하게 분포하는 경우는 전위의 선장력 T_L의 크기와 1개의 장해물이 전위에 작용하는 최대력 $F_m = \tau_m bL$의 크기 (그림 8.4 참조)의 상대적 관계가 전위의 형상을 결정짓는 기준이 된다. 만약, $T_L \gg F_m$라면 전위는 큰 선장력 때문에 장해물과 만나도 휘지 않고 그림 11.1(b)에 보

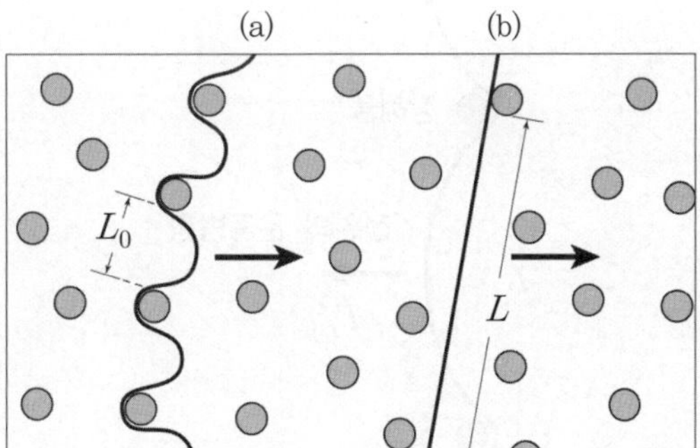

| 그림 11.1 | 응력 작용하에서 장해물을 만났을 시 전위의 형상

다 가까운 상황이 된다. 그리고 F_m이 커짐에 따라, 전위는 보다 휘어진다. T_L은 (5・2)에서 주어지므로 결국 장해물의 강도는 그림 11.1(a) 에서는 강하고, (b)에서는 약하다. 다시 말해 강한 장해물과 만날수록 전위는 더 휘어진다.

전위가 휘는 정도는 그림 11.2를 참조해서도 생각할 수 있다. 6.1절이나 10.2절에서 배웠듯이, 국소적으로 분포하는 장해물 이외의 내부응력을 생각하지 않아도 좋은 경우에는 장해물 사이를 내밀어진 전위의 모양은 원호상으로 생각할 수 있다. 그림 11.2와 같이 전위가 장해물에서 어떤 임계각도 ϕ_c로 휘었다면, 그림의 ϕ_c를 이루는 두개의 화살표와 같은 전위의 선장력 T_L의 합력에 의해 장해물을 넘을 수 있다고 생각할 수 있다. 장해물이 강할수록 ϕ_c은 작아지게 되고, 장해물이 절대적인 고착점의 경우는 6.1절의 프랭크리드원의 경우와 같이 팽창은 반원이 될 때까지 일어나고 $\phi_c = 0$이 된다. 절대영도에서 전위가 장해물로부터 벗어나서, 장거리 이동하는 데에 필요한 최소한의 외부전단응력을 τ_m이라 하면 장해물로부터 벗어나기 직전에서는 그림 8.4와 같이,

$$F_m = \tau_m bL \qquad \textbf{(11・1)}$$

가 성립할 것이다. 더욱이, (11.1)의 F_m과 그림 11.2의 전위의 선장력의 합력이 평형일 것이기 때문에

$$F_m = 2T_L \cos(\phi_c/2) \qquad \textbf{(11・2)}$$

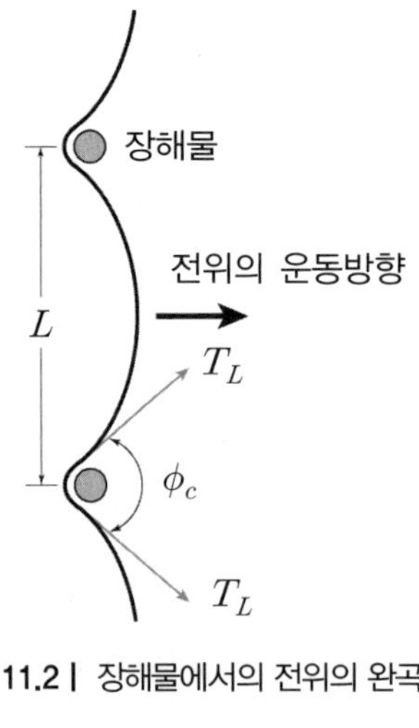

| 그림 11.2 | 장해물에서의 전위의 완곡과 팽창

도 성립한다. (11・1), (11・2)에 의해 전위는

$$\tau_m bL = 2T_L \cos(\phi_c/2) \tag{11・3}$$

의 관계로 결정되는 각도 ϕ_c만큼 휘게 된다.

이상으로부터 장해물에 대해서 이하의 분류가 가능하다.

(1) 약한 장해물 : $L \gg L_0,\ T_L \gg F_m,\ \phi_c \cong \pi$

(2) 강한 장해물 : $L = L_0,\ T_L = F_m/2,\ \phi_c \approx 0$

여기서 강한 장해물의 경우 $T_L = F_m/2$로 둔 것은 (11・2)에서 $\phi_c = 0$로 둔 경우에 대응(절대적인 강도를 갖는 장해물의 경우)하고, 이것이 이 해석에서 의미를 갖는 F_m의 최대치라고 생각하는 것이다.

더욱이, 강한 장해물과 약한 장해물은 각각 8장에서 배웠듯이 장거리장해물과 단거리장해물과 같다고 생각하는 것인지도 모른다. 이것은 대체로는 타당하지만, 전자의 분류에서는 F_m의 크기 (그림 8.4와 같은 힘-거리곡선 $F(x)$의 산의 높이)를 판단기준으로 하는 것에 비해, 후자의 분류에서는 힘-거리곡선 $F(x)$의 면적을 판단기준으로 하고 있다는 점에서 다르다.

(3) 전위선상의 장해물 간격

여기서, 장해물의 간격 L에 대해서도 조금 생각해보자. 이를 위해 먼저 L이 가질 수 있는 상한과 하한을 정하자. 간략화를 위해 장해물을 반경 r의 크기가 일정한 구형이고, 그 장해물 전체가 차지하는 체적율을 f라 하자. 이 때, 입자 1개가 차지하는 체적은 $V_P = 4\pi r^3/3f$로 나타낼 수 있다. 전위가 완전히 직선모양 ($\phi_c = \pi$)이라면, 전위 주위의 반경이 r인 원통 내에 중심을 갖는 입자는 전위와 교차하기 때문에, 전위선상의 입자의 평균입자간격은

$$L_1 = \frac{V_P}{\pi r^2} = \frac{4r}{3f} \tag{11・4}$$

로 주어진다. 한편, 전위가 완전히 유연하게 휘는 경우 ($\phi_c = 0$)는 전위선상의 입자간 평균간격 L_0은 그 자체이므로, 이것은 슬립면의 상하에서 두께 $2r$의 부분내에 중심을 갖는 입자는 슬립면과 교차하기 때문에,

$$L_0 = \sqrt{\frac{V_P}{2r}} = \sqrt{\frac{2\pi}{3f}}\, r \simeq \sqrt{\frac{2}{f}}\, r \qquad (11 \cdot 5)$$

로 주어진다. L_0와 L_1은 전위선상의 입자의 평균간격의 하한과 상한이다. 그리고 실제의 전위상의 입자의 평균간격 L은 $L_0 < L < L_1$이다.

11-2 분산강화

분산강화 (dispersion hardening)에서는 재료내에 미립자를 분산시켜, 전위운동을 방해하는 강화법이다. 입자는 모상에 비해 경하고 소성변형하기 어렵기 때문에, 절대적인 고착점으로 생각할 수 있다. 즉, 강한 장해물의 조건인 $T_L = F_m/2$, $\phi_c = 0$이 성립한다. 이 때는 L을 평균 분산입자간격 L_0로 같다고 두고, (6 · 2)를 유도한 것과 같이

$$\tau_m \equiv \tau_{OR} = \frac{2T_L}{bL_0} = \frac{\mu b}{L_0} \qquad (11 \cdot 6)$$

가 성립한다. 다만, $T_L = \mu b^2/2$로 두었다. 이 임계분해전단응력 τ_{OR}를 오로완 응력 (Orowan stress)라 부른다. 강한 장해물이므로 전위는 반원형이 될 때까지 팽창하지만, 그 후 그림 11.3과 같이 분산입자를 우회해서 진행하고, 입자의 주위에 오로완 루프 (Orowan loop)라 불리는

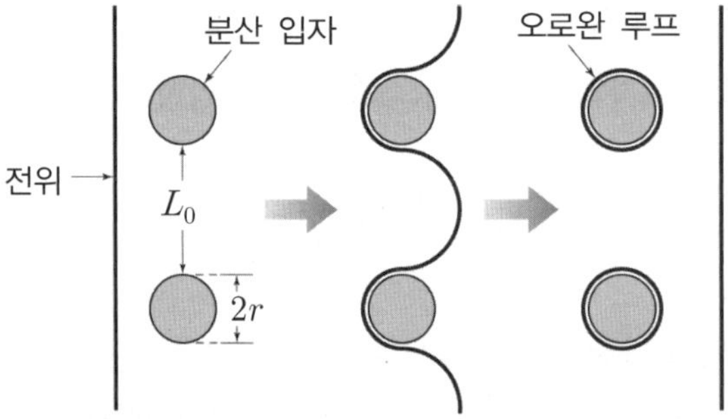

| 그림 11.3 | 분산강화의 오로완 기구

전위 루프를 남긴다. 이 기구를 오로완 기구 (Orowan mechanism)라 부른다.

(11・6)에 (11・5)를 대입하면, 분산강화이론의 다른 표현으로서 다음 식을 얻을 수 있다.

$$\tau_{OR} = \frac{\mu b}{L_0} \approx \frac{0.7\mu b\sqrt{f}}{r}(F_m/2T_L \approx 1 \text{ 의 경우}) \tag{11・7}$$

책에 따라서는 (11・6)이나 (11・7)보다 복잡한 이론식이 적혀있는 경우도 있으나, 이것은 f가 큰 경우의 보정이거나 입자의 통계분포를 도입에 의해 복잡하게 된 것 뿐이고, 분산강화이론의 본질은 이상으로 충분히 설명되었다.

11-3 고용강화

고용강화 (solid-solution hardening)에서는 순금속에 이종용질원자를 도입해서 그것을 전위의 운동에 대한 장해물로 취급한다. 용질원자가 장해물이 되는 이유 중 하나는 용질원자가 전위 주위의 코트렐 분위기를 만들어 전위를 고착하는 효과를 들 수 있다 (연습문제 [9.1] 참조). 그 밖에도 몇 개의 이유가 있지만, 여기서는 이종용질원자와 주위의 모상원자 사이의 크기 차이 (이것에 의해 발생하는 변형률을 미스핏 (misfit) 변형률 이라한다)에서 유래하는 size effect를 생각해보자. 5.5절에서 취급한 구상영역을 용질원자라 생각하고, 칼날전위에 대한 (5・28)의 E_{int}를 x_1에 대해서 편미분하면, (3・20)에 의해 칼날전위와 용질원자 사이에 작용하는 상호작용력 F가 다음과 같이 구해진다.

$$F = -\frac{\partial E_{int}}{\partial x_1} = \Omega\,\mu b\varepsilon\frac{(1+\nu)}{\pi(1-\nu)}\left[\frac{2x_1x_2}{(x_1^2+x_2^2)^2}\right] \tag{11・8}$$

여기서 x_2를 슬립면과 용질원자와의 거리로하고, 그것을 일정하게 둔 경우의 F를 x_1의 함수로서 표현한 것이 그림 11.4이다. 이것은 그림 8.1(b)나 8.4와 같은 단거리장해물의 산과 다르지 않다. x_2를 $b/2$정도, Ω를 b^3정도로 두면, F의 최대치는 대략 다음 식과 같이 표현할 수 있다.

$$F_m \approx \mu b^2|\varepsilon| \tag{11・9}$$

01 02 03 04 05 06 07 08 09 10 11 12 해답 부록

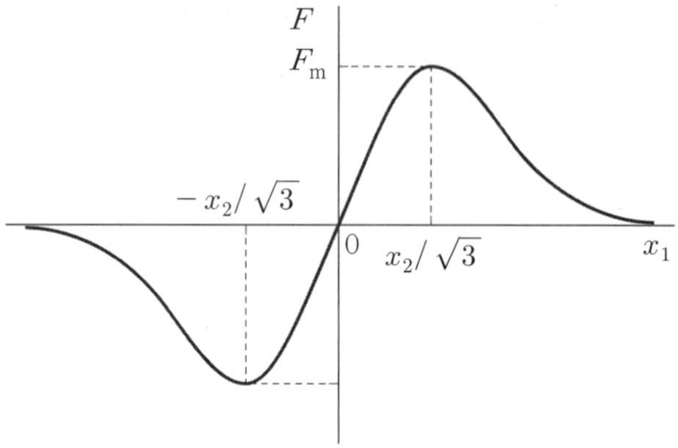

| 그림 11.4 | 용질원자로부터 거리 x_2 떨어진 슬립면 위에 있는 칼날전위와 용질원자와의 상호작용 힘

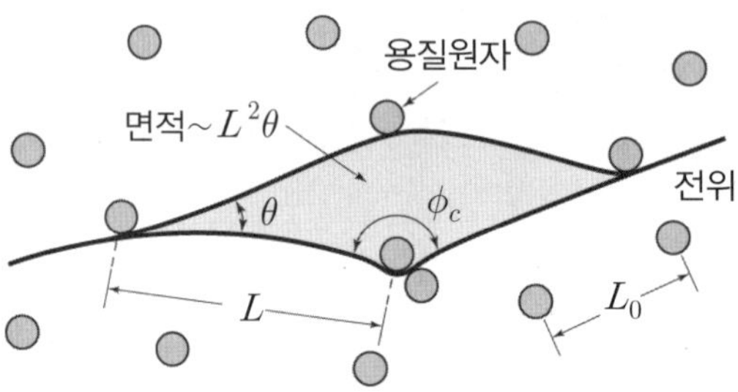

| 그림 11.5 | 고용강화에서 전위가 용질원자를 벗어나는 과정

$T_L = \mu b^2/2$로 두고 있으므로, $|\varepsilon| \ll 1$의 경우는 $F_m \ll T_L$이 되고, 용질원자는 약한 장해물로서 작동한다.

용질원자의 농도(원자분율, 무차원양)를 c로 하고, 슬립면의 바로 위 및 바로 밑의 용질원자만이 전위와의 상호작용에 기여한다고 가정하면 용질원자 1개당 할당되는 슬립면의 면적은 $L_0^2 = b^2/c$이다. 따라서, 전위가 용질원자 1개 1개의 장해물을 벗어나면서 운동해가는 과정(그림 11.5)를 생각하면,

$$L_0^2 = \frac{b^2}{c} \approx L^2\theta \tag{11·10}$$

어림잡을 수 있다. 여기서, $\theta = \pi - \phi_c$이다. 위에서 서술하였듯이, $F_m/2T_L \ll 1$이므로, (11・1), (11・2), (11・9), (11・10)에 의해 θ가 1에 비해서 작다는 근사를 사용해서 L과 θ를 소거하

면 다음 식을 얻을 수 있다.

$$\tau_m = \frac{\sqrt{2}\,F_m^{3/2}}{b^3}\sqrt{\frac{c}{\mu}} \approx \sqrt{2}\,\mu|\varepsilon|^{3/2}\sqrt{c} \qquad \textbf{(11 · 11)}$$

와 같이 고용강화는 용질원자농도의 1/2승에 비례한다. 더욱이, 다음 식도 확실히 성립하고 있는 것도 알 수 있다.

$$\theta = \frac{2F_m}{\mu b^2} = \frac{F_m}{T_L}(\ll 1),\ \text{또는}\ \phi_c \approx \pi \qquad \textbf{(11 · 12)}$$

$$\frac{L}{L_o} = \sqrt{\frac{T_L}{F_m}} \gg 1 \qquad \textbf{(11 · 13)}$$

(11 · 11)의 형태는 플라이셔(Fleiscer)[1)]과 프리델(Friedel)[2)]에 의해 구해진 것으로 희박고용체의 경우 실험결과와 잘 일치하는 임계분해전단응력을 구하는 데에 유용하다.

용질원자의 농도가 높아져 개개의 원자가 만드는 탄성장이 서로 겹치는 듯하면, 1회의 전위운동의 기본과정에 복수의 용질원자가 관여하게 되는 것이 지적되었다. 이 경우는 라바슈(Labusch[3)])에 의해 처음으로 고찰되었고, 다음과 같은 식이 얻어진다.

$$\tau_m = \left[\frac{F_m^4\,c^2 w}{8b^7\,T_L}\right]^{1/3} = \left[\frac{F_m^4\,c^2 w}{4\mu b^9}\right]^{1/3} \qquad \textbf{(11 · 14)}$$

이 경우는 임계전단응력은 농도의 2/3승에 비례한다. 여기서 w는 전위와 용질원자의 상호작용에 미치는 범위를 나타내는 파라미터로 대체로 $5b$ 정도로 생각할 수 있다.

1) R. L. Fleischer : *Acta Metall.*, 11, 203 (1963).

2) J. Fleischer : "Dislocations", Pergamon Press, New York (1964).

3) R. Labusch : Phys. Stat. Sol., 41, 659 (1970).

11-4 석출강화

석출강화 (precipitation hardening)에서는 모상에 매우 미세한 석출물이 빼곡히 되어 있다고 상정한다. 제2상을 분산시키는 의미에서는 분산강화와 큰차이가 없다고 느낄 수도 있지만, 여기에서는 석출물이 미세하기 때문에 분산강화보다 약한 장해물이 강화의 원인으로서 작용하고 있다. 그리고 이 장해물의 약함은 많은 석출물의 수로 커버하고 있다. 약한 장해물이므로 반경 r, 체적률 f의 구상석출물의 경우의 전위선 위에 평균입자 간격 L은 (11・4)와 (11・5)의 중간의 값을 가질 것이다. 엄밀성은 조금 떨어지나 여기서는 석출강화에 대해서 (11・13)이 성립한다고 생각하고

$$L = \sqrt{\frac{T_L}{F_m}}\, L_o = \sqrt{\frac{\mu b^2}{2F_m}}\, L_o \tag{11・15}$$

를 적용하자.

석출강화에 대해서 F_m의 평가에도 여러가지 원인이 고려될 수 있지만(연습문제 [11.2] 참조), 여기서는 고용강화와 같은 size effect를 생각해보자. (11・8)로부터 (11・9)를 도출한 것과 같은 계산을 반경 r의 구상석출물에 대해서도 행하면 1개의 석출물이 전위에 미치는 최대 힘으로서

$$F_m \approx \mu b r |\varepsilon| \tag{11・16}$$

정도의 크기가 얻어진다.

(11・5)와 (11・16)을 (11・15)에 대입해서

$$L = \sqrt{\frac{rb}{|\varepsilon| f}} \tag{11・17}$$

를 얻을 수 있다. 이것과 (11・1), (11・16)에 의해 다음식이 얻어진다.

$$\tau_m = \frac{F_m^{3/2}}{rb^2}\sqrt{\frac{f}{\mu}} \approx \mu |\varepsilon|^{3/2} \sqrt{\frac{fr}{b}} \tag{11・18}$$

즉, 석출강화량은 석출물의 크기와 체적률의 1/2 승에 비례한다. 이 식의 형태는 제롤드 (Gerold)와 하버콘 (Haberkorn)[4]에 의해 도출되었다.

석출입자가 커지면 전위가 입자를 관통할 수 없을 수도 있다. 이 경우는 오로완기구가 발생하고 분산강화의 (11 · 6)이 적용된다. (11 · 18)과 (11 · 6)의 적용범위를 결정하는 석출물의 임계반경 는 (11 · 16)을 $\frac{F_m}{2T_L}=1$에 대입해서

$$r_c = \frac{b}{|\varepsilon|} \qquad (11 \cdot 19)$$

로 어림잡는 것이 가능하다. 이것은 탄성정수나 석출물의 체적률에는 의존하지 않는다. $|\varepsilon| = 10^{-2}$, $b = 3\times10^{-10}$라 하면, 반경 $30nm$ 이상의 석출물에서는 오로완 기구가 작동하고, 석출강화는 본질적으로 분산강화와 다르지 않게 된다 (연습문제 [11.3]).

11-5 스피노달 분산에 의한 강화

이것은 이미 10.3(2)절에서 다룬 적이 있다. 고용체합금이 스피노달 분해에 의해 합금조성 (용질원자의 농도)이 위치의 함수로서 주기적으로 변동하는 변조구조를 형성하는 경우는 합금의 격자상수도 주기적으로 바뀌기 때문에, 슬립면위에서 주기적인 내부응력장이 발생한다.

여기서 fcc 스피노달 합금을 생각해보자. 농도 변동은 [1 0 0] 방향으로 발생하였다고 하자. 이 경우 A를 농도변동을 진폭, λ를 주기로 두면

$$C - C_o = A\cos(\xi_1 x_1) \qquad (11 \cdot 20)$$

로 표현할 수 있다. 다만, C_o는 용질원자의 평균농도 $\xi_1 = 2\pi/\lambda$이다. 일반적으로 합금의 격자상수 a는 용질원자의 농도에 의존한다. 그러므로 다음과 같은 파라미터 ε를 도입한다.

4) V. Gerold and H. Haberkorn : Phys. Stat. Sol., 16, 675 (1966).

$$\varepsilon \equiv \frac{1}{a}\left(\frac{da}{dC}\right) \tag{11 · 21}$$

여기서 $A\varepsilon$는 위치에 의한 농도차의 차이에 유래하는 미스핏 변형률의 진폭을 나타내는 것이기 때문에 (11.20)의 농도변동이 있는 경우의 eigen변형률의 분포는 다음과 같이 표현할 수 있다.

$$\varepsilon_{ij}^{*}(x) = A\varepsilon\delta_{ij}\cos(\xi_1 x_1) = \bar{\varepsilon}_{ij}^{*}\cos(\xi_1 x_1) \quad \left(\bar{\varepsilon}_{ij}^{*} = A\varepsilon\delta_{ij}\right) \tag{11 · 22}$$

여기서 δ_{ij}는 부록B에서 정의한 크로네커 델타이다. 이 eigen변형률이 존재하는 경우 이 합금내에 존재하는 내부응력은 부록B의 (B · 12)를 이용하면 금방 계산할 수 있다. 다만, $\exp(i\xi \cdot x)$의 항의 실수부만 생각해 그것을 $\cos(\xi_1 x_1)$로 바꿔읽는다. 그 결과 다음 식을 얻을 수 있다.

$$\sigma_{ij} = \begin{pmatrix} 0 & 0 & 0 \\ 0 & -A\varepsilon Y cos(\xi_1 x_1) & 0 \\ 0 & 0 & -A\varepsilon Y cos(\xi_1 x_1) \end{pmatrix} \tag{11 · 23}$$

여기서, $Y = E/(1-v)$, E는 Young's modulus, v는 포아송비다.

농도변동은 3개의 $<1\ 0\ 0>$방향에 동등한 진폭 A와 파수 ξ로 존재하는 경우는 각각의 응력해를 서로 겹쳐서 다음 식을 얻을 수 있다.

$$\sigma_{ij} = \begin{pmatrix} -A\varepsilon Y\{\cos(\xi x_2)+\cos(\xi x_3)\} & 0 & 0 \\ 0 & -A\varepsilon Y\{\cos(\xi x_1)+\cos(\xi x_3)\} & 0 \\ 0 & 0 & -A\varepsilon Y\{\cos(\xi x_1)+\cos(\xi x_2)\} \end{pmatrix} \tag{11 · 24}$$

이 주기적 내부응력장을 fcc의 $x-y$슬립면 ($\{1\ 1\ 1\}$면)으로 분해한 전단성분 τ_1은 다음과 같이 쓸 수 있는 것을 알 수 있다.

$$\tau_1 = \sqrt{\frac{2}{3}}\,A\varepsilon Y\cos\left(\frac{2\pi x}{\sqrt{2}\,\lambda}\right)\cos\left(\frac{2\pi y}{\sqrt{6}\,\lambda}\right) \tag{11 · 25}$$

(11 · 25)를 표시한 것이 그림 10.6이다.

외부전단응력 τ를 더한 경우, 스피노달분해에 대해서 (11 · 25)의 내부응력을 받아가며 안

정하게 존재하는 슬립면 위의 전위의 형태 $y = f(x)$는

$$T_L \frac{d^2y/dx^2}{\{1+(dy/dx)^2\}^{3/2}} - \sqrt{\frac{2}{3}} A\varepsilon Ybcos\left(\frac{2\pi x}{\sqrt{2}\,\lambda}\right)\cos\left(\frac{2\pi y}{\sqrt{6}\,\lambda}\right) + \tau b = 0 \qquad \textbf{(11 · 26)}$$

라는 힘의 평형의 미분방정식을 풀면 얻을 수 있다. 이 식이 (10・17)의 구체형이다. 10.3(3)절에서 서술한 사고방식 및 (10・24)를 사용하면,

$$\tau_m = \frac{A|\varepsilon|Y}{\sqrt{6}} \qquad \textbf{(11 · 27)}$$

로 표현할 수 있다. 이 식은 카토-모리-슈왈츠 (Schwartz)[5)]에 의해 도출되었고, 스피노달 분해에 의한 강화가 농도변조의 진폭 A에 비례하고, 파장 λ에는 무관계인 것을 나타내고 있다.

11 6 강화기구의 이론식의 적용성

(1) 유한온도에서의 적용성

이상에서 얻어진 강화기구의 이론식 도출에는 8장에서 고찰했듯이 전위의 열활성화운동과정이 고려되지 않는다. 따라서, 이들 식은 절대영도에서의 임계전단응력을 생각한다. 11.1(2)절에서 서술했듯이, 장해물의 강약과 그들이 전위의 열활성화운동과정에서 넘을 수 있는 단거리장해물인지 아닌지는 반드시 대응하는 것은 아니다. 예를 들면, 스피노달 분해강화에서 (11・26)을 풀어 얻어진 전위의 형태는 대부분 직선적이지만, 변조구조에 의한 장해물은 완전한 장거리장해물로 이루어져 있다. 결론을 말하면, 용질원자 (고용강화)와 석출물 (석출강화)은 통상은 단거리장해물로서 작용하고, 분산입자 (분산강화)와 변조구조 (스피노달분해강화)는 장거리장해물로서 작용한다. 이것은 (11・6), (11・7), (11・27)이 유한온도에서도 적용가능한 것을 의미한다.

단거리장해물의 경우는 8장에서 해석했듯이, 유한온도에서의 이론값보다 작은 응력에서

5) M. Kato, T. Mori and L. H. Schwartz : Acta Metall., 28, 285 (1980).

항복이 일어난다. 하지만 (8・9)에 의하면, 유한온도에서의 임계전단응력과 절대영도에서의 임계전단응력과의 사이에는 비례관계가 성립하고 있다. 따라서, 예를들면 (11・11), (11・14), (11・18)은 계수항만 변하면 유한온도에서도 여전히 성립한다고 생각해도 좋다.

(2) 강화기구의 가산법칙의 적용성

실용재료에서는 위에 서술한 강화기구가 동시에 작용하고 있는 경우가 많다. 이 경우 서로 다른 강화기구에 대해 가산법칙이 성립할 것인가? 이 문제는 매우 복잡하고 어렵다. 여기서는 단순화한 고찰을 더해보자. 그것을 위해서는 11.1(2)절에서 서술한 강화기구를 강한 장해물에 의한 것과 약한 장해물에 의한 것으로 나누어 생각할 필요가 있다.

논의를 단순화하기 위해서, 분산입자 (강한 장해물) 및 고용원자 (약한장해물)가 동시에 존재하는 경우를 생각해보자. 슬립면 위에는 고용원자가 분산입자보다도 훨씬 빽빽하게 존재하는 것이 일반적일 것이다. 오로완 기구(분산강화)가 발생하기 전에는 전위는 분산입자 사이를 반원형태가 될 때까지 팽창하겠지만, 그 과정에서 많은 용질원자의 장해물과 만난다. 따라서, 반원형태가 될때까지 고용강화기구는 항상 작용하고 있고, 그림 8.2(c)에서 장거리장해물과 단거리장해물이 단순히 서로 겹쳐지듯이, 분산강화와 고용강화의 사이에는 단순한 선형가산법칙이 성립한다고 생각할 수 있다.

분산강화간의 가산법칙은 어떨까? 지금부터 두 종류의 분산입자 A, B가 있고, 각각의 슬립면위에서 평균간격이 L_A, L_B이고, 각각의 오로완 응력이 τ_{OR}^{A}, τ_{OR}^{B}이라 하자. 이것들이 존재한 경우의 평균간격 L_C는 단위면적당 슬립면에 존재하는 장해물의 개수를 생각하는 것에 의해

$$\frac{1}{L_C^2} = \frac{1}{L_A^2} + \frac{1}{L_B^2} \tag{11・28}$$

로 주어진다. 따라서, 두 종류가 공존하는 경우의 오로완 응력 τ_{OR}^{C}는 (11・6)와 (11・28)에 의해

$$\tau_{OR}^{C} = \left[(\tau_{OR}^{A})^2 + (\tau_{OR}^{B})^2\right]^{1/2} \tag{11・29}$$

로 주어진다. 이것이 분산강화사이의 가산법칙이고, 선형이 아니다. 가공경화 (전위강화)에서도, 만약 베일리・허쉬의 관계식 (9・5)이 적용할 수 있다면, 전위사이의 간격은 $1/\sqrt{\rho}$로 어림잡을 수 있고, 강화량은 이것에 비례하므로 (11・29)와 같이 비선형가산법칙이 성립한다

고 간주할 수 있다.

따라서, 강한 장해물끼리의 공존효과는 본질적으로는 (11・29)로 표현할 수 있다.

한편, (11・11)이 성립한다고 하면, 만약 두 종류의 고용원자가 있고, 그것들의 $|\varepsilon|$가 비슷한 정도라면 (11・29)와 같은 형태의 식이 고용강화끼리에서도 성립하는 것을 알 수 있다. 하지만, 이것은 매우 특수한 경우로 일반적으로는 보다 복잡한 가산법칙이 될 것이다.

결정립미세화강화에서는 지금까지 서술한 강화기구에 비교해서 장해물 (결정립계) 간격이 훨씬 크기 때문에, 다른 기구와의 사이에는 단순한 선형가산법칙이 성립한다고 생각해도 좋을 것이다. 하지만, 주의해야하는 것도 있다. 그것은 9.4(1)절의 홀-페치 관계식의 도출법이 합리적인 것이라면, 결정립미세화강화에 있어서 입계에서 전위의 집적이 필수일 것이라는 것이다. 전위 퇴적의 정도는 슬립변형의 국재성(얼마나 국부적으로 발생하는가)에 의존한다. 예를들면, (11・19)의 임계치 보다 작은 석출물이 있고, 전위가 그들을 관통하여 운동하는 경우는 같은 슬립면에서 전위가 몇개라도 운동한다면, 이윽고 석출물이 분단되어 그 슬립면 위의 전위가 운동저항이 적어지게 되므로, 슬립의 국재화와 전위의 집적이 현저히 증가한다.

한편, (11・19)의 임계치 보다 큰 분산물의 경우는 오로완 루프가 생성되어 동일슬립면 위의 운동저항이 커지므로, 전위는 별도의 슬립면에서의 운동이 쉬워지고, 슬립의 국재화와 전위의 집적은 일어나기 어렵다. 따라서, 입자가 작은 경우는 결정립미세화강화가 현저히 커져 (9・6)의 홀페치의 계수 k_y가 증가할 것이며 입자가 큰 경우는 반대로 k_y가 감소할 것이다. 실제로 몇가지의 합금계에서 이러한 현상이 확인되고 있다. 이것은 결정립미세화강화와 석출강화, 분산강화의 중첩효과 (상호작용)이다.

위의 내용을 정리하면, 복수의 강화기구가 동시에 작용하는 경우 다결정재료의 강도는 단순화된 계산식으로 이하와 같이 표현할 수 있다.

$$\sigma_t = \sigma_p + \sigma_w + \sigma_s + \sigma_{gb} \tag{11・30}$$

다만, σ_p는 순물질단결정의 파이얼스 응력에 의한 항, σ_w는 약한 장해물에 의한 항, σ_s는 (11・29)와 같은 강한 장해물에 의한 항으로 전위강화도 포함된다. σ_{gb}는 홀-페치 관계식에서의 대표되는 결정립미세화강화 (위에서 서술한 중첩효과에 의한 k_y의 변화도 포함한다)의 항이다.

(11・30)의 각각의 항은 선형가산법칙으로 표현되어 있지만, 장해물끼리의 간격의 크기가 다른 것에 주의하기를 바란다. 예를들면, 파이얼스 응력에서는 1 nm 이하, 약한 장해물에

서는 10~100 nm 정도, 강한 장해물에서는 1 μm 정도, 결정립계는 그 이상이다.

지구과학과 전위

최근 [활단층]라는 말이 자주 사용되고 있는 듯하다. 단층의 생성은 전단의 소성변형에 의한 것으로 에너지 산일(散逸)을 수반한다. 단층생성이 급격히 발생하는 경우는 이 산일 에너지가 지진파가 되어 전파하여 대지를 흔든다. 한편, 급격히 발생하는 경우가 아닌 장시간에 걸쳐서 천천히 단층의 생성이 일어나는 것도 있다. 이것은 크리프 변형이다. 유명한 캘리포니아의 산안드레스 단층에서는 지표로부터 10 km정도의 깊이까지는 나선전위의 운동으로 해석할 수 있는 지진을 수반하는 단층생성이 발생하고, 그것보다 깊은 부분에서는 크립 변형이 발생하고있다고 생각할 수 있다. 재료과학자 J. Weertman은 지진이나 빙하의 운동기구 규명에 전위론의 개념이 도입하여 큰 공적을 남기고 있다.

연습문제

11.1 (a) (11.8) 및 (11.9)를 확인하라.

(b) (11.16)을 유도하라

(c) (11.9)나 (11.16)을 사용해서, 실험결과를 고찰하는 경우의 주의점을 생각하라.

11.2 전위가 석출물을 관통해서 운동하는 것이 가능한 경우, 아래의 그림에서 빗금으로 칠한 부분과 같이 석출물과 모상의 사이에 새로운 경계가 생긴다. 석출입자를 반경 r의 구로 두고, 단위면적당 경계에너지를 Γ로 두고 아래의 문제에 답하라.

(a) 전위가 석출입자내의 거리 $x(0 \leqq x \leqq 2r)$만큼 통과한 경우, 새로운 경계에너지의 증가 E_Γ는 얼마인가?

(b) 경계형성에 의한 전위의 운동에 대한 최대저항력 F_m은 얼마인가?

(c) 이 F_m 및 (11.1), (11.5), (11.15)를 이용해서, 이 이유에 의한 강화량을 구하라. 이 강화기구는 화학적강화 (chemical hardening)라 불린다.

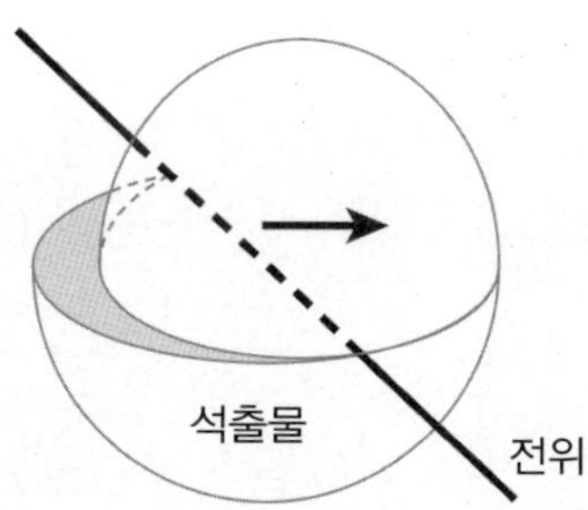

11.3 석출강화에서는 금속을 상태도의 단상영역보다 냉각해서 과포화고용체로 만든 후, 온도를 올려서 2상영역에서 소정의 시간을 유지하여 (이 열처리를 시효, aging이라 한다) 제2상을 석출시킨다. 그 경우, 일반적으로 석출량과 시효효과의 관계는 그림과 같고, 어떤 시효시간에서 강화의 최대치가 얻어진다. 이 관계를 설명해라.

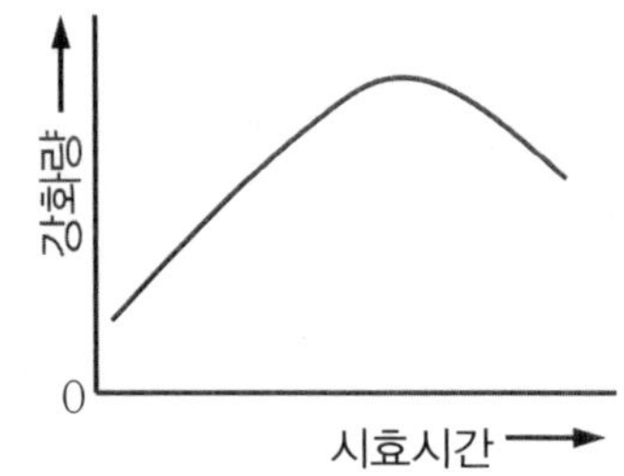

CHAPTER

12

계면전위와 전위조직

결정립계나 이상계면을 전위의 규칙적인 집합으로 표현할 때가 있다. 이 경우 다수의 전위의 배열방법이 중요하다. 더욱이 결정립내에서 여러 원인에 의해 도입 또는 증식된 전위는 독립적으로 군데군데 존재하는 경우가 오히려 흔하지 않고, 전위가 집합된 각종 특징있는 조직을 형성하는 경우가 많다. 본장에서는 이들 전위 집합체의 특징에 대해서 배우겠다.

12-1 전위밀도 텐서

(1) 전위밀도 텐서의 정의

전위밀도는 (1 · 1)로 정의한것과 같이 스칼라 양이지만, 여기서는 (1 · 1)의 전위밀도와는 의미가 꽤 다르다. 먼저, 전위밀도 텐서 (dislocation density tensor)라는 개념을 새롭게 정의한다. (x_1, x_2, x_3) 직교좌표계에서 단위법선 벡터 $\boldsymbol{n} = (n_1, n_2, n_3)$을 가지는 단위크기의 면을 관통하는 전위의 버거스 벡터의 총합을 $\boldsymbol{B} = (B_1, B_2, B_3)$로 나타내면, 전위밀도 텐서 α_{hi}는 다음 식으로 정의된다.

$$B_i \equiv \alpha_{hi} n_h \qquad (12 \cdot 1)$$

본장에서도 2.3절에서 도입한 총합규약이 사용되고 있다.

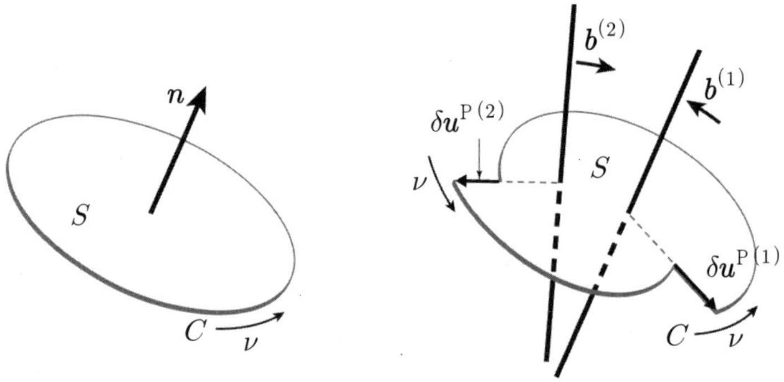

| 그림 12.1 | 폐곡선 C로 둘러싸인 면 S를 관통하는 전위

후에 구체적으로 기술하겠으나, α_{hi}의 대각성분은 나선전위, 비대각성분은 칼날전위의 존재를 의미한다. 이 정의를 이용하면 그림 12.1(a)와 같은 폐곡선 $\boldsymbol{C}$로 둘러싸인 면적 S면이 있으면, 이 면을 관통하는 전위의 버거스 벡터의 총합 $\boldsymbol{B}^{total}$의 x_i성분은, S면에서의 면적분으로,

$$B_i^{total} = \int_S \alpha_{hi} n_h \mathrm{d}\boldsymbol{S} \tag{12 · 2}$$

로 쓸 수 있다.

(2) 소성변형 구배와 전위밀도 텐서

여기서 그림 12.1(a)의 폐곡선 $\boldsymbol{C}$의 단위접선 벡터 ν라 하고, n은 오른나사 진행방향으로 되도록 둔다. 전위는 이미 슬립이 일어난 영역과 아직 슬립이 일어나지 않은 영역의 경계선이므로, S면을 관통한 전위가 있다는 것은 그림 12.1(b)와 같이 전위가 외부에서 S면으로 움직여 들어온 것이라 이해할 수 있다. 이것에 의한 소성전난번위δu^p를 ν의 화살표 진행부분이 후속부분에 대해 상대적으로 얼마만큼 변위하였는지 나타내면, S면 안에 남은 전위의 전체 버거스 벡터의 x_i성분은 모든 δu^p의 합으로써,

$$B_i^{total} = -\sum_k \delta u_i^{p(k)} \tag{12 · 3}$$

로 표현된다. 단, 윗첨자의 (k)는 k번째의 소성전단변위의 의미이다.

소성변형 구배 (plastic distortion)$\beta^*{}_{ij}$를 (2 · 1)을 참고하여 다음 식으로 정의하자.

$$\beta^*{}_{ij} \equiv \frac{\partial u_i^p}{\partial x_j} \tag{12 · 4}$$

폐회로 $\boldsymbol{C}$의 선요소를 δl이라 하면, $\delta x_j = \nu_j \delta l$이므로 윗식으로부터 $\delta u_i^p = \beta^*{}_{ij} \nu_j \delta l$가 된다. 따라서 (12 · 3) 식은,

$$B_i^{total} = -\sum_k \beta^*{}_{ij}^{(k)} \nu_j^{(k)} \delta l^{(k)} = -\oint_C \beta^*{}_{ij} \nu_j dl \tag{12 · 5}$$

와 같이 표현할 수 있다. 폐회로 $\boldsymbol{C}$에 따른 선적분표시로의 이행에는 유한의 버거스 벡터라는

개념을 포기한 연속전위 분포 방법를 이용하고 있다. (12・2)와 (12・5)으로부터,

$$\int_S \alpha_{hi} n_h dS = -\oint_C \beta^*{}_{ij} \nu_j dl \tag{12・6}$$

이고, 이 우변에 스토크스 정리 (부록 A참조)를 이용하면,

$$\int_S \alpha_{hi} n_h dS = -\int_S \epsilon_{hlj} \left(\frac{\partial \beta^*{}_{ij}}{\partial x_l} \right) n_h dS \tag{12・7}$$

가 된다. 단, 벡터의 외적을 부록 C의 퍼뮤테이션 텐서를 이용하여 표현하였다. (12・7)이 항상 성립하기 위해서는

$$\alpha_{hi} = -\epsilon_{hlj} \left(\frac{\partial \beta^*{}_{ij}}{\partial x_l} \right) \tag{12・8}$$

를 만족해야 한다. 이 식은 「소성변형 구배가 발생하는 곳에 전위가 있다」라고 하는, 매우 상식적인 것에 대한 수식화이다.

전위밀도 텐서는 또한 탄성변형구배 β^e_{ij}를 이용해서도 나타낼 수 있다. 전체 변형구배 $\partial u_i / \partial x_j$는 β^e_{ij}와 $\beta_{ij}{}^*$의 합이므로 (12・8)식으로부터,

$$\alpha_{hi} = -\epsilon_{hlj} \frac{\partial^2 u_i}{\partial x_j \partial x_l} + \epsilon_{hlj} \left(\frac{\partial \beta^e_{ij}}{\partial x_l} \right)$$

인데, $\epsilon_{hlj} = -\epsilon_{hjl}$이므로 제1항은 0이 된다. 따라서 다음식을 얻는다.

$$\alpha_{hi} = \epsilon_{hlj} \left(\frac{\partial \beta^e_{ij}}{\partial x_l} \right) \tag{12・9}$$

따라서, 「탄성변형이 장소에 따라 바뀌는 곳에 전위가 있다」라고도 말할 수 있다.

탄성변형이 장소에 따라 달라진다는 것은 내부응력장이 장소에 따라 달라진다는 것과 같은 말이 된다. 따라서 여기에서 말하는 전위 및 전위밀도 텐서라고 하는 것은 「변동하는 내부응력장을 전위라는 말로 표현했다」라는 의미이다. 따라서, 실제로 유한의 버거스 벡터를 가지는 전위가 존재한다는 의미는 아니다. 이것은 12・2장에서 더 명확해진다.

(3) 버거스벡터 보존법칙과 전위의 연속식

버거스 벡터의 보전법칙을 α_{hi}를 이용하여 표현해보자. 부록 그림A・1에서 3차원 영역 Ω 를 관통하는 전위에 대해서 면적분

$$\int_{|\Omega|} \alpha_{hi} n_h dS = 0 \tag{12・10}$$

이 성립되면 Ω 안에 들어간 전위는 반드시 Ω 의 바깥으로 나가게 된다. (Ω 의 안에서 끝점을 가지지 않는 것) 가우스 정리 (부록 A)와 (12・8)를 이용하면 (12・10)의 좌변은

$$\int_{|\Omega|} \alpha_{hi} n_h dS = \int_{\Omega} \left(\frac{\partial \alpha_{hi}}{\partial x_h} \right) dx = - \int_{\Omega} \epsilon_{hlj} \left(\frac{\partial^2 \beta^*{}_{ij}}{\partial x_l \partial x_h} \right) dx \tag{12・11}$$

이 되는데, (12・9)를 구했을 경우와 같이 (12・11)의 제3변의 피적분인자는 0이 되고, (12・10)이 성립하는 것을 확인할 수 있다. 또 윗식은 임의의 영역 Ω 에 대해서 성립하기 때문에 (12・11)의 제2변으로부터

$$\frac{\partial \alpha_{hi}}{\partial x_h} = 0 \tag{12・12}$$

이 성립한다. 이 식을 전위의 연속식 (continuity equation)이라 한다.

12-2 계면전위

(1) 계면전위밀도 텐서

그림 12.2와 같이 2개의 상 Ⅰ, Ⅱ와 그 계면을 생각해보자. 계면의 양측에서 각 상의 소성 변형구배는 다르다 하고, 각각을 $\beta^*{}_{ij}$(Ⅰ)와 $\beta^*{}_{ij}$(Ⅱ)라고 하자. 이 결과 계면에 전위가 정의된다. 이와 같은 전위를 계면전위 (interface dislocation)이라 하며, 그 전위 밀도 텐서를

$$\alpha_{hi} \equiv -\epsilon_{hlj}[\beta^*{}_{ij}(\mathrm{II}) - \beta^*{}_{ij}(\mathrm{I})]n_l^{interface} \tag{12・13}$$

로 정의한다. 여기서 벡터 $\boldsymbol{n}^{interface}$는 I 에서 II 의 방향으로 세운 계면의 단위법선 벡터이다. 실제로 (12・13)의 α_{hi}는 (12・8)이나 (12・9)의 것과 차원이 다르나 크게 신경쓰지 않기로 하자.

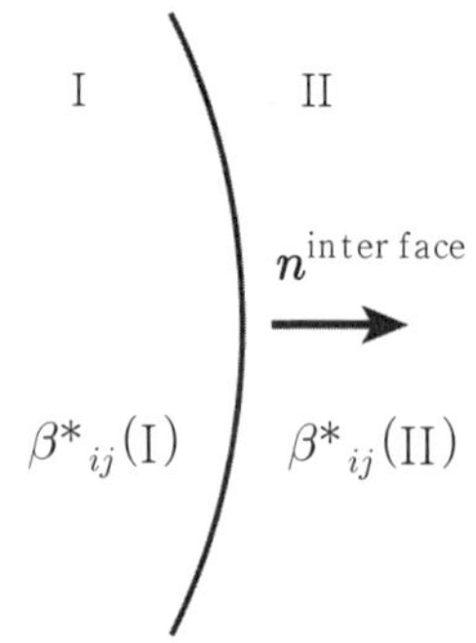

| 그림 12.2 | 이상계면에서 소성변형구배가 다른 경우

(2) 계면전위 개념의 구체 예

그림 12.3 (a)과 같이 2개의 상 I , II 의 정합 (coherent)계면을 생각하자. 간단히 하기 위해서 결정구조는 같지만 격자상수는 상 II 쪽이 조금 크다고 하자. 이때의 상황을 그림 12.3 (b)의 개념도에 나타내었다. 즉 $x_2 < 0$의 영역을 II 이라 하면 (12・13)에서 $\boldsymbol{n}^{interface} = [0, 1, 0]$가 된다. 또 $\boldsymbol{\beta}^*{}_{ij}(\mathrm{I})$는 모두 0이고, $\boldsymbol{\beta}^*{}_{ij}(\mathrm{II})$는 $\boldsymbol{\beta}^*{}_{ij}(\mathrm{II}) = \boldsymbol{\beta}^*\delta_{ij}(\beta^* = 0)$로 쓸 수 있다. 단, δ_{ij}는 크로네커 델타이다 (부록 B 참조). 이 때, 먼저 (12・5)에서 정의된 전위의 버거스 벡터의 총합의 의미를 생각해 보자. 그림 12.3 (b)와 같이 폐회로C로 둘러싸인 S면으로 하여, 원점을 통하는 반경 r의 원을 그린다. 즉, S면 법선을 $n = [0, 0, 1]$로 취하면 (12・5)로부터,

$$B_i^{total} = -\oint_C \beta^*{}_{ij}\nu_j dl = -\int_0^{2\pi} \beta^*{}_{ij}\nu_j r d\theta$$

가 되는데, 그림 12.3과 같이 $\nu = [-\sin\theta, \cos\theta, 0]$이며 $0 \le \theta \le \pi$에서는 $\boldsymbol{\beta}^* = \boldsymbol{\beta}^*(\mathrm{II}) = \boldsymbol{\beta}^*\delta_{ij}$, $\pi \le \theta \le 2\pi$에서는 $\boldsymbol{\beta}^*{}_{ij} = \boldsymbol{\beta}^*{}_{ij}(\mathrm{I}) = 0$인 것에 주의하면,

$$B_1^{total} = -\int_0^{2\pi} (\beta^*_{11}\nu_1 + \beta^*_{12}\nu_2) r d\theta = -\int_0^{2\pi} \beta^*_{11}\nu_1 r d\theta = -\beta^* r \int_0^{\pi} (-\sin\theta) d\theta = 2\beta^* r$$

$$B_2^{total} = \int_0^{2\pi} (\beta^*_{21}\nu_1 + \beta^*_{22}\nu_2) r d\theta = -\beta^* r \int_0^{\pi} (\cos\theta) d\theta = 0$$

$$B_3^{total} = -\int_0^{2\pi} (\beta^*_{31}\nu_1 + \beta^*_{32}\nu_2) r d\theta = 0 \qquad \textbf{(12 · 14)}$$

를 얻는다. 0이 아닌 버거스 벡터의 총합의 성분인 $B_1^{total} = 2\beta^* r$는 그림 12.4 와 같이 $\beta^*_{11} = \beta^*$의 발생에 의한 원의 팽창분을 나타내고 있는 것을 알 수 있다. 즉 영역Ⅱ가 팽창하

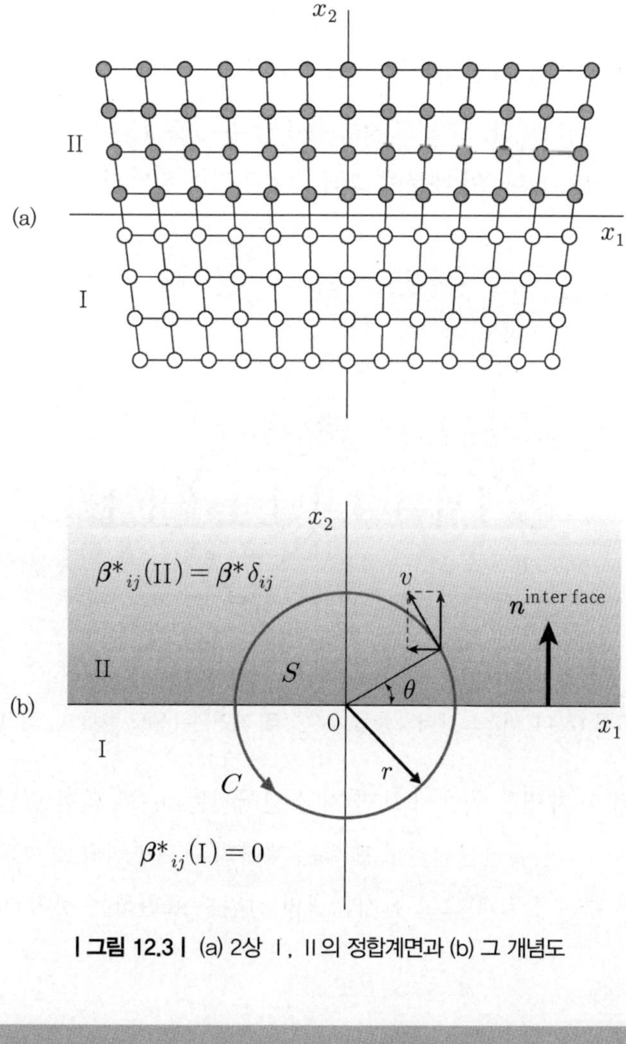

| 그림 12.3 | (a) 2상 Ⅰ, Ⅱ의 정합계면과 (b) 그 개념도

려고 하는 것을 무리하게 영역 I 로 붙여져 있기 때문에 발생하는 탄성변형률장 (내부응력장)을 전위의 형태로 나타낸 것이 된다. 그림 12.3(b)에서는 S면 법선을 $n=[0,0,1]$로 취하였는데, 만약 $n=[1,0,0]$를 가지는 다른 S면을 생각하여 같은 계산을 하면 $B_3^{total}=2\beta^* r$가 얻어지게 된다.

다음으로 그림 12.3 (b)에 대해서 (12・13)로 얻어지는 계면전위밀도 텐서를 계산해보자. 그 결과 0이 아닌 성분으로,

$$\alpha_{13}=-\beta^*$$
$$\alpha_{31}=\beta^* \qquad (12 \cdot 15)$$

가 용이하게 구해진다. 이들은 비대칭성분이기 때문에 칼날전위를 나타낸다. 그 중 α_{31}는 그림 12.4에 나타낸 것과 같이, 전위선 방향이 x_3축에 평행하고 버거스 벡터가 x_1축에 평행한 계면칼날전위군을 나타낸다. 그림 12.3(a)에서 알 수 있듯이, 계면부근의 상 II 는 계면이 없을 때에 비해서 압축되어 있다. 이 때문에 그림 12.4과 같이 칼날전위의 여분 원자반면은 윗쪽 II 측을 향하게 된다.

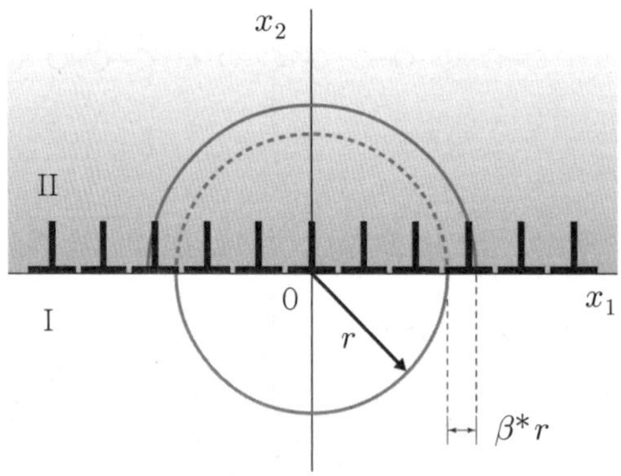

| 그림 12.4 | 버거스 벡터의 총합 B_1^{total}, 및 계면전위 밀도 텐서 α_{31}의 의미

(12・15)로부터 이 계면은 위에서 보면 지금 얻어지는 α_{31}에 의한 칼날전위군에 의해 기술된다. (그림 12.5). 물론 계면전위밀도 텐서는 계면의 단위면적당 포함되는 전위의 버거스 벡터의 총합을 나타내는 것일 뿐으로 한개한개의 전위를 표현하는 것이 아니기 때문에 그림

12.4나 그림 12.5에 표현된 하나하나의 전위, 그 간격 버거스 벡터의 크기는 단순히 개념적으로 나타낸 것이다.

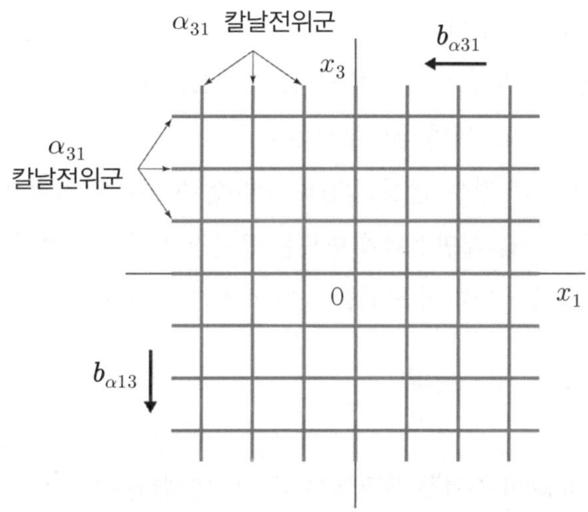

| 그림 12.5 | 그림 12.4에서 $x_2=0$의 계면을 지면에 평행하게 두었을 시 그림

(3) 미스핏 전위

그림 12.4 나 그림 12.5의 계면전위는 정합계면의 존재에 의한 탄성변형률 장을 전위로 재현한 것이다. 한편, 전자현미경관찰 등으로 이상계면에 규칙적인 전위의 배열이 관찰될 때가 있다. 이들의 전위는 미스핏 전위 (misfit dislocation)로 불린다. 미스핏 전위는 예를 들면, 그

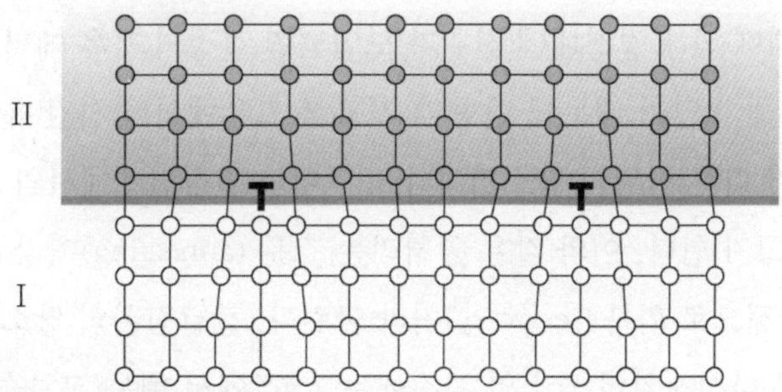

| 그림 12.6 | α_{31}로 표현되는 계면칼날전위군을 없애기 위해서 발생한 미스핏 전위. 여기서는 유한개의 버거스벡터를 가지는 2개의 미스핏 전위가 표시되어 있고, 계면은 반정합 상태에 있다.

림 12.4의 전위 배열에 의해 발생하는 탄성변형률장을 완화하기 (탄성변형률 에너지를 감소시키기) 위하여, 계면에 발생한 실제의 유한크기의 버거스 벡터를 가지를 전위이다. 미스핏 전위를 포함하는 계면을 그림 12.3(a)의 정합계면과 비교하기 위한 모식도를 그림 12.6에 나타낸다. 미스핏 전위는 앞장에서 구한 α_{31}나 α_{13} 계면전위가 만드는 응력장을 캔슬시키기 위해서 발생하는 것이므로 당연히 부호가 반대가 된다. 그림 12.6과 같이 미스핏 전위가 발생한 후의 계면을 반정합 (semicoherent)계면이라 부른다.

미스핏 전위도 대부분의 경우, 동등한 전위가 다수 주기적, 규칙적으로 배열되어 있다. 그림 12.6의 미스핏 전위가, α_{31}계면전위가 만드는 응력장을 가장 효과적으로 캔슬시키기 위해서는, 미스핏 전위의 버거스 벡터의 크기를 b, 미스핏 전위간격을 d라 했을 때,

$$\frac{b}{d} = |\alpha_{31}| = |\beta^*| \qquad (12 \cdot 16)$$

를 만족하면 된다. 이와 같이 주어진 계면에서 실제로 발생하는 미스핏 전위는, 간단한 기하학(결정학)으로 예상가능한 경우가 많다.

12-3 회복에 의한 전위조직

(1) 폴리곤화

변형이나 상변태에 의해 결정내에 전위가 도입되면 결정의 자유 에너지가 증가한다. 이것은 열역학적으로는 좋지 않기 때문에 변형 후 시료를 고온에서 장시간 유지시키면, 전위 밀도를 감소시켜 (부호가 다른 전위의 쌍소멸이나 표면이나 결정립계에서의 소멸에 의한) 결정의 자유에너지를 줄이고자 한다. 이와 같은 열처리는 소둔 (annealing)이라 부른다. 또 전위밀도의 감소과정은 일반적으로 회복 (recovery)이라 불린다. 칼날전위의 쌍소멸 과정에는 6.3장에서 배운 상승운동이 나선전위의 쌍소멸 과정에는 7.5장에서 배운 교차슬립이 중요하게 되는데, 이들은 둘다 열활성화 과정이 일어나기 때문에, 회복은 고온, 장시간일수록 진행되기 쉽다.

회복에 의해 전위밀도의 감소뿐만 아니라, 특수한 형태의 전위조직이 형성되는 경우도 있다. 그림 12.7은 변형 후에 어떤 결정립내의 전위분포를 나타낸 모식도이다. 회복이 일어나는 조건하에서는 서로 다른부호의 나선전위는 쉽게 교차슬립으로 쌍소멸이 일어나기 때문에, 여기서는 칼날전위를 생각하자. 간단히 하기위해 변형직후에는 (a)와 같이 랜덤하게 칼날전위가 존재한다고 하자. 평행하면서 서로 다른 부호를 가진 칼날전위 사이에는 5.3장에서 배운 것과 같이 인력이 작용하는데, 이들이 설령 서로 다른 슬립면에 놓여있다고 하더라도, 고온에서는 상승운동에 의해 쌍소멸이 가능하게 된다. 한편, 남은 전위 중 같은 부호의 칼날전위는 (b)와 같이 규칙적으로 세로로 놓인 배열을 하기 쉬워진다. 이것을 폴리곤화 (polygonization)라고 한다. 폴리곤화가 일어나는 이유는 그림 5.7에서 나타낸 것과 같이 같은 부호의 칼날전위의 세로배열이 안정배열이기 때문이다.

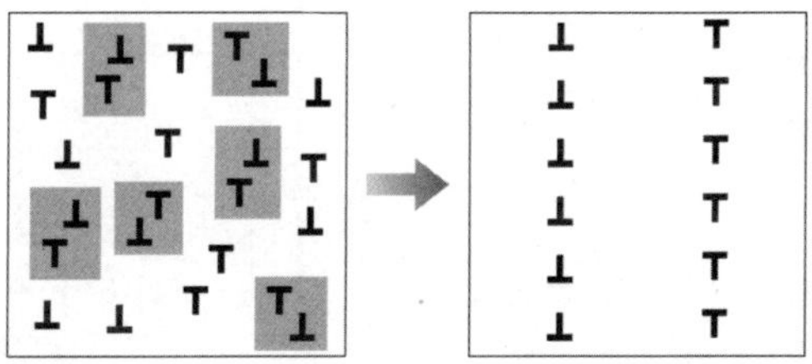

(a) (b)

| 그림 12.7 | 변형에 의해 도입된 전위가 예를들어 군데군데에 존재해도 회복이 발생하면 일부는 (a)에서 회색으로 표시한 전위쌍과 같이 쌍소멸에 의해 없어지고, 일부는 폴리곤화에 의해 (b)와 같은 안정배열을 하게 된다.

(2) 계면전위밀도 텐서를 이용한 폴리곤화의 이해법

그림 12.8(a)와 같이 영역 Ⅰ, Ⅱ가 있다고 하자. 계면단위법선 벡터는 $n^{interface} = [1, 0, 0]$이다. (b)와 같이 영역 Ⅰ에만 소성변형 $\beta^*_{12} = \beta^*$가 일어났을 때, (12・13)로부터 계면전위 밀도 텐서중 0이 아닌 성분은

$$\alpha_{31} = \beta^* \qquad (12 \cdot 17)$$

로 계산되어, 폴리곤화에 의해 발생한 칼날전위의 세로배열을 나타내고 있다.

칼날전위의 세로배열이 에너지적으로 유리한 것은 그림 5.7과 같이 전위간의 상호작용을 고려한 방법과 다른 방법으로 고찰해보자. 이를 위해 그림 12.8(b)와 더불어 (c)와 같이 영역

에만 새로운 소성변형 $\beta^*{}_{21} = -\beta^*$가 발생했다고 하자. 이것에 의해 영역 I, II의 계면에는 아무런 전위가 발생하지 않는다 (모든 α_{hi}가 0이다). 즉, (d)와 같이 양쪽의 소성변형이 일어난 후에도 계면에는 (12・17)만이 존재한다. 여기서 $\beta^*{}_{ij}$는 (12・4)에서 정의된 소성변형구배이기 때문에 eigen변형률$\varepsilon^*{}_{ij}$는

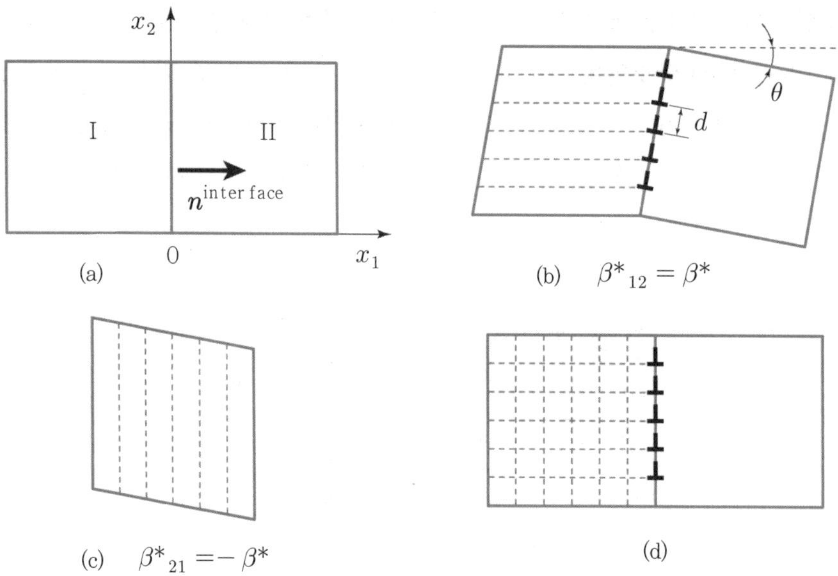

| 그림 12.8 | 칼날전위가 세로정렬시 에너지가 낮은 이유를 설명하는 그림

$$\varepsilon^*{}_{ij} = \varepsilon^*{}_{ji} \equiv \frac{(\beta^*{}_{ij} + \beta^*{}_{ji})}{2} \tag{12・18}$$

로도 정의할 수 있다. 따라서, 양쪽이 소성변형이 일어났을 때, 영역 I 에 존재하는 eigen변형률은,

$$\varepsilon^*{}_{12} = \varepsilon^*{}_{21} \equiv \frac{(\beta^*{}_{12} + \beta^*{}_{21})}{2} = \frac{(\beta^* - \beta^*)}{2} = 0 \tag{12・19}$$

가 된다. 영역 II 의 eigen변형률은 처음부터 0이기 때문에, 그림 12.8(d)의 상황에서는 영역 I, II 모두 eigen변형률이 0이 된다. 이것은 칼날전위의 세로배열이 확실히 탄성변형률 에너지를 발생하지 않도록 하는 매우 유리한 전위배열이 되는 것을 의미하고 있다. 이 결론은 전위의

연속분포를 생각하는 경우이고, 실제의 유한크기의 버거스 벡터를 가지는 칼날전위의 세로배열에서는 전위 근방에는 그림 12.9와 같은 단거리의 응력장이 있고, 이 때문에 탄성변형률 에너지도 존재한다. 그러나, 전위간격정도 이상 x_1방향으로 떨어진 곳에서는 응력장이 거의 0이 된다고 생각해도 된다.

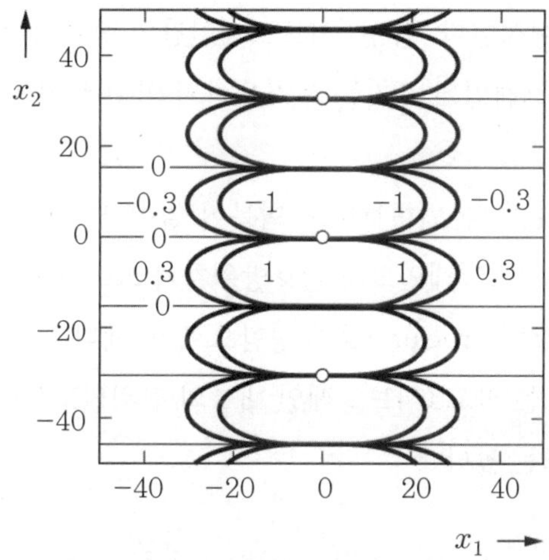

| 그림 12.9 | x_3축에 평행하고 30b 간격으로 세로(x_2방향) 정렬된 칼날전위 주위의 σ_{11}응력성분. 응력은 $\mu/\{200\pi)(1-\nu)\}$을 단위로 하고, x_1, x_2는 b를 단위로 나타내고 있다. 그림 4.4(a)와 비교하면, x_1 방향으로의 응력장은 전위간격 정도의 매우 짧은 범위에서만 국소적으로 존재하는 것을 알 수 있다.

(3) 소각입계와 서브그레인

그림 12.8의 영역 Ⅰ, Ⅱ를 2개의 서로 다른 결정립이라 생각한다면, 그림 12.8(b)와 같이 결정립간에 상대적인 결정방위차가 발생한다. 이 각도를 θ, 칼날전위의 버거스 벡터의 크기를 b, 칼날전위간격을 d라 하면 간단한 기하학으로 (12・16)과 동일한 식으로서

$$\theta = |\alpha_{31}| = |\beta^*| = \tan^{-1}\frac{b}{d} \approx \frac{b}{d} \qquad (12 \cdot 20)$$

를 얻는다. 마지막 식은 $|\theta|$가 1에 비해 충분히 작을 때를 의미한다. (12・17)는 이 입계의 기하학을 나타낸 것으로도 이해할 수 있나. θ가 약 15° 이하의 입계를 소각입계 (small-angle boundary)라 부르며, 특히 칼날전위의 세로배열에 의해 표현되는 소각립계를 소경각입계

(small-angle tilt boundary)라 부른다. 소각입계에는 이외에, 2종류의 나선전위의 배열에 의해 표현되는 소각 비틀림입계 (small-angle twist boundary)도 있다. 물론 소경각입계과 소각비틀림입계의 중간적인 입계도 존재한다.

크리프(creep) 등의 고온변형에서는 변형 중에 가공경화와 회복이 동시에 일어난다. 그 결과, 전위는 변형 중에도 재배열을 일으키고, 소각입계로 둘러싸인 서브그레인 (subgrain, 아결정립이라고 불린다)을 형성한다. 통상, 서브그레인간의 방위차는 수도 이하로 매우 작다. 크리프 변형의 경우, 서브그레인의 크기는 부가응력의 역수에 거의 비례하는 것이 실험으로 증명되었다.

보다 저온의 변형에서는 고온변형보다도 회복이 일어나기 힘들기 때문에 서브그레인의 형성은 곤란하다. 하지만, 서브그레인보다 상호방위차가 크고, 폭을 가지는 경계에 많은 수의 뒤엉켜 존재하는 셀 조직 (cell structure)를 형성함으로써, 에너지를 감소시키려 한다. 셀조직에서도 셀내부의 전위밀도는 작고 (서브그레인 내부의 전위밀도보다는 높다), 뒤엉킨 전위가 존재하는 셀벽의 전위밀도는 높다.

12-4 피로에 의한 전위조직

반복변형 (cyclic deformation)이나 피로 (fatigue)에 의해서도 특징적인 전위조직이 형성된다. 이들의 변형에서는 전위가 몇번이나 왕복운동이 가능하기 때문에, 단순한 인장변형의 경우에 비해 더욱 안정적인 전위조직이 형성된다. 상세내용은 다른 전문서를 참고하길 바라나, 반복 응력이나 변형률의 조건에 응하여 베인 조직 (vein structure), 월 조직 (wall structure, 전위벽조직이라고 한다), 셀 조직 (cell structure) 등의 전위조직이 형성된다. 때로는 다른 2종류이상의 월 조직으로 구성된 기하학적으로 아름다운 미로조직 (labyrinth structure)도 형성될 때가 있다.

셀조직은 앞절에서 언급한 그대로이며, 베인 조직이나 월 조직은 칼날전위의 쌍극자가 밀집한 전위밀도가 높은 전위벽영역과, 그 사이의 채널 (channel)이라 불리는 전위밀도가 낮은 영역의 존재로 특징된다. 그림 12.10에는 월조직을 모식적으로 나타내었다. 베인 조직이나 월

조직이 생기면 칼날전위 쌍극자의 운동은 매우 곤란해지기 때문에, 소성변형은 주로 채널내 나선전위의 운동에 의해 이루어진다.

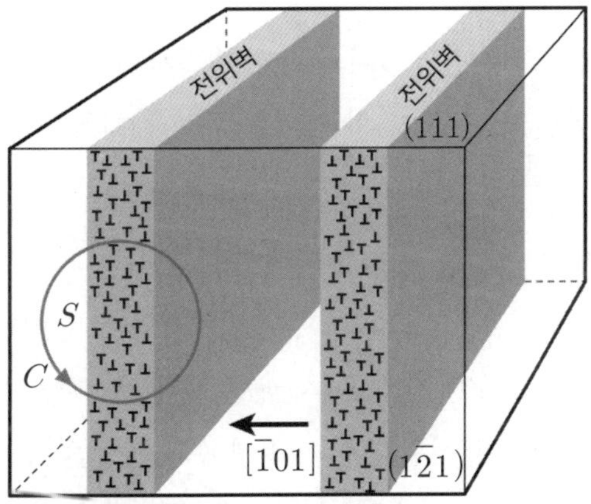

| 그림 12.10 | 피로나 반복변형에서 관찰되는 wall 조직의 모식도 (방위는 fcc금속의 경우)

베인이나 월내의 쌍극자의 집합은 부호가 다른 동수의 칼날전위로 이루어지기 때문에, 예를 들면 그림 12.10 안의 폐회로 C로 둘러싸인 면S에 대해 (12・3)이나 (12・5)를 계산하면, B_i^{total}은 0이 된다. 이것은 또 채널영역사이의 방위차가 0이 되는 것은 의미하며 (12・13)의 계면전위밀도 텐서 α_{hi}도 0이 된다. 따라서 베인 조직이나 월 조직에 대해 연속전위분포의 개념을 적용하면, 앞 절의 소경각입계의 경우와 마찬가지로 탄성변형률 에너지가 0이 되고, 이것도 에너지적으로 매우 유리한 전위조직인 것을 알 수 있다.

회위 (disclination)

물체에 절단면을 넣어서, 절단면의 위아래의 부분에 상대적인 병진에 의해 어긋나게한 결과 생기는 결함이 전위이고, 절단면의 위아래의 부분에 상대적으로 회전을 넣어 어긋나게 한 결과 생긴 결함이 회위이다. 회전축이 절단면에 수직한 경우를 비틀림형 회위 (twist disclination), 평행한 경우를 쐐기형 회위 (wedge disclination)라 부른다. Topology나 탄성론적으로는 회위론의 개념 중의 특별한 경우로서 전위를 표현할 수 있다. 회위의 탄성변형률은 전위에 비교해서 크고, 통상의 결정에는 존재하기 어렵지만, 생체의 구조, 액정 (액체와 결정의 중간 상태의 물질), 초전도체 등으로 그 존재가 확인되고 있다. 또, 강자성체의 자구(磁区)기구의 해석 등에도 회위의 개념이 적용되고 있다.

연습문제

12.1 연습문제 [2.4]에서 얻은 칼날전위의 eigen변형률을 이용해서 (12.8) 계산하고, 이 경우에 얻어진 전위밀도 텐서 α_{hi}의 의미를 생각해보라.

12.2 그림과 같이 방위가 지면상 x_3축 주위에 각도 θ만큼 다른 2개의 결정립 I, II 가 있다. 여기서 결정립I를 기준으로 하고, 결정립I, II의 소성변형구배는 $\beta^*_{ij}(\mathrm{II}) = \beta_{ij}$, $\beta^*_{ij}(\mathrm{I}) = 0$로 두고, 그림 2.2(d)에서 배운 것과 같이 $\beta_{12} = -\beta_{21} = \theta$, 다른 $\beta_{ij} = 0$이 된다. 또, 그림에서 결정립계가 x_2축에 수직한 면의 경우에는 경각립계가 되고, x_3축에 수직한 면(지면에 평행한 면)의 경우에는 비틀림입계 (twist boundary)가 된다. 각각의 경우에 대해서 (12.13)을 이용해서 계면전위의 α_{hi}를 계산하고, 경각입계 (tilt boundary)는 1종류의 칼날전위, 비틀림입계는 서로 수직인 2종류의 나선전위의 배열로 나타내는 것이 가능하다는 것을 보여라.

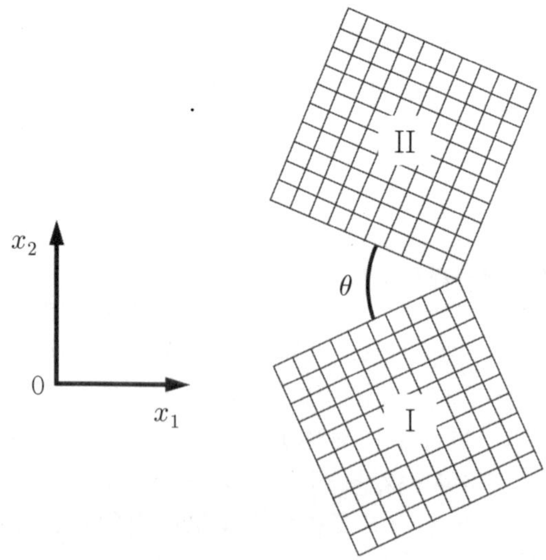

12.3 위의 문제에서 θ가 1에 비해서 작은 경우, 경각입계, 비틀림입계에 관계없이, 버거스벡터 b와 전위 사이의 간격 d의 사이에는 (12.20)의 $\theta = b/d$가 성립한다. 더욱이 그림12.9와 같이, 입계로부터 전위간격 정도 이상 떨어진 장소의 응력장은 0이 된다고 간주해도 좋다. 이 경우, 입계의 에너지가 배열 전위에 의한 탄성변형에너지로 결정되는 것으로 가정하고, 각각의 입계의 단위면적당 에너지를 θ를 포함하는 식으로 표현하라.

연습문제 해답

제1장

1.1 $1\text{eV} = 1.602 \times 10^{-19}\text{J}$(단위환산), $k = 1.38 \times 10^{-23}\text{J} \cdot \text{K}^{-1}$을 이용해서, 각각의 융점과 함께 주어진 식에 대입하면, 구리 및 알루미늄 원자공공의 열평형농도는 각각 $C_V \simeq 1.91 \times 10^{-4}$, $C_V \simeq 0.89 \times 10^{-4}$로 얻을 수 있다.

1.2 그림과 같은 순수하게 칼날전위로 이루어진 루프가 있다. 이것들은 원자공공 또는 격자간 원자가 어떤 면에 집합하는 것에 의해 생성되고, 프리즈머틱 (prismatic) 전위루프라고 불린다.

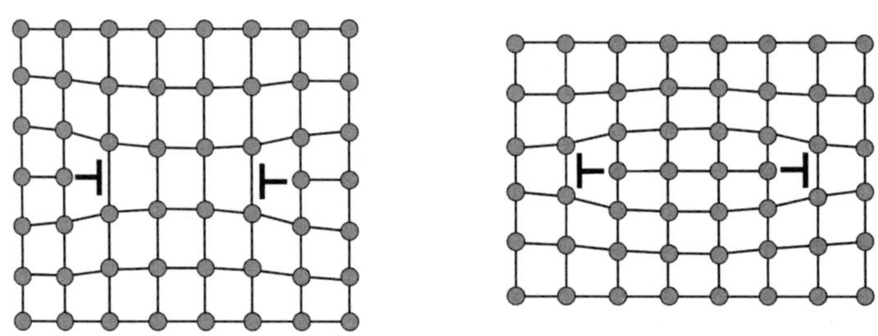

(a) (b)

순수한 칼날전위의 프리즈머틱 루프의 단면도. (a) 원자공공형, (b) 격자간원자형

1.3 버거스벡터의 보존법칙에 의해 벡터로서 $\boldsymbol{b}_1 = \boldsymbol{b}_2 + \boldsymbol{b}_3$가 성립할 필요가 있다. 갈라진 전위가 다시 얽히면, 전위의 그물코 (전위망 dislocation network)이 생긴다. 충분히 소둔된 결정에서 전위는 이러한 그물코 구조를 형성하고 있다고 생각되고 있다.

제2장

2.1 예를 들어, E와 ν의 표식은 1축응력의 경우의 대칭성으로부터 (2.11)에서, $\sigma_{22}=\sigma_{33}=0$, $e_{11}=e_{22}$으로 두고, (2.12), (2.13)에 대입하면 얻을 수 있다.

2.2 우선, (2.11)의 후크의 법칙을 이용해서 (2.6)에서 응력의 σ_{ij}의 좌표미분을 소성변형률 e_{ij}의 좌표미분을 포함하는 식으로 변환한다. 다음으로 (2.2)을 이용해서 탄성변위 u_i의 좌표에 대한 2회미분을 포함하는 식으로 변환한다. 그 결과 3개의 같은 형태의 식 중 하나는 식과 같이 구해진다.

$$m\frac{\partial^2 u_1}{\partial t^2}=(\lambda+2\mu)\frac{\partial^2 u_1}{\partial x_1^2}+\mu\left(\frac{\partial^2 u_1}{\partial x_2^2}+\frac{\partial^2 u_1}{\partial x_3^2}\right)+(\lambda+\mu)\left(\frac{\partial^2 u_2}{\partial x_1\partial x_2}+\frac{\partial^2 u_3}{\partial x_1\partial x_3}\right)$$

이것을 총합규약을 이용해서 일반화하면 다음을 얻을 수 있다.

$$m\frac{\partial^2 u_i}{\partial t^2}=(\lambda+\mu)\frac{\partial^2 u_j}{\partial x_i\partial x_j}+\mu\frac{\partial^2 u_j}{\partial x_j\partial x_j}$$

2.3 (a) 평면응력조건이 성립하는 경우의 정적평형의 식은,

$$\frac{\partial\sigma_{11}}{\partial x_1}+\frac{\partial\sigma_{12}}{\partial x_2}=0,\ \frac{\partial\sigma_{21}}{\partial x_1}+\frac{\partial\sigma_{22}}{\partial x_2}=0$$

이다. 주어진 식을 대입하면, 이것들이 성립하는 것을 알 수 있다.

(b) 평면응력조건이 성립하는 경우의 (2.16)은

$$e_{11}=\frac{\sigma_{11}-\nu\sigma_{22}}{E},\ e_{22}=\frac{\sigma_{22}-\nu\sigma_{11}}{E},\ e_{12}=\frac{\sigma_{12}}{2\mu}$$

이다. 여기서 탄성변형률 e_{ij}을 (2.2) 정의를 사용해서 탄성변위 u_i의 미분형으로 표현하고, 각각의 식을 x_2, x_1, x_1과 x_2로 2번 미분하고 u_i의 미분을 포함하는 항을 소거하면 주어진 식을 얻을 수 있다. 단, (2.15)로부터 얻을 수 있는 $\frac{E}{\mu}-2\nu=2$의 관계를 사용하였다.

2.4 문제의 의도와 같은 칼날전위를 결정에 도입하는 것에는 다음 그림과 $x_2=0$같이 $x_1<0$의 의 영역에 절단면을 넣고, 절단면의 위쪽의 결정을 아래쪽의 결정에 대해서 상대적으로 b만큼 어긋나게 한 후에 절단면을 붙이면 된다. 이 조작에서 생기는 절단면의 상부 결정의 변위는 $u=(b,0,0)$로 u_1만 존재하고, 절단면 부분에서만 무한대의 전단변형률이 가해져 있으므로, 칼날전위의 eigen변형률 $\varepsilon^*{}_{ij}$은 다음과 같이 표현된다. $\varepsilon^*{}_{21}=\varepsilon^*{}_{12}=\left(\frac{b}{2}\right)\delta(x_2)H(-x_1)$, 다른 $\varepsilon^*{}_{ij}$는 0이다.

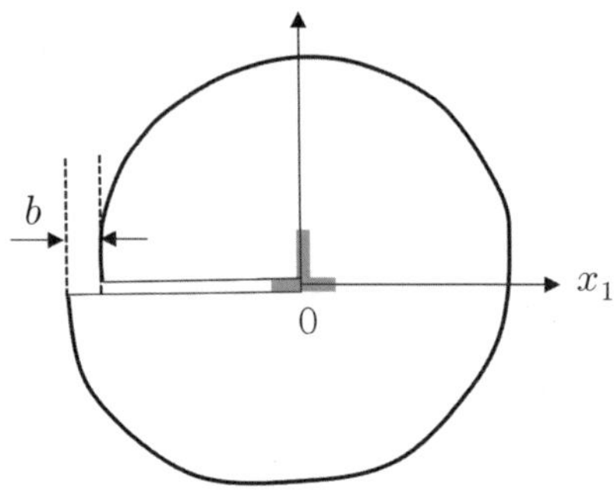

제3장

3.1 2상을 α, β로 두고, 각각의 상의 열역학양을 이들 위에 첨자로 나타낸다. 평형가역과정의 경우의 (3.13)은 $dG^\alpha=-S^\alpha dT-V\varepsilon^\alpha d\sigma$와 $dG^\beta=-S^\beta dT-V\varepsilon^\beta d\sigma$이다 (미소변형이론이므로 V는 정수로 생각하고 있다). 두 식을 빼고, 2상 공존조건인 $dG^\alpha=dG^\beta$을 고려하면,

$$\frac{dT}{d\sigma}=-\frac{V\varepsilon^{\alpha\to\beta}}{S^{\alpha\to\beta}}=-\frac{TV\varepsilon^{\alpha\to\beta}}{L^{\alpha\to\beta}}$$

을 얻을 수 있다. 여기서 $S^{\alpha\to\beta}\equiv S^\alpha-S^\beta$, $\varepsilon^{\alpha\to\beta}\equiv\varepsilon^\alpha-\varepsilon^\beta$이고, $\varepsilon^{\alpha\to\beta}$는 변태를 동반하는 일축인장변형률을 나타내고, 체적변화가 있으면 $V\varepsilon^{\alpha\to\beta}$의 항에 포함되어 있다. 또, $L^{\alpha\to\beta}=T(S^\beta-S^\alpha)$는 $\alpha\to\beta$ 변태의 잠열이다.

3.2 중력가속도를 g로 두면 잘 알려져 있듯이, $dP=-Mgdx$이다. 물체가 원통형이나 직각육면체 일 때, 그 단면적을 A, 원래의 길이를 l로 두면, 물체의 체적은 Al이다. 한편, 인장응력은 $\sigma=Mg/A$, 변형률 변화는 $d\varepsilon=dx/l$이므로, 확실히 $dP=-Mgdx=-\sigma Ald\varepsilon=-V\sigma d\varepsilon$가 된다.

3.3 (3.12)에 의해 일정응력하에서는 헬름홀츠 에너지변화 $\Delta F=E_V$에 외력포텐셜에너지변화 ΔP을 더한 것이 깁스에너지변화 ΔP이다. ΔP는 다음과 같은 고찰로 얻을 수 있다. 그림과 같이 일축응력 σ을 부가하는 추의 하중하에서 체적 Ω의 부분의 물체는 그림의 빗금친 부분으로 이동하고, 그 결과 추의 포텐셜에너지는 감소한다. 이 물체의 단면적을 A라 하면, 이 감소량은 $\Delta P=-\sigma A\Delta x$이지만, $A\Delta x$는 원자공공의 체적 Ω에 다르지 않다. 따라서,

$$\Delta G=\Delta F+\Delta P=E_V-\sigma\Omega$$

을 얻을 수 있다. σ의 부호 (인장인가 압축인가)에 의해 ΔG는 변화한다.

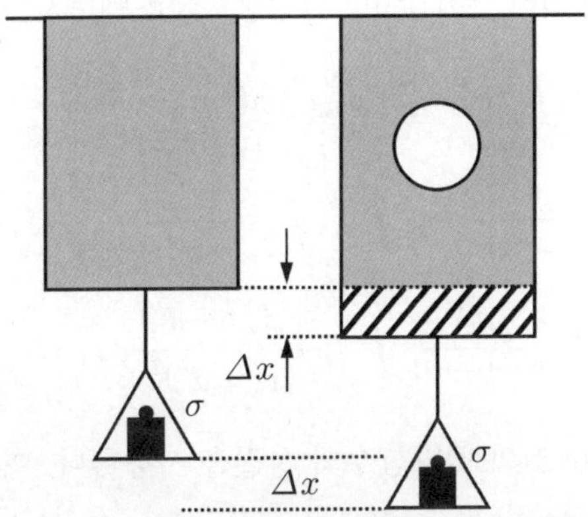

3.4 (a) [N/m^3], 이것은 좁은 의미의 힘과 같고, (b) [J/m^3], 이것은 (3.19)의 경우. (c) [J/m^3]= [N · m/m^3], 단위체적당 힘의 모멘트 (토크).

제4장

4.1 정적평형이므로 변위의 시간미분은 0이다. 또, (4.1)의 변위성분에서 0이 아닌 것은 u_3만이고, 이것에는 x_3성분이 포함되어 있지 않기 때문에, (2.2)에서 성립해야 할 식은 $(\partial^2 u_3/\partial x_1^2)+(\partial^2 u_3/\partial x_2^2)=0$가 된다. (4.1)을 대입하면, 이것이 성립하는 것을 알 수 있다.

4.2 우선 같은 부호의 경우를 생각해보자. 위치 (x, d)에 어떤 전위II의 eigen변형률에서 0이 아닌 것은 연습문제 [2.4]에서 얻은 해를 평행이동하는 것에 의해 $\varepsilon_{21}^e=\varepsilon_{21}^e=(b/2)\delta(x_2-d)H\{-(x_1-x)\}$가 된다. 탄성상호작용에너지의 계산에는 (2.25)를 이용하지만, 이 경우 전위I의 응력장 (4.7)에서 필요한 것은

$$\sigma_{12}^{\mathrm{I}}=\sigma_{12}^{\mathrm{I}}=\frac{\mu b}{2\pi(1-\nu)}\frac{x_1(x_1^2-x_2^2)}{(x_1^2+x_2^2)^2}$$

만이다. (2.25)에 의해 단위길이당 탄성상호작용 에너지는 다음식에 의해 구해질 수 있다.

$$\begin{aligned}E_{edge}^{int}&=-\int_V(\sigma_{21}^I\varepsilon_{21}^{*e}+\sigma_{12}^I\varepsilon_{12}^{*e})dx\\&=-\frac{\mu b^2}{2\pi(1-\nu)}\int_{-\infty}^{\infty}\int_{-\infty}^{\infty}\frac{x_1(x_1^2-x_2^2)}{(x_1^2+x_2^2)^2}\delta(x_2-d)H\{-(x_1-x)\}dx_1dx_2\\&=-\frac{\mu b^2}{2\pi(1-\nu)}\int_{-\infty}^{x}\frac{x_1(x_1^2-d^2)}{(x_1^2+d^2)^2}dx_1\end{aligned}$$

계산 도중에는 (4.5)의 델타함수의 성질을 사용했다. 여기서 적분하한의 $-\infty$을 $-R$ (R : 결정립의 반경)으로 치환하고, $x_1^2+d^2=t$로 변수변환하면 위식의 적분은 간단히 구해지고, 다음 식을 얻을 수 있다.

$$E_{edge}^{int}=-\frac{\mu b^2}{2\pi(1-\nu)}\left\{\frac{1}{2}ln\left(\frac{x^2+d^2}{R^2+d^2}\right)+\frac{d^2}{x^2+d^2}-\frac{d^2}{R^2+d^2}\right\}$$

만약 2개의 칼날전위가 다른 부호라면, 탄성상호작용에너지는 위식과 부호가 반대가 된다. 아래 그림은 E_{edge}^{int} 의 형태를 나타낸 것이다. 같은 부호의 경우는 2개의 칼날전위는 무한대로 떨어진 경우가 가장 상호작용에너지가 낮지만, $x=0$에서도 에너지가 극소값을 갖고, 전위가 가까이 가면 상하로 나란히 배열하고자 한다. 부호가 다른 경

우는 $x=\pm d$에서 극소값을 갖고, 전위는 서로 45°의 각도에서 평행한 안정위치가 된다. 이것을 전자기학에서 익힌 칼날전위의 쌍극자 (dipole)이라 한다.

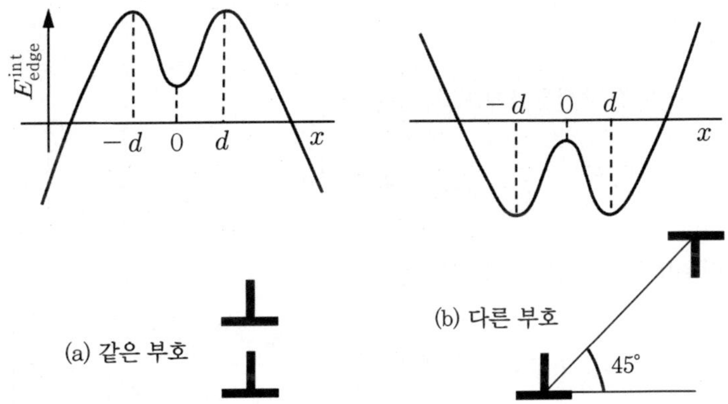

4.3 그림4.1의 나선전위의 경우, 그 eigen변형률은

$$\varepsilon^{s}_{32}=\varepsilon^{s}_{23}=-(b/2)\delta(x_2)H(x_1)$$

로 표현할 수 있다. 따라서, 이전의 문제와 같이 단위길이당 탄성상호작용에너지는 같은 부호의 두 전위의 경우

$$E^{int}_{screw}=-\int_V(\sigma^I_{32}\varepsilon^S_{32}+\sigma^I_{23}\varepsilon^S_{23})dx$$

$$=-\frac{\mu b^2}{2\pi}\int_{-\infty}^{\infty}\int_{-\infty}^{\infty}\frac{x_1}{x_1^2+x_2^2}\{-\delta(x_2-d)H(x_1-x)\}dx_1dx_2$$

$$=\frac{\mu b^2}{2\pi}\int_x^R\frac{x_1^2}{x_1^2+d^2}dx_1=-\frac{\mu b^2}{4\pi}ln\left(\frac{x^2+d^2}{R^2+d^2}\right)$$

로 구해진다. 여기서 $R^2>x^2$이므로 대수항은 항상 음이고, E^{int}_{screw}은 항상 양 (척력형 상호작용)이다. 또 $x^2+d^2=r^2$ (r : 2전위간의 거리)이므로 E^{int}_{screw}는 극값을 갖지 않고 r의 증가에 따라서 단조롭게 감소한다. 따라서 2개의 나선전위의 경우는 평행한 안정위치는 존재하지 않는다. 만약 2개의 부호가 다르다면, E^{int}_{screw}는 항상 음 (인력형 상호작용)이 되고, 항상 가까이 가고자 한다.

제5장

5.1 $$\Delta E=\frac{\mu b^2}{2}\left[\int_{x_1}^{x_2}\left\{1+\left(\frac{df(x)}{dx}\right)^2\right\}^{1/2}dx-(x_2-x_1)\right]$$

5.2 나선전위I가 칼날전위II에 미치는 힘

$$f=[f_1,f_2,f_3]=\left[0,0,-\frac{\mu b_{\mathrm{I}}b_{\mathrm{II}}}{2\pi}\frac{x_1}{x_1^2+d^2}\right]$$

칼날전위II에 나선전위I에 미치는 힘

$$f=[f_1,f_2,f_3]=\left[\frac{\mu b_{\mathrm{I}}b_{\mathrm{II}}}{2\pi(1-\nu)}\frac{x_3(x_3^2-d^2)}{(d^2+x_3^2)^2},0,0\right]$$

이 힘들은 각각의 전위의 전체길에 대해서 적분하면 0이 된다. 하지만, 우력 (couple of forces) 이 존재하므로, 양전위는 다음과 같이 휘고자 하고자 한다.

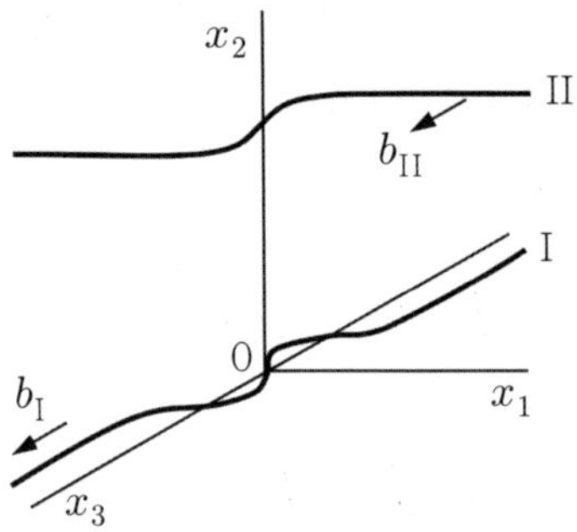

제6장

6.1 서로 자른 후의 전위를 그림에 A′, I′으로서 나타낸다. 전위 A에는 킹크도 조그도 생기지않고, 전위 I의 버거스벡터의 크기에 같은만큼의 길이변화가 생긴다. 한편, 전위 I에는 칼날전위의 조그가 생기지만, 조그부의 슬립방향은 원래의 전위 I의 슬립방향과 평행하므로, 이 조그는 전위 I′과 함께 슬립운동 (보존운동)을 할 수 있다. 따라서, 이 조그는 전위 I′의 운동에 대한 강한 장해물이 되지 않는다.

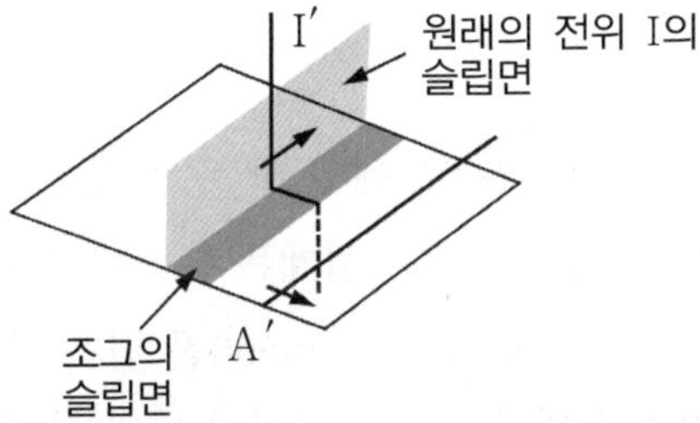

6.2 (6.13)의 계산과 같이 $x = L\sin^2\theta$로 두고 (6.11)을 바꿔쓰면

$$\int_0^L D(x)dx = \frac{4nb}{\pi}\int_0^{\pi/2}\cos^2\theta d\theta = nb$$

와 (6.9)를 만족하는 것을 알 수 있다. 또 $x' = L\sin^2\theta$로 두고 (6.11)을 바꿔서 다시 쓰면,

$$A\int_0^L \frac{D(x')}{x-x'}dx' = \frac{2\tau}{\pi}\int_0^{\pi/2}\left(\frac{L\cos^2\theta}{x-L\sin^2\theta}\right)d\theta$$

$$= \frac{2\tau}{\pi}\int_0^{\pi/2}d\theta + \frac{2\tau}{\pi}\int_0^{\pi/2}\left(\frac{1-x/L}{x/L-\sin^2\theta}\right)d\theta$$

이 되지만, 오른쪽의 제1의 적분은 τ로 주어지고, 제2의 적분은 초등함수로 표현되고, $0 < x < L$에서는 0이 되는 것이 보여지므로, (6.10)의 해이다.

6.3 중심이란 (버거스벡터의 크기) × (거리) 로 정의되는 전위의 집적의 모멘트가 평형을 이루는 위치이고, 중심에 지점 (支点)을 두면, 전체 모멘트가 0 이 된다. 중심의 위치를 x_G로 두면,

$$x_G = \int_0^L xD(x)dx \Big/ \int_0^L D(x)dx$$

가 성립한다. (6.11)의 를 이 식에 대입해서

$$x_G = \frac{2}{\pi L}\int_0^L \{x(L-x)\}^{1/2}dx = \frac{L}{4}$$

를 얻을 수 있다. 즉, 중심은 가장 마지막에 위치한 전위보다 항상 선두전위에 가까운 위치에 있다.

제7장

7.1 (a) 그림 7.3의 스테레오 투영도에서 알 수 있듯이, $[\bar{1}\,4\,9]$방향은 표준삼각형내에 있는 방향으로 이 경우는 주슬립계는 $(1\,1\,1)[\bar{1}\,0\,1]$이다. 벡터의 내적의 계산법을 이용해서 $S_F = \cos\theta \cos \varnothing \simeq 0.500$를 얻을 수 있다. 즉, $[\bar{1}\,4\,9]$방향은 주 슬립계를 완전전위에 대한 슈미드 인자가 거의 최대가 되는 방향이다.

(b) 주슬립계의 완전전위는 (7.4)에 따라서 2개의 쇼클리 부분전위로 분해한다. 각각의 전위의 버거스 벡터를 슬립방향으로서 계산하면, 2개의 부분전위에 대해서 $S_F = 0.433$라는 같은 값이 된다.

(c) (7.4)의 완전전위 $\boldsymbol{b}$에 대해서는 $S_F = 0.467$, 선두의 부분전위 $\boldsymbol{b}^{\mathrm{I}}$에 대해서는 $S_F = 0.337$, 후속의 부분전위 $\boldsymbol{b}^{\mathrm{II}}$에 대해서는 $S_F = 0.471$이 된다. 후속전위의 슈미드 인자가 크기 때문에, 인장응력에 의해 확장전위의 폭은 작아진다는 것을 알 수 있다.

7.2 그림과 같이 쇼클리 부분전위가 $(1\,1\,1)$면의 매층에서 슬립이 발생하면, $\cdots ABABAB \cdots$라는 적층이 생긴다.

$$\left.\begin{array}{llll}
\mathrm{C}\to & \mathrm{A}\to & \mathrm{B}\to & \mathrm{C} \\
\mathrm{B}\to & \mathrm{C}\to & \mathrm{A}\to & \mathrm{B} \\
\mathrm{A}\to & \mathrm{B}\to & \underline{\mathrm{C}\to} & \underline{\mathrm{A}} \\
\mathrm{C}\to & \mathrm{A}\to & \mathrm{B} & \mathrm{B} \\
\mathrm{B}\to & \underline{\mathrm{C}\to} & \underline{\mathrm{A}} & \mathrm{A} \\
\mathrm{A}\to & \mathrm{B} & \mathrm{B} & \mathrm{B} \\
\underline{\mathrm{C}\to} & \underline{\mathrm{A}} & \mathrm{A} & \mathrm{A} \\
\mathrm{B} & \mathrm{B} & \mathrm{B} & \mathrm{B} \\
\mathrm{A} & \mathrm{A} & \mathrm{A} & \mathrm{A}
\end{array}\right\}\ \text{hcp구조}$$

7.3 그림을 참조해서, fcc의 나선전위 주위의 $[1\,1\,0]$원자열의 높이를 생각해보자. 그림 A의 위치, B의 위치의 어느 한 곳에 나선전위가 있는 경우도 그 주위의 $[1\,1\,0]$원자열의 배치는

$$(b/2+0)\to(0+b/4)\to(b/2+b/2)\to(0+3b/4)$$

$$= b/2\to b/4\to 0\to 3b/4$$

로 표현할 수 있다. 따라서, $[1\,1\,0]$원자열의 높이는 같아지지 않기 때문에, bcc의 나

선전위와 비교해서 fcc의 나선전위에 대한 파이얼스 응력은 작다고 생각할 수 있다.

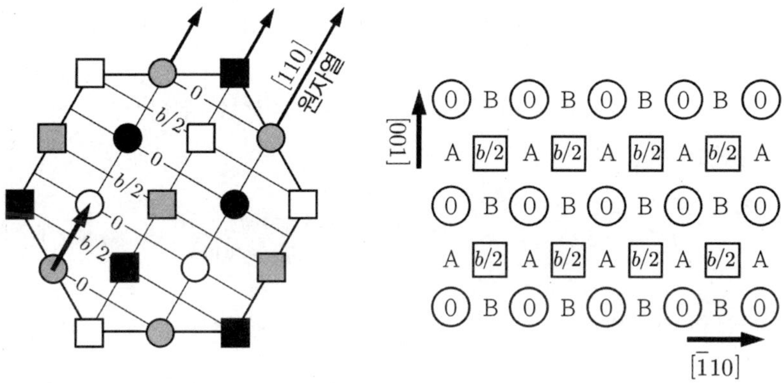

(a) fcc의 [$\bar{1}$11]방향으로 본 적층. 제1층 (흰색원자), 제2층 (회색원자), 제3층 (검정색 원자). (b) fcc의 [110]방향으로 본 원자배치도

제8장

8.1 (8.10)의 정의인 $v^* \equiv -(\partial G^*/\partial \tau^*)$을 이용해서, (8.3)을 계산해서 $\nu^* = bLd^*$이 된다. 다만, 그림 8.4에 의해 알 수 있듯이, 일반적으로는 (8.3)의 적분의 상하한의 x_1, x_2도 τ^*의 함수인 것에 주의하라. 이 경우의 수학 공식을 사용하면,

$$v^* \equiv -\left(\frac{\partial G^*}{\partial \tau^*}\right)_T = -\frac{d}{d\tau^*}\int_{x_1(\tau^*)}^{x_2(\tau^*)}\{\boldsymbol{F}(\boldsymbol{x}) - \tau^* bL\}dx$$

$$= -\int_{x_1(\tau^*)}^{x_2(\tau^*)}\left\{\frac{\partial\{\boldsymbol{F}(\boldsymbol{x}) - \tau^* bL\}}{\partial \tau^*}\right\}dx - \{\boldsymbol{F}(\boldsymbol{x}_2) - \tau^* bL\}\frac{\partial x_2(\tau^*)}{\partial \tau^*}$$

$$+\{F(x_1) - \tau^* bL\}\frac{\partial x_1(\tau^*)}{\partial \tau^*}$$

이 된다. 여기서

$$-\int_{x_1(\tau^*)}^{x_2(\tau^*)}\left\{\frac{\partial\{\boldsymbol{F}(\boldsymbol{x}) - \tau^* bL\}}{\partial \tau^*}\right\}dx = -\int_{x_1(\tau^*)}^{x_2(\tau^*)}(-bL)dx$$

$$= bL\{x_2 - x_1\} = bLd^*$$

이다. 또 그림8.4에 의해, $\boldsymbol{F}(\boldsymbol{x}_2) - \tau^* bL = \boldsymbol{F}(\boldsymbol{x}_1) - \tau^* bL = 0$이다. 따라서, $v^* = bLd^*$가 된다.

01 02 03 04 05 06 07 08 09 10 11 12 해답 부록

8.2 (a) (8.15)에 의해

$$v^* = kT\frac{\ln 10}{(4.4-4.0)\times 10^6} = 1.38\times 10^{-23}\times 300\times 5.76\times 10^{-6}$$

$$= 2.38\times 10^{-26}[m^3] = 1.5\times 10^3[b^3]$$ 이 된다.

(b) (8.18)에 의해

$$H^* = -325\times 2.38\times 10^{-26}\times\frac{(3.3-4.0)\times 10^6}{(350-300)} = 10.8\times 10^{-20}[\mathrm{J}]$$

(c) 앞의 질문에서 얻은 결과 및 $\frac{\partial\mu}{\partial T} = -1.58\times 10^7[\mathrm{Pa\cdot K^{-1}}]$와 $T = 300K$의 경우의 $\mu = 4.5\times 10^{10}[\mathrm{Pa}]$, $\tau = 4.0[\mathrm{Pa}]$을 (8.21)에 대입하면, $G^* = 9.8\times 10^{-20}[\mathrm{J}]$을 얻을 수 있다.

(d) H^*와 G^*의 크기는 10% 정도 밖에 다르지 않다.

(e) $300K$에서는 $kT = 4.14\times 10^{-21}[\mathrm{J}]$이므로, 계수는 $m\approx 24$정도가 된다. 디바이 온도에 보다 높은 온도에서는 원자 1개당 열진동에너지가 $3kT$이므로, 이 결과는 G^*가 원자 8개 정도의 열진동에너지의 크기인 것을 의미하고 있다.

제9장

9.1 (5.28)과 같이 용질원자가 칼날전위와만 탄성상호작용이 있는 것은 용질원자가 δ_{ij}형의 등방성 eigen변형률을 갖는 치환형의 경우다. 한편, bcc철 중의 탄소나 질소는 침입형 용질원자로 그림의 X의 표시로 나타낸 팔면제위치에 들어간다. 이 경우는 eigen변형률은 δ_{ij}형이 아니라 이방성을 갖기 때문에, 나선전위와도 상호작용이 있다. 더욱이, 탄소원자나 질소원자가 작기 때문에 eigen 변형률의 절대치는 크다. 이로 인해, 전위와의 상호작용에 의한 전위의 고착효과가 크다. 침입형, 치환형에 관계없이, 용질원자가 전위가 인장형 상호작용을 가지면, 용질원자가 전위 주위에 집합해서 분위기 (코트렐 분위기, Cottrell atmosphere)을 만든다. 이 경우는 전위의 고착 (코트렐 고착, Cottrell lock) 효과가 매우 강해진다.

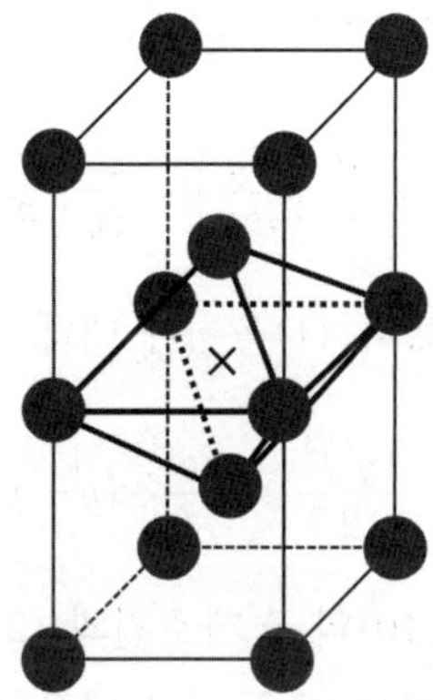

9.2 모식적으로는 아래의 그림과 같이 된다. 단, 세로축 응력의 스케일은 다결정의 그래프가 10배 정도 크다. 또, 저탄소강에서는 항복점 현상은 나타나지 않는 경우가 있다.

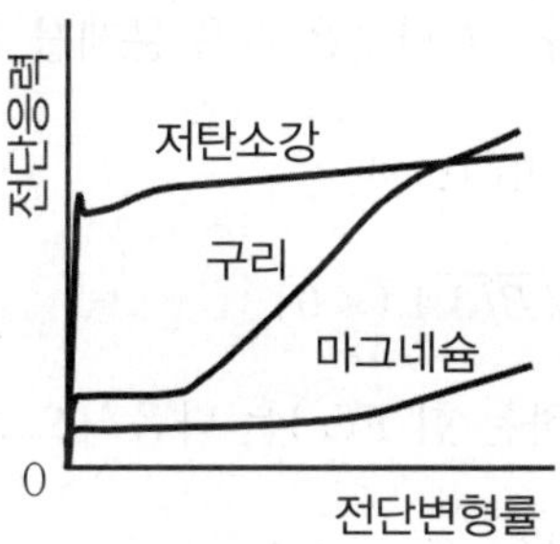

(a) 단결정

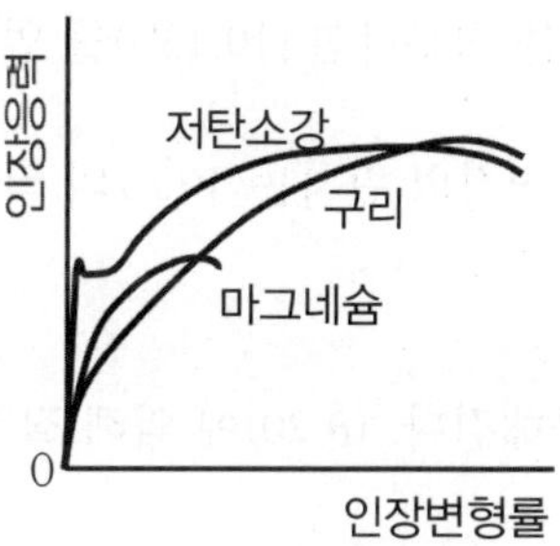

(b) 다결정

제10장

10.1 간단히 하기 위해서 (10.12)에서 $y_m = 0$을 선택한다. 그 경우, (10.12)는

$$\frac{d^2y}{dx^2} = \alpha_0\left(1 - \frac{\beta^2 y^2}{2}\right) - \alpha \qquad (1)$$

의 형태로 쓸 수 있다. 이 미분방정식의 자명해 (안정해)의 하나는 좌변이 0인 경우,

$$y = y_0 = -\frac{\sqrt{2(1-\overline{\alpha})}}{\beta}$$

이고, 이것은 (10.13a)에 상당한다. 단, $\bar{\alpha} \equiv \alpha/\alpha_0$로 두었다. $y' \equiv dy/dx$라 하면,

$$\frac{d^2y}{dx^2} \equiv \frac{d}{dx}\left(\frac{dy}{dx}\right) = \frac{d}{dy}\left(\frac{dy}{dx}\right)\left(\frac{dy}{dx}\right) \equiv y'\left(\frac{dy'}{dy}\right)$$

이므로, (3)을 (1)에 대입해서, (1)을 y에 대해서 1회 미분하면,

$$\frac{(y')^2}{2} = \frac{\alpha_0\beta^2}{6}(y-y_0)^2(2y_0+y)$$

을 얻을 수 있다. 단, (10.10)의 경계조건과 (2)의 안정해를 이용했다. (4)의 $y' > 0$의 부분을 취하고, 변수분해하면 다음 식을 얻을 수 있다.

$$\int \frac{dy}{(y-y_0)\sqrt{2y_0+y}} = \sqrt{\frac{\alpha_0\beta^2}{3}} \int dx$$

이것을 적분하면 (10.13b)를 얻을 수 있다. 그 적분은 다음 문제를 참조하길 바란다.

10.2 우선, P점의 위치는 $V(x)$의 최대점의 위치이니까,

$$x_{\mathrm{P}} = -\sqrt{B/3A}\ (<0)$$

로 구해진다. (3.20)에 의해 질점에 작용하는 힘 $F(x)$는 다음식으로 얻어진다.

$$F(x) = -\frac{dV(x)}{dx} = -3Ax^2 + B$$

$$m\frac{d^2x}{dt^2} = F(x) = -3Ax^2 + B$$

이 미분방적식의 해를 구하는 $x-t$관계가 된다. 이전의 문제의 (3)식과 같은 변환을 이용해서, 운동방적식을 x에 대해서 한번 미분하고, $x_{\mathrm{P}} = -\sqrt{B/3A}$를 이용해서 B를 소거하고 식을 정리하면,

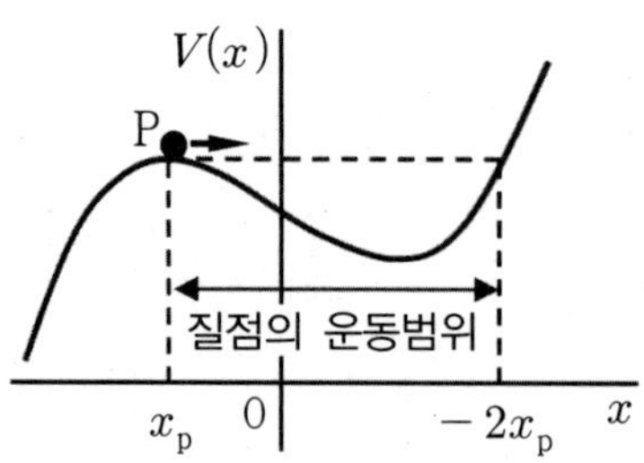

$$\frac{m}{2}\left(\frac{dx}{dt}\right)^2 = A(x - x_P)^2(-x - 2x_P)$$

을 얻을 수 있다. 이 식의 좌변은 반드시 또는 0이므로 $x \leqq -2x_P$가 반드시 성립해야 한다. 즉, 질점의 운동은 그림의 $x_P \leqq x \leqq -2x_P$의 범위에 한정되는 속박운동이 된다. 이것은 에너지 보존법칙으로부터도 당연한 결론이다.
$dx/dt \geqq 0$의 영역에 한정하여 위의 식을 변형하면,

$$\int \frac{dx}{(x - x_P)\sqrt{-x - 2x_P}} = \int \sqrt{\frac{2A}{m}}\, dt$$

를 얻을 수 있다. 이것은 적분가능하고, $t = t_m$의 경우 $x = -25x_P$가 된다고 하면, 다음 식의 형태를 얻을 수 있다.

$$\frac{\sqrt{-3x_P} - \sqrt{-x - 2x_P}}{\sqrt{-3x_P} + \sqrt{-x - 2x_P}} = \exp\left[\sqrt{\frac{-6Ax_P}{m}}\,(t - t_m)\right]$$

이것을 바꾸어서 쓰면,

$$x = -2x_P + 3x_P \tanh^2\left[\sqrt{\frac{-3Ax_P}{2m}}\,(t - t_m)\right]$$

단, $x_P = -\sqrt{B/3A}$

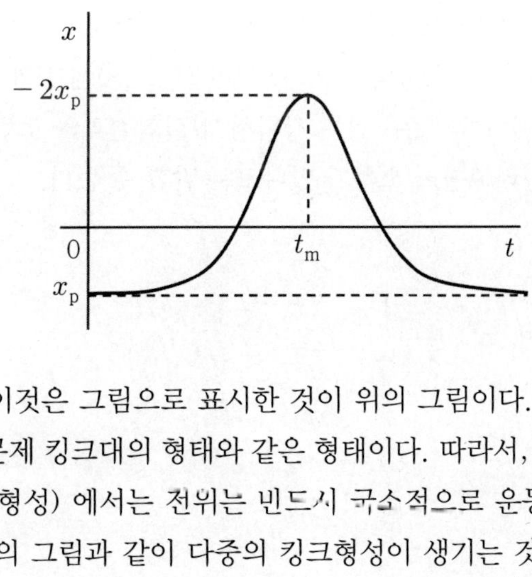

을 얻을 수 있다. 이것은 그림으로 표시한 것이 위의 그림이다. 이 $x - t$관계는 바로 (10.13b) 및 위의 문제 킹크대의 형태와 같은 형태이다. 따라서, 파이얼스 응력장에서 열활성화 (킹크대 형성) 에서는 전위는 반드시 국소적으로 운동방향에 대해 팽창된 형태가 된다. 아래의 그림과 같이 다중의 킹크형성이 생기는 것과 같은 그림이 실려

있는 책이 있으나, 여기에서의 해석의 범위에서는 그러한 것은 절대 일어나지 않는다. 질점의 운동으로 말하면, 운동범위가 $x_{\mathrm{P}} \leqq x \leqq -2x_{\mathrm{P}}$에 한정되지 않게 되고, 만일 그러한 다중 킹크의 형성이 일어난다면, 에너지 보존법칙에 반하는 것이 된다.

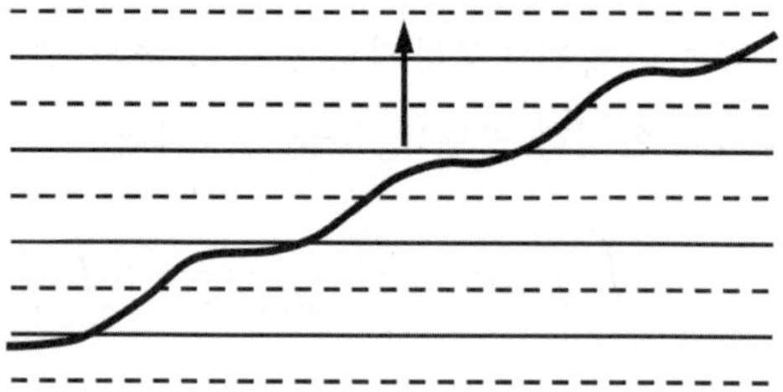

제11장

11.1 (a) (11.8)은 (5.28)의 편미분에 의해 구해진다. 그림11.4를 참조로 하여, (11.8)에 $x_1 = x_2/\sqrt{3}$ 을 대입하고, 본문 중의 값 및 포아송비로서 $\nu = 0.3$정도로 생각하면, (11.9)를 얻을 수 있다. 물론, (11.9)는 자리수는 같지만, 수배 정도의 모호함을 포함한다. 따라서, (11.11)의 계수 $\sqrt{2}$ 에는 그다지 의미가 없다.

(b) 같은 방식으로 F_m을 x_2의 함수로 표현한 후에, $\Omega = 4\pi r^3/3$, $x^3 = r$에 대입하면 (11.16)이 얻어진다. 단, $x^2 = r$은 꽤 무리한 방식이다.

(c) 11.6(1)절에서 서술했듯이, 유한온도에서는 활성화과정도 고려할 필요가 있다. 더욱이 위에서 서술한 바와 같이, (11.9)나 (11.18)에는 계수만큼의 모호함이 있으므로, 이론치에서 얻을 수 있는 강화량이 실험결과와 정량적으로 일치하지 않아도, 이것들의 논리고찰이 오차가 있다고는 말할 수 없다.

11.2 (a) 그림과 같이 전위가 석출물을 완전히 통과한 후에 ($x=2r$의 경우), 새롭게 생긴 계면의 전체 면적은 $2\times(2r\times b)=4rb$이다. 따라서, 비례분배 방식을 고려하면, $0\leqq x\leqq 2r$의 경우의 신생계면의 면적은 $4rb\times(x/2r)=2bx$로 생각할 수 있다. 따라서, $E_\Gamma=2bx\Gamma$.

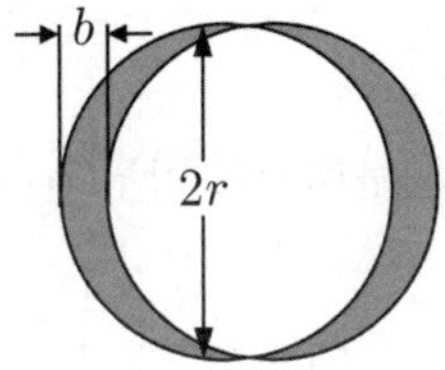

(b) (3.20)에 의해 $F_m=\left|\left(-\dfrac{\partial E_\Gamma}{\partial x}\right)_{\max}\right|=2b\Gamma$

(c) 위의 F_m를 이용해서, (11.18)을 구한 것과 같은 계산을 하면, 다음 식을 얻을 수 있다.

$$\tau_m=2\sqrt{2}\left(\frac{\Gamma}{\mu b}\right)^{3/2}\frac{\mu b}{r}f^{1/2}$$

(11.18)과는 다르고, 이 결과는 f가 일정한 경우 τ_m는 r에 반비례한다는 것을 의미한다.

11.3 시효초기에는 상태도에 있는 제2상 (열역학적 평형상) 이 아니라, 우선 평형상과는 다른 비평형상이 매우 미세하게 석출하는 것이 통상적이다. 이 경우는 비평형상의 체적률 f도 크기 r도 시효시간과 함께 커지고, (11.18)에 의하면, 강화량은 상승한다. 더욱이 시효시간이 길어지면, f는 포화값에 가까워지고, r만이 최대가 된다. 그에 따라, 비평형상으로부터 평형상의 석출으로의 변화도 일어난다. r이 증가해서 (11.19)의 임계치에 달하면 (이 경우는 아직 비평형상일지도 모른다), 전위는 석출물을 관통할 수 없게 되고, 오로완기구가 작동한다. f가 일정하고, r이 증가하면, 강화량은 감소한다. 따라서, 시효에 의한 석출강화도 여기까지 시효가 되면 (이것을 과시효 overaging이라 한다), 최종적으로는 분산강화와 같아진다. 석출강화를 효과적으로 활용하기 위해서는, 과시효가 되지 않도록 주의를 하지 않으면 안된다.

12장

12.1 연습문제[2.4]의 결과로부터 이 경우의 칼날전위의 소성변형구배는 $\beta_{12}{}^* = b\delta(x_2)H(-x_1)$, 다른 $\beta_{ij}{}^*$는 0이다. (12.8)에 의해 전위밀도 텐서는

$$\alpha_{h1} = -\epsilon_{hl2}\left(\frac{\partial \beta_{12}{}^*}{\partial x_l}\right)$$

의 형태가 되지만, 이것으로부터 0이 아닌 α_{h1}는

$$\alpha_{31} = -\epsilon_{312}\left(\frac{\partial \beta_{12}{}^*}{\partial x_1}\right) = -b\delta(x_2)\frac{\partial H(-x_1)}{\partial x_1}$$

$$= b\delta(x_2)\frac{\partial H(-x_1)}{\partial(-x_1)} = b\delta(x_2)\delta(x_1)$$

만이 된다. 이것은 확실히 $x_1 = x_2 = 0$에 위치하고, 버거스 벡터가 x_1방향에 평행, 전위선 방향이 x_3방향으로 평행한 칼날전위를 나타내고 있다. α_{31}은 당연하지만 전위의 연속의 식(12.12)를 만족하고 있다.

12.2 경각입계의 경우, $\boldsymbol{n}^{interface} = [0, 1, 0]$이 된다. 이 경우, (12.13)에 의해 첨자의 $l = 3$가 결정된다. 그리고 α_{h1}의 0이 아닌 유일한 성분으로

$$\alpha_{32} = -\epsilon_{312}\beta_{21}n_2^{interface} = \beta_{21} = -\theta$$

을 얻을 수 있다. 이것은 비대각성분이므로, 칼날전위를 나타내고 전위선은 x_3축에 평행하고, 버거스 벡터는 x_2축에 평행하다.

한편, 비틀림 입계의 경우, $\boldsymbol{n}^{interface} = [0, 0, 1]$이다. 이 경우, (12.13)에 의해 점차의 $l = 3$이 결정된다.그리고 α_{hi}의 0이 아닌 2개의 성분으로

$$\alpha_{11} = -\epsilon_{132}\beta_{12}n_3^{interface} = \beta_{12} = \theta$$

$$\alpha_{22} = -\epsilon_{231}\beta_{21}n_3^{interface} = -\beta_{21} = -\theta$$

을 얻을 수 있다. 이것들은 대각성분이므로 2개의 나선 전위를 나타내고, 전위선과 버거스벡터는 전자에서는 x_1축에 평행, 후자에서는 x_2축에 평행하다. 그것을 그림으로 표시하면 다음과 같이 된다.

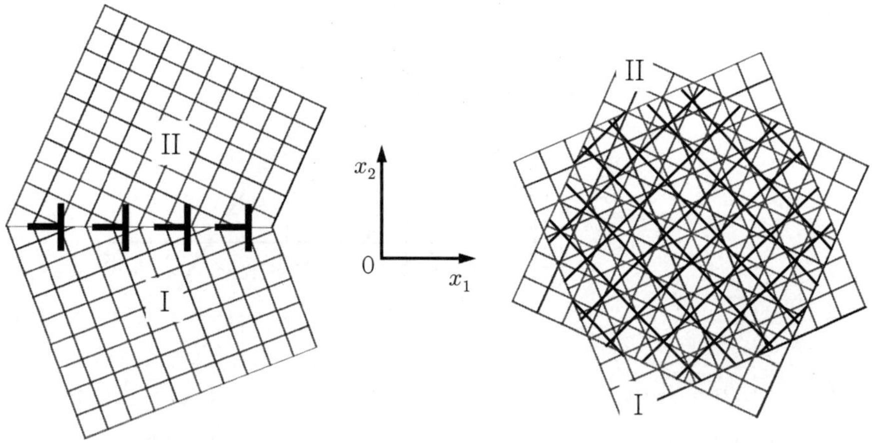

경각입계　　　　비틀림입계

12.3 소경각립계의 경우, 적분의 상한을 d로 둔 1개의 칼날전위의 단위길이당 탄성변형에너지 E_0는 (4.12)와 $\theta = b/d$에 의해

$$E_0 = \frac{\mu b^2}{4\pi(1-\nu)} ln\left(\frac{d}{r_0}\right) = \frac{\mu b^2}{4\pi(1-\nu)} ln\left(\frac{b}{\theta r_0}\right) = \frac{\mu b^2}{4\pi(1-\nu)}(A - \ln\theta)$$

가 된다.여기서, $A(\equiv \ln(b/r_0))$는 전위심의 구조에 관계하는 정수이다. 단위면적의 입계당 $1/d$개의 전위가 있으므로, 단위면적의 입계당 계면에너지 E_{gb}는

$$E_{gb} = (1/d)E_0 = \frac{\mu b^2}{4\pi(1-\nu)d}(A - \ln\theta) = \frac{\mu b}{4\pi(1-\nu)}\theta(A - \ln\theta)$$

로 구해진다. 소각비틀림경계의 경우 서로 수직한 2개의 나선전위배열인 것 및 위의 $(1-\nu)$의 인자가 없는 것이 소경각입계와는 다르지만, 대체로는 위식과 같이 표현된다고 생각해도 좋다.

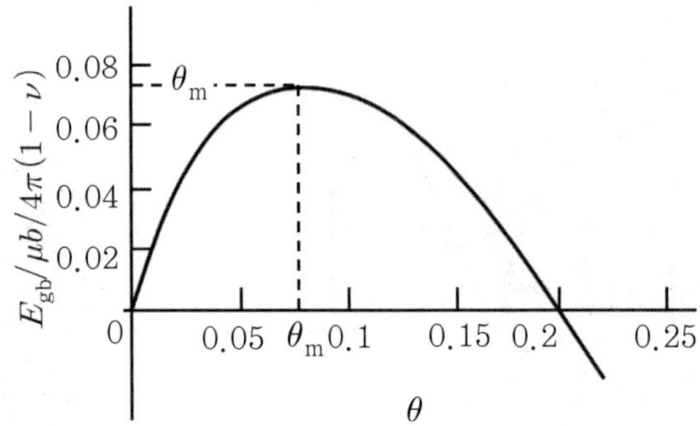

$b/r_0 = 0.2(A = -1.61)$로 둔 경우의 E_{gb}의 그래프는 그림과 같이 $\theta = \theta_m = 0.0736$ 으로 최대값 $\mu b\theta_m/4\pi(1-\nu)$을 취하는 형태가 된다. 이 θ_m (약 4.2°)정도가 위식에서 모델화 할 수 있는 소각입계의 최대방위차각으로 생각할 수 있다. 여기서 얻어진 식은 매우 적당히 근사를 포함하는 것이지만, 대표값으로서 $b/r_0 = 0.2$, $\mu = 5 \times 10^{10} N/m^2$, $b = 2.5 \times 10^{-10} m$, $\nu = 1/3$로 하면, $\theta = \theta_m$에서의 입계에너지로서 $E_{gb} = 0.11 J/m^2$ 을 얻을 수 있다. 이 값의 크기는 합리적이다.

부록

부록 A 가우스의 정리와 스토크스의 정리

그림와 같이 폐곡선 $|\Omega|$로 둘러싸인 영역 Ω이 있다. f, g를 벡터 $\boldsymbol{x}$의 함수, $\boldsymbol{n}$을 Ω에 세운 단위 법선벡터라 하면, d$\boldsymbol{x}$을 체적적분요소, d$\boldsymbol{S}$를 면적적분요소로서 가우스의 정리 (발산정리라고도 한다)는

$$\int_{\Omega}\left(\frac{\partial f}{\partial x_m}\right)g d\boldsymbol{x}=\int_{|\Omega|}fgn_m d\boldsymbol{S}-\int_{\Omega}f\left(\frac{\partial g}{\partial x_m}\right)d\boldsymbol{x} \qquad \textbf{(A · 1)}$$

로 주어진다. 좁은 의미로서 가우스의 정리는 $g=1$로 두고, f 벡터함수 $\boldsymbol{A}(x_1, x_2, x_3)$라 하면,

$$\int_{|\Omega|}\nabla\cdot\boldsymbol{A}d\boldsymbol{x}=\int_{|\Omega|}\boldsymbol{A}\cdot nd\boldsymbol{S} \qquad \textbf{(A · 2)}$$

로 표현할 수 있다. 여기서 ∇는 해밀턴 연산자로

$$\nabla\equiv\left(\frac{\partial}{\partial x_1},\ \frac{\partial}{\partial x_2},\ \frac{\partial}{\partial x_3}\right) \qquad \textbf{(A · 3)}$$

로 정의되는 벡터 연산자이다.

(A.1)를 1차원의 적분으로 바꾸어 쓰면,

$$\int_{x_1}^{x_2}\left(\frac{df}{dx}\right)g d\boldsymbol{x}=[fg]_{x_1}^{x_2}-\int_{x_1}^{x_2}f\left(\frac{dg}{dx}\right)d\boldsymbol{x} \qquad \textbf{(A · 4)}$$

이 된다. 이것은 부분적분과 다르지 않다.

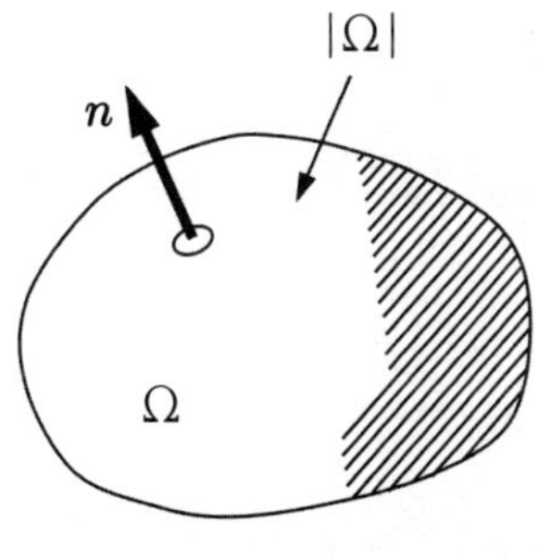

| 그림 A.1 |

한편, 스토크스의 정리는 그림 A.2와 같이 단위접선 벡터 ν를 갖는 폐곡선 C로 둘러싸인 면 S(단위법선 벡터 $\boldsymbol{n}$)에 있어서, 벡터함수를 $\boldsymbol{A}$라 하면,

$$\int_S (\nabla \times \boldsymbol{A}) \cdot \boldsymbol{n}\, d\boldsymbol{S} = \oint_C \boldsymbol{A} \cdot\, d\boldsymbol{x} = \oint_C \boldsymbol{A} \cdot \nu\, dl \qquad \textbf{(A · 5)}$$

로 표현할 수 있다.

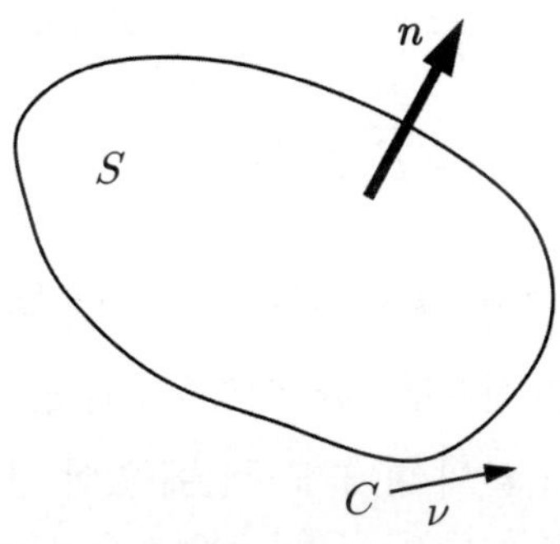

| 그림 A.2 |

부록 B 주기적으로 변하는 탄성장의 해

2.3절에서 서술한 총합규칙 및 (2.2)를 이용해서 (2.17)을 바꾸어서 쓰면,

$$\begin{aligned}\sigma_{ij} &= C_{ijkl}(\varepsilon_{kl} - \varepsilon^*_{kl}) = C_{ijkl}(\frac{\partial u_k}{\partial x_l} - \varepsilon^*_{kl}) \\ &= C_{ijkl}\frac{\partial u_k}{\partial x_l} - C_{ijkl}\varepsilon^*_{kl}\end{aligned} \quad \textbf{(B · 1)}$$

가 되는 것을 알 수 있고, 이것과 정적평형의 식(2.5)에 의해

$$C_{ijkl}\frac{\partial^2 u_k}{\partial x_j \partial x_l} = C_{ijkl}\frac{\partial \varepsilon^*_{kl}}{\partial x_j} \quad \textbf{(B · 2)}$$

이 된다. 여기서 무한히 큰 물체 중에서 eigen변형률 $\varepsilon^*_{kl}(\boldsymbol{x})$및 변위가 장소(위치벡터)의 함수로서, 다음과 같이 주기적인 형태로 표현되는 경우도 생각할 수 있다.

$$\varepsilon^*_{ij}(\boldsymbol{x}) = \overline{\varepsilon^*_{ij}}(\boldsymbol{\xi})\exp(i\boldsymbol{\xi} \cdot \boldsymbol{x}) \quad \textbf{(B · 3)}$$

$\overline{\varepsilon^*_{ij}}(\boldsymbol{\xi})$는 진폭, $i = \sqrt{-1}$, $\boldsymbol{\xi} \cdot \boldsymbol{x} \equiv \xi_i x_i \equiv \xi_1 x_1 + \xi_2 x_2 + \xi_3 x_3$(벡터의 내적)이다. 위식에서 물리적인 의미를 갖는 것은 물론 실수부이다. 이것을 $\cos(\boldsymbol{\xi} \cdot \boldsymbol{x})$와 같이 나타내도 좋지만, 나중에 식을 미분하는 등 $\exp(i\boldsymbol{\xi} \cdot \boldsymbol{x})$의 형태가 계산에 있어 편리하다. (B.3)의 eigen변형률을 이미 알고 있는 경우, 만일 변위 $u_i(\boldsymbol{x})$을 구하는 것을 할 수 있다면, (B.1)에 의해 탄성변형장 또는 응력을 구할 수 있게 된다. $u_i(\boldsymbol{x})$도 당연히 $\varepsilon^*_{ij}(\boldsymbol{x})$와 같은 주기함수일 것이므로,

$$u_i(\boldsymbol{x}) = \overline{u_i}(\boldsymbol{\xi})\exp(i\boldsymbol{\xi} \cdot \boldsymbol{x}) \quad \textbf{(B · 4)}$$

로 쓸 수 있다. (B.3), (B.4)를 (B.2)에 대입하여 다음 식을 얻을 수 있다.

$$C_{ijkl}\overline{u_k}\xi_l\xi_j = -i\,C_{ijkl}\overline{\varepsilon^*_{kl}}\xi_j \quad \textbf{(B · 5)}$$

이 식은 $\overline{\varepsilon_{kl}^*}$가 미지의 경우 $\overline{u_k}$를 구하는 3개의 연립1차방정식이다. 여기서

$$K_{ik}(\boldsymbol{\xi}) \equiv C_{ijkl}\xi_l\xi_j,\ A_i \equiv -i\,C_{ijkl}\overline{\varepsilon_{kl}^*}\xi_j \tag{B · 6}$$

로 쓰면, (B.5)는 이하의 연립방정식이 된다.

$$K_{ik}\overline{u_k} = A_i \tag{B · 7}$$

연립방정식의 해를 구하는 데에는 크라메르 공식을 사용하면,

$$\overline{u_i}(\boldsymbol{\xi}) = A_j N_{ij}(\boldsymbol{\xi})/D(\boldsymbol{\xi}) \tag{B · 8}$$

로 $\overline{u_i}(\boldsymbol{\xi})$가 구해진다. 여기서 $N_{ij}(\boldsymbol{\xi})$는 계수행렬 $K_{ik}(\boldsymbol{\xi})$의 여인자 (cofactor), $D(\boldsymbol{\xi})$는 $K_{ik}(\boldsymbol{\xi})$의 행렬식 (determinant)이다. (B.6)과 (2.10)에 의해 K_{ik}와 N_{ij}는 대칭행렬인 것을 알 수 있다. 등방체에 대해서 $\xi_i\xi_i = \xi^2$로 두고 계산하면

$$N_{ij}(\boldsymbol{\xi}) = \mu\xi^2\{(\lambda+2\mu)\xi^2\delta_{ij} - (\lambda+\mu)\xi_i\xi_j\} \tag{B · 9a}$$

$$D(\boldsymbol{\xi}) = \mu^2(\lambda+2\mu)\xi^6 \tag{B · 9b}$$

로 구해진다. 여기서 δ_{ij} 크로네터 델타 (Kronecker's delta)이고, $i=j$의 경우 1, 이 이외에서 0이다.

(B.8)을 (B.4)에 대입하면, 변위 $\boldsymbol{u}_i(\boldsymbol{x})$가 구해진다.

$$\boldsymbol{u}_i(\boldsymbol{x}) = -i\,C_{jlmn}\overline{\varepsilon_{mn}^*}(\boldsymbol{\xi})\xi_l N_{ij}(\boldsymbol{\xi})D^{-1}(\boldsymbol{\xi})\exp(i\boldsymbol{\xi}\cdot\boldsymbol{x}) \tag{B · 10}$$

이 식을 1번 미분해서 (2.2)에 대입하는 것에 의해, 전체변형률 $\varepsilon_{ij}(\boldsymbol{x})$은

$$\varepsilon_{ij}(\boldsymbol{x}) = (1/2)C_{klmn}\overline{\varepsilon_{mn}^*}(\boldsymbol{\xi})\xi_l\{\xi_i N_{ik}(\boldsymbol{\xi}) + \xi_i N_{jk}(\boldsymbol{\xi})\}D^{-1}(\boldsymbol{\xi})\exp(i\boldsymbol{\xi}\cdot\boldsymbol{x}) \tag{B · 11}$$

가 구해지고, 더욱이 (B.11), (B.3)을 (B.1)에 대입해서, 응력은 $\sigma_{ij}(\boldsymbol{x})$

$$\sigma_{ij}(\boldsymbol{x}) = C_{ijkl}\{C_{pqmn}\overline{\varepsilon_{mn}^*}(\boldsymbol{\xi})\xi_q\xi_l N_{kp}(\boldsymbol{\xi})D^{-1}(\boldsymbol{\xi}) - \overline{\varepsilon_{kl}^*}(\boldsymbol{\xi})\}\exp(i\boldsymbol{\xi}\cdot\boldsymbol{x}) \tag{B · 12}$$

가 구해진다.

보다 일반적인 $\varepsilon^*_{ij}(\boldsymbol{x})$의 분포의 경우는 푸리에 급수 또는 푸리에 적분의 형태로 표현할 수 있다. $\boldsymbol{\xi}$가 띄엄띄엄 값을 갖는 경우는 전자, 연속적인 값으로 표현되는 경우는 후자를 사용하면 좋다. 예를 들어, 푸리에 적분의 경우는 이하와 같이 된다. (B.3)가

$$\varepsilon^*_{ij}(\boldsymbol{x}) = \int_{-\infty}^{\infty} \overline{\varepsilon^*_{ij}}(\boldsymbol{\xi})\exp(i\boldsymbol{\xi}\cdot\boldsymbol{x})d\boldsymbol{\xi} \qquad \textbf{(B·13)}$$

로 표현될 경우, 이 푸리에 역변환은

$$\overline{\varepsilon^*_{ij}}(\boldsymbol{x}) = (2\pi)^{-3}\int_{-\infty}^{\infty} \varepsilon^*_{ij}(\boldsymbol{x})\exp(-i\boldsymbol{\xi}\cdot\boldsymbol{x})d\boldsymbol{x} \qquad \textbf{(B·14)}$$

가 된다. 단,

$$\int_{-\infty}^{\infty} d\boldsymbol{\xi} = \int_{-\infty}^{\infty} d\xi_1 \int_{-\infty}^{\infty} d\xi_2 \int_{-\infty}^{\infty} d\xi_3, \quad \int_{-\infty}^{\infty} d\boldsymbol{x} = \int_{-\infty}^{\infty} dx_1 \int_{-\infty}^{\infty} dx_2 \int_{-\infty}^{\infty} dx_3$$

이다.

따라서, 다음 식을 얻을 수 있다.

$$u_i(\boldsymbol{x}) = -i\int_{-\infty}^{\infty} C_{jlmn}\overline{\varepsilon^*_{mn}}(\boldsymbol{\xi})\xi_l N_{ij}(\boldsymbol{\xi})D^{-1}(\boldsymbol{\xi})\exp(i\boldsymbol{\xi}\cdot\boldsymbol{x})d\boldsymbol{\xi}$$

$$\varepsilon_{ij}(\boldsymbol{x}) = (1/2)\int_{-\infty}^{\infty} C_{klmn}\overline{\varepsilon^*_{mn}}(\boldsymbol{\xi})\xi_l\{\xi_i N_{ik}(\boldsymbol{\xi}) + \xi_i N_{jk}(\boldsymbol{\xi})\}D^{-1}(\boldsymbol{\xi})\exp(i\boldsymbol{\xi}\cdot\boldsymbol{x})d\boldsymbol{\xi}$$

$$\sigma_{ij}(\boldsymbol{x}) = C_{ijkl}\left\{\int_{-\infty}^{\infty} C_{pqmn}\overline{\varepsilon^*_{mn}}(\boldsymbol{\xi})\xi_q\xi_l N_{kp}(\boldsymbol{\xi})D^{-1}(\boldsymbol{\xi})\exp(i\boldsymbol{\xi}\cdot\boldsymbol{x})d\boldsymbol{\xi} - \varepsilon^*_{kl}(\boldsymbol{\xi})\right\} \qquad \textbf{(B·15)}$$

또는, 푸리에 역변환을 사용해서 다음 식을 얻을 수 있다.

$$u_i(\boldsymbol{x}) = -i(2\pi)^{-3}\int_{-\infty}^{\infty}\int_{-\infty}^{\infty} C_{jlmn}\varepsilon^*{}_{mn}(\boldsymbol{x}')\xi_l N_{ij}(\boldsymbol{\xi})D^{-1}(\boldsymbol{\xi})$$
$$\times \exp\{i\boldsymbol{\xi}\cdot(\boldsymbol{x}-\boldsymbol{x}')\}d\boldsymbol{\xi}d\boldsymbol{x}'$$

$$=-(2\pi)^{-3}\frac{\partial}{\partial x_l}\int_{-\infty}^{\infty}\int_{-\infty}^{\infty}C_{jlmn}\varepsilon^*{}_{mn}(\boldsymbol{x}')N_{ij}(\boldsymbol{\xi})D^{-1}(\boldsymbol{\xi})$$

$$\times\exp\{i\boldsymbol{\xi}\cdot(\boldsymbol{x}-\boldsymbol{x}')\}d\boldsymbol{\xi}d\boldsymbol{x}'$$

$$\varepsilon_{ij}(\boldsymbol{x})=(2\pi)^{-3}\int_{-\infty}^{\infty}\int_{-\infty}^{\infty}(1/2)C_{klmn}\varepsilon^*{}_{mn}(\boldsymbol{x}')\xi_l$$

$$\times\{\xi_iN_{ik}(\boldsymbol{\xi})+\xi_iN_{jk}(\boldsymbol{\xi})\}D^{-1}(\boldsymbol{\xi})\exp\{(i\boldsymbol{\xi}\cdot(\boldsymbol{x}-\boldsymbol{x}')\}d\boldsymbol{\xi}d\boldsymbol{x}'$$

$$\sigma_{ij}(\boldsymbol{x})=C_{ijkl}[(2\pi)^{-3}\int_{-\infty}^{\infty}\int_{-\infty}^{\infty}C_{pqmn}\varepsilon^*{}_{mn}(\boldsymbol{x}')\xi_q\xi_lN_{kp}(\boldsymbol{\xi})D^{-1}(\boldsymbol{\xi})$$

$$\times\exp\{i\boldsymbol{\xi}\cdot(\boldsymbol{x}-\boldsymbol{x}')\}d\boldsymbol{\xi}d\boldsymbol{x}'-\varepsilon^*{}_{kl}(\boldsymbol{x})] \quad \textbf{(B · 16)}$$

부록 C 벡터의 내적과 외적

이하에서는 (x_1, x_2, x_3)좌표계를 기준으로 취해서, 벡터의 내적과 외적의 표현방법을 기술한다. 이 좌표계에 성분이 표현되는 임의의 2개의 벡터 $\boldsymbol{A}=(A_1, A_2, A_3)$, $\boldsymbol{B}=(B_1, B_2, B_3)$가 있다. 이 내적 $\boldsymbol{A}\cdot\boldsymbol{B}$은 스칼라양이고 2개의 벡터가 이루는 각을 라 하면

$$\boldsymbol{A}\cdot\boldsymbol{B}\equiv \boldsymbol{AB}\cos\theta \quad \textbf{(C · 1)}$$

로 정의된다. 단, $|\boldsymbol{A}|\equiv A$, $|\boldsymbol{B}|\equiv B$로 표현했다. 이것을 성분으로 표시하면,

$$\boldsymbol{A}\cdot\boldsymbol{B}\equiv A_1B_1+A_2B_2+A_3B_3\equiv A_iB_i \quad \textbf{(C · 2)}$$

가 된다. 여기서 마지막식에는 2.3절에서 서술한 총합규칙이 사용되고 있다. 여기서 그림C.1과 같이 $\boldsymbol{A}$를 $\boldsymbol{B}$의 방향으로 분해한 성분백터 $\boldsymbol{A}^B$를 생각해보자. 당연한 이야기지만,

$$\boldsymbol{A}^B//\boldsymbol{B},\ |\boldsymbol{A}^B|=A\cos\theta \quad \textbf{(C · 3)}$$

이거, $\boldsymbol{B}$에 평행한 단위벡터는 $\boldsymbol{B}/B$이므로, (C.1), (C.3)에 의해

$$\boldsymbol{A}^B = \frac{(\boldsymbol{A} \cdot \boldsymbol{B})}{B} \cdot \frac{\boldsymbol{B}}{B} = \frac{(\boldsymbol{A} \cdot \boldsymbol{B})}{B^2} B \qquad \text{(C · 4)}$$

로 된다. 또,

$$\boldsymbol{A}^B \cdot \boldsymbol{B} = \frac{(\boldsymbol{A} \cdot \boldsymbol{B})\boldsymbol{B}}{B^2} \cdot \boldsymbol{B} = \frac{(\boldsymbol{A} \cdot \boldsymbol{B})}{B^2}(\boldsymbol{B} \cdot \boldsymbol{B}) = \boldsymbol{A} \cdot \boldsymbol{B} = A_i B_i \qquad \text{(C · 5)}$$

로도 표현할 수 있다.

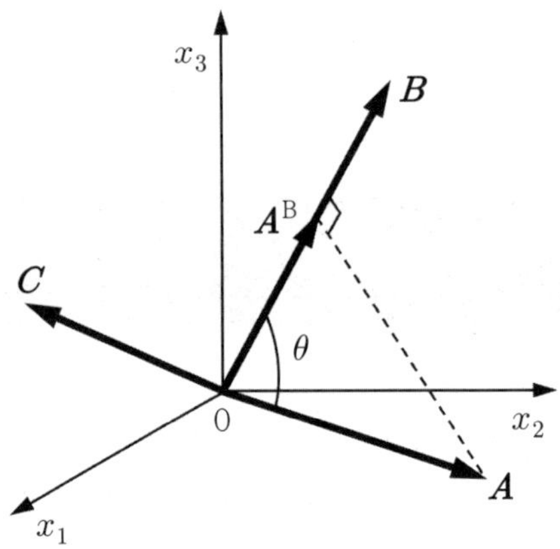

| 그림 C.1 |

다음으로 $\boldsymbol{A}$와 $\boldsymbol{B}$의 외적 $\boldsymbol{C} \equiv |\boldsymbol{A} \times \boldsymbol{B}|$을 생각해보자. 외적 $\boldsymbol{C}$는 벡터이므로 $\boldsymbol{A}$에도 $\boldsymbol{B}$에도 수직이다. $x_i(i=1, 2, 3)$ 방향의 단위벡터를 $\boldsymbol{e}_i$, $|\boldsymbol{C}| \equiv C$라 하면,

$$\boldsymbol{C} \equiv \boldsymbol{A} \times \boldsymbol{B} \equiv (A_2B_3 - A_3B_2)\boldsymbol{e}_1 + (A_3B_1 - A_1B_3)\boldsymbol{e}_2 + (A_1B_2 - A_2B_1)\boldsymbol{e}_3 \qquad \text{(C · 6a)}$$

로 정의된다. 그리고

$$\boldsymbol{C} \equiv |\boldsymbol{A} \times \boldsymbol{B}| \equiv AB\sin\theta = (\boldsymbol{A}\text{와 }\boldsymbol{B}\text{로 만들어진 평행사변형의 면적}) \qquad \text{(C · 6b)}$$

이다. $\boldsymbol{C} = (C_1, C_2, C_3)$라 하면, (C.6)에 의해

$$C_1 = A_2B_3 - A_3B_2,\ C_2 = A_3B_1 - A_1B_3,\ C_3 = A_1B_2 - A_2B_1 \tag{C · 7a}$$

이고, 이것은 총합규칙을 이용해서, 다음과같이 정리해서 표현된다.

$$C_j = \epsilon_{jmn}A_mB_n \tag{C · 7b}$$

여기서 ϵ_{jmn}는 퍼뮤테이션 텐서(permutation tensor)라 불리고, $\epsilon_{123} = \epsilon_{231} = \epsilon_{312} = 1$, $\epsilon_{132} = \epsilon_{213} = \epsilon_{321} = -1$

그 밖의 ϵ_{ijk}는 0이다.

부록 D 오일러의 미분방정식

2차원의 (x,y)직교좌표계를 생각해보자. 아래의 그림D.1과 같이 $P_1(x_1, y_1)$, $P_2(x_2, y_2)$로 주어지는 2개의 점과 이 점들을 하나의 곡선 $y = f(x)$ 및 그 미분계수 $y' = f'(x)$의 함수 $g(x, y, y')$에 대해서 다음의 정적분 를 생각해볼 수 있다.

$$I \equiv \int_{x_1}^{x_2} g(x, y, y')dx \tag{D · 1}$$

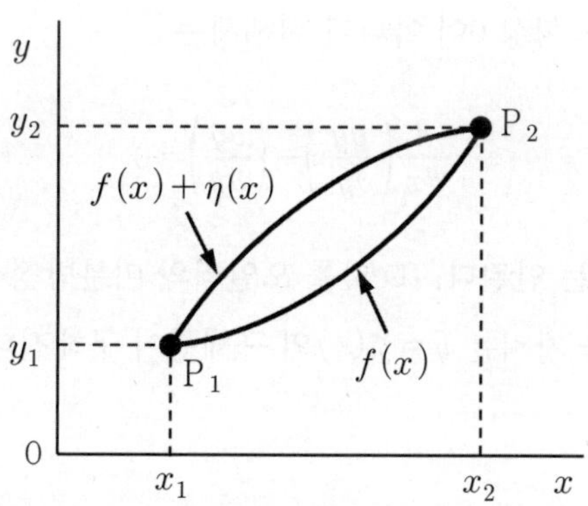

| 그림 D.1 |

만일 함수 g가 주어져 있고, $y=f(x)$의 형태가 결정되면 I가 결정되므로 I는 y의 함수 $I(y)$로 생각할 수 있다. $y=f(x)$가 우연히 I의 극값(여기서는 극소값이라 하자)로 주어진다고 하자. 이 경우 $\eta(x_1)=\eta(x_2)=0$을 만족하는 임의의 연속함수 $\eta(x)$을 생각하면, I가 $y=f(x)$에서 극소값을 가지기 위해서는 α를 임의의 극소량으로

$$\Delta I = I(y+\alpha\eta) - I(y) > 0 \tag{D · 2}$$

가 성립하지 않아서는 안된다. α에 대한 매크로린 전개를 하면

$$\begin{aligned}\Delta I &= \int_{x_1}^{x_2} \{g(x,\, y+\alpha\eta,\, y'+\alpha\eta') - g(x,\, y,\, y')\}dx \\ &= \alpha \int_{x_1}^{x_2} \left\{\eta\left(\frac{\partial g}{\partial y}\right) + \eta'\left(\frac{\partial g}{\partial y'}\right)dx\right\}dx + \left(\frac{\alpha^2}{2}\right)\int_{x_1}^{x_2} T(g'')dx + \cdots\end{aligned} \tag{D · 3}$$

가 된다. 여기서 $T(g'')$는 g의 2회미분을 포함하는 항을 의미한다. (D.3)가 α의 어떠한 값에 대해서도 (D.2)을 만족하기 위해서는 α의 1차계수항이 0이 아니면 안된다. 이 1차 계수항은 부분적분에 의해 다음 식과 같이 바꾸어 쓸 수 있다.

$$\left[\eta\left(\frac{\partial g}{\partial y'}\right)\right]_{x_1}^{x_2} - \int_{x_1}^{x_2}\left\{\eta\left(\frac{d}{dx}\right)\left(\frac{\partial g}{\partial y'}\right) - \left(\frac{\partial g}{\partial y}\right)\right\}dx = 0 \tag{D · 4}$$

여기서 가정에 의해 $\eta(x_1)=\eta(x_2)=0$이므로, 좌변의 제1항은 0이 된다. 따라서, (D.4)가 어떠한 $\eta(x)$에 대해서도 항상 0이 아니기 위해서는

$$\frac{d}{dx}\left(\frac{\partial g}{\partial y'}\right) - \left(\frac{\partial g}{\partial y}\right) = 0 \tag{D · 5}$$

이 성립하지 않아서는 안된다. (D.5)를 오일러의 미분방정식이라 한다. 오일러의 미분방정식을 풀면, I의 극값을 가지는 $y=f(x)$의 구체형이 구해진다.

참고문헌

A 일본어 저서(번역을 포함함)

[전위론관계]

日本金属学会 編：「転位論—その金属学への応用—」(丸善, 1971).

中村正久 訳：J. Weertman and J.R. Weertman 著「基礎転位論」(丸善, 1981).

鈴木 平, 吉永日出男, 竹内 伸：「転位のダイナミックと塑性」(裳華房, 1985).

鈴木秀次：「転位論入門」(アグネ, 1986).

[탄성론마이크로 메카닉스]

竹内洋一郎, 関谷 壮：「わかる弾性額」(日新出版, 1974).

大橋義未, 中村澄男, 神谷紀生 訳：Y.C. Fung著「個体の力学/理論」(培風館, 1974).

森 勉、村外志未：「マイクロメカニックス」(培風館, 1976).

日本機械学会 編：「固体力学」(オーム社, 1987).

[소성변형일반]

幸田成康 監修, 諸住正太郎, 舟久保煕康 共訳：B. Jaoul著「金属の塑性」(丸善, 1969).

辛島誠一：「金属・合金の強度」(日本金属学会, 1970).

日本物理学会 編：「金属の物理的性質」(裳華房, 1977).

鈴木秀次 監修：「金属の強さ」(アグネ, 1972).

岸 輝雄, 伊藤邦夫, 大塚正久, 栗村一彦 訳：P. Haasen著「金属強度の物理学」(アグネ, 1981).

木村 宏 編：「材料強度の原子論」, 講座・現代の金属学3(日本金属学会, 1985).

堀内 良, 金子純一, 大塚正久 共訳：M.F. Ashby, D.R.H. Jones共著「材料工学入門」(内田老鶴圃, 1985).

加藤雅治, 永田和宏「解いてわかる材料工学II」(丸善, 1997).

加藤雅治, 熊井真次, 尾中 晋「材料強度学」マテリアル工学シリーズ(朝倉書店, 1999).

B 영어 저서

[전위론관계]

W.T. Read, Jr.: "Dislocations in Crystals", 3 rd ed. (McGraw-Hill, 1953).

A.H. Cottrell: "Dislocations and Plastic Flow in Crystals" (Clarendon Press, 1953).

J. Friedel: "Dislocations" (Pergamon, 1964).

F.R.N. Nabarro: "Theory of Crystal Dislocations" (Oxford University Press, 1967).

J.P. Hirth and J. Lothe: "Theory of Dislocations" (McGraw-Hill, 1968).

D. Hull: "Introduction to Dislocations", 3 rd ed. (Pergamon, 1984).

F.R.N. Nabarro ed.: "Dislocations in Solids" (North-Holland, 1979~), 시리즈 책.

[탄성론마이크로 메카닉스]

S.P. Timoshenko and J.N. Goodier: "Theory of Elasticity", 3 rd ed. (McGraw-Hill, 1970).

W.M. Lai, D. Rubin and E. Krempl: "Introduction to Continuum Mechanics", revised ed. (Pergamon, 1978).

Toshio Mura: "Micromechanics of Defects in Solids", 2 nd ed. (Martinus Nijhoff, 1987).

[소성변형일반]

1) G.E. Dieter: "Mechanical Metallurgy", 3 rd ed. (McGraw-Hill, 1984).

2) R.W. Hertzberg: "Deformation and Fracture Mechanics of Engineering Materials", 3 rd ed. (John Wiley & Sons, 1989).

찾아보기